Methodik zur proaktiven Integration von Data Analytics in die Serienfertigung

Methodology for Proactively Integrating Data Analytics into Series Production

Von der Fakultät für Maschinenwesen
der Rheinisch-Westfälischen Technischen Hochschule Aachen
zur Erlangung des akademischen Grades eines
Doktors der Ingenieurwissenschaften
genehmigte Dissertation

vorgelegt von

Ulrich Tobias Bührer

AF629011

Berichter/in:

Univ.-Prof. Dr.-Ing. Achim Kampker, MBA
Univ.-Prof. Dr.-Ing. Thomas Bergs

Tag der mündlichen Prüfung: 13. Juli 2022

ERGEBNISSE AUS DER ELEKTROMOBILPRODUKTION

Ulrich Tobias Bührer

Methodik zur proaktiven Integration von Data Analytics in die Serienfertigung

Herausgeber:
Univ.-Prof. Dr.-Ing. Achim Kampker, MBA

Band 23

Bibliografische Information der Deutschen Nationalbibliothek
Die Deutsche Nationalbibliothek verzeichnet diese Publikation in der Deutschen Nationalbibliografie; detaillierte bibliografische Daten sind im Internet über https://portal.dnb.de abrufbar.

Ulrich Tobias Bührer:

Methodik zur proaktiven Integration von Data Analytics in die Serienfertigung

1. Auflage, 2022

Gedruckt auf holz- und säurefreiem Papier, 100% chlorfrei gebleicht.

Apprimus Verlag, Aachen, 2022
Wissenschaftsverlag des Instituts für Industriekommunikation und Fachmedien an der RWTH Aachen
Steinbachstr. 25, 52074 Aachen
Internet: www.apprimus-verlag.de, E-Mail: info@apprimus-verlag.de

Druck: CPI Druckdienstleistungen GmbH, Ferdinand-Jühlke-Straße 7 I 99095 Erfurt

ISBN 978-3-98555-104-0

D 82 (Diss. RWTH Aachen University, 2022)

Vorwort

Die vorliegende Dissertation entstand während meiner Tätigkeit als Doktorand bei der BMW Group im Rahmen der Digitalisierung der Produktion elektrischer Antriebssysteme in Kooperation mit dem Lehrstuhl für Production Engineering of E-Mobility Components der RWTH Aachen.

Mein besonderer Dank gilt meinem Doktorvater, Herrn Professor Achim Kampker, der mir diese Arbeit ermöglicht und sie gefördert hat. Sein Vertrauen und seine fachlichen Anregungen trugen maßgeblich zum Gelingen dieser Arbeit bei. Bei Herrn Professor Thomas Bergs möchte ich mich herzlich für die Übernahme des Korreferates bedanken. Herrn Professor Johannes Schleifenbaum danke ich für die Übernahme des Prüfungsvorsitzes und Frau Professor Katharina Schmitz für die Übernahme des Beisitzes. Die Unterstützung und die Anregungen zahlreicher Kolleginnen und Kollegen des Lehrstuhls für Production Engineering of E-Mobility Components haben das Gelingen dieser Arbeit erst möglich gemacht. Insbesondere gilt mein Dank Herrn Dr. Heiner Heimes für seine intensive und wohlwollende Begleitung dieser Arbeit sowie für sein ehrliches und stets konstruktives Feedback.

Den Herren Dr. Michael Nikolaides, Jörg Hoffmann, Uwe Michallik und Dr. Thomas Herzinger danke ich herzlichst für die Unterstützung meiner Dissertation, das Einräumen des erforderlichen Freiraums und die zahlreichen spannenden Projekte bei der BMW Group. Für inhaltliche Diskussionen, viele Hinweise sowie Begutachtung meines Manuskripts danke ich Dr. Stefan Krotil, Dr. José Bittencourt, Dr. Daniel Wagner und Dr. Sebastian Pieczona. Meine Kollegen und Wegbegleiter gewährten mir stets ein offenes Ohr. Insbesondere möchte ich mich an dieser Stelle bei den Herren Dr. Sebastian Gillen, Dr. Martin Hehl, Dr. Philipp Bergmeir, Dr. Clemens Stefanziosa, Joscha Eirich, Dr. Thomas Kornas, Dr. Sebastian Kawollek, Dr. Matthias Rieck, Dr. Andreas Haunreiter, Dr. Ahmad Mohsseni und Tom Möller bedanken. Des Weiteren möchte ich den Einsatz meiner Studentinnen und Studenten würdigen – hervorzuheben sind Frau Anita Steinberger und Herr Paul Schroth –, die mich mit ihren Studienarbeiten bei der Erstellung dieser Dissertation unterstützt haben.

Besonders bedanken möchte ich mich bei meinen Eltern, die mich in jeder Lebenslage gefördert und unterstützt haben. Ebenfalls besonderer Dank gebührt meiner Frau, die mir mit ihrer Zuversicht und Unterstützung stets den notwendigen Rückhalt gegeben hat. Ohne euch wäre diese Arbeit niemals möglich gewesen.

München, im Juli 2022 Ulrich Tobias Bührer

Zusammenfassung

Produzierende Unternehmen befinden sich in einem stetig zunehmenden Wettbewerb aufgrund sich ändernder Marktanforderungen und Regulierungen. In der Automobilindustrie führt der disruptive Wandel von klassischen Antrieben hin zur Elektromobilität dazu, dass neuartige Fertigungstechnologien und Prozesse beherrscht werden müssen. Um sich von anderen Wettbewerbern differenzieren zu können, ist eine hohe Qualität der Produkte zu konkurrenzfähigen Preisen zwingend erforderlich. Somit ist die wesentliche Herausforderung die Erreichung hoher Fertigungseffizienz und Produktqualität bei hoher Komplexität der Fertigungsprozesse. Um diese Herausforderungen zu bewältigen, ist es erforderlich, den Wissensaufbau bezüglich der Wirkzusammenhänge innerhalb der Fertigungsprozesse zu beschleunigen. In der IT haben sich Data Analytics Ansätze als fähig erwiesen, die Identifikation von Wirkzusammenhängen zu unterstützen. Bisher existieren allerdings noch keine ganzheitlichen Anwendungen für Data Analytics innerhalb von Fertigungssystemen. Bestehende Anwendungen sind ausschließlich problemgetrieben und besitzen einen beschränkten Betrachtungsfokus, z. B. Analyse festgelegter KPIs oder Betrachtung einzelner Prozessschritte. Mangelhafte Datengrundlagen und ungeeignete IT-Infrastrukturen erschweren oder verhindern den ganzheitlichen Einsatz von Data Analytics.

Im Rahmen dieser Arbeit wurde eine Methodik zur proaktiven Integration von Data Analytics in die Serienfertigung entwickelt. Diese Methodik gewährleistet ein Vorgehen, das die Identifikation und Priorisierung einer nutzenbringenden Auswahl an Data Analytics Anwendungsfällen während der frühen Phase der Entwicklung des Fertigungssystems ermöglicht und deren skalierbare Umsetzung bis zur Serienreife mit Hilfe einer geeigneten IT-Architektur unterstützt. Die Anwendung der Methodik in der industriellen Praxis erfolgte bei der Fertigung von Hochvoltspeichern für elektrifizierte Fahrzeuge bei einem Automobilhersteller. Durch die erfolgte Umsetzung der identifizierten Data Analytics Anwendungsfälle wurde belegt, dass die proaktive Integration von Data Analytics in die Serienfertigung im industriellen Alltag erfolgreich und nutzenbringend einzusetzen ist. Als Auswirkungen konnten bei den betrachteten Anwendungsfällen u. a. Zeiten für Prüfprozesse verkürzt, Expertenwissen nutzenbringend eingesetzt, Dokumentationsrichtlinien verbessert und auf geänderte Rahmenbedingungen flexibel reagiert werden.

Abstract

Manufacturing companies are facing ever-increasing competition due to changing market requirements and regulations. In the automotive industry, the disruptive change from classic drivetrains to electric mobility means that new types of production technologies and processes must be adopted. In order to be able to stand out amongst the competition, high product quality at competitive prices is essential. Thus, the main challenge is to achieve high manufacturing efficiency and product quality despite the complexity of the novel manufacturing processes. In order to meet these challenges, it is necessary to accelerate the knowledge development regarding the interdependencies within the manufacturing processes. In IT, data analytics approaches have proven capable of supporting the identification of cause-effect relationships. However, there are still no holistic applications for data analytics within manufacturing systems. Existing applications are exclusively problem-driven and have a limited focus of observation, e.g. analysis of defined KPIs or observation of individual process steps. Inadequate data bases and unsuitable IT infrastructures impede or prevent the holistic use of data analytics.

Within this thesis, a methodology for the proactive integration of data analytics into series production has been developed. This methodology ensures a procedure that enables the identification and prioritization of a beneficial selection of data analytics use cases during the early phase of the development of the production system and supports their scalable implementation up to series maturity with the help of a suitable IT architecture. The methodology was applied to the industrial production of high-voltage batteries for electrified vehicles at an automotive manufacturer. The implementation of the considered data analytics use cases proved that the proactive integration of data analytics into series production can be successfully and beneficially applied in industrial settings. The effects of the considered use cases included shortened times for testing processes, the beneficial use of expert knowledge, improved documentation guidelines, and a flexible response to changing business constraints.

Inhaltsverzeichnis

Verzeichnis der Abbildungen

Verzeichnis der Abkürzungen

AHP	Analytisch hierarchischer Prozess
AMAP	Advanced Manufacturing Analytics Plattform
API	Application Programming Interface
ASUM-DM	Analytics Solutions Unified Method for Data Mining
BMS	Battery Management System
BoL	Begin of Line
bzgl.	bezüglich
bzw.	beziehungsweise
ca.	circa
CAD	Computer Aided Design
CE	Concurrent Engineering
CNC	Computerized Numerical Control
CPS	Cyber Physical System
CPPS	Cyber Physical Production System
CRISP-DM	Cross-Industry Standard Process for Data Mining
CRM	Customer-Relationship-Management
CSC	Cell Supervision Circuit
DA	Data Analytics
DaaS	Data as a Service
d. h.	das heißt
DFA	Design for Assembly
DFM	Design for Manfacture
DFMA	Design for Manufacture and Assembly

DFT	Diskrete Fourier-Transformation
DIN	Deutsches Institut für Normung e.V.
DM	Data Mining
DRBFM	Design Review Based on Failure Mode
DST	Data Science Trajectory Model
dt.	deutsch
DUCM	Daten- und Anwendungsfallmatrix (Data Use Case Matrix)
EAG-MOEA/D	External Archive Guided Multiobjective Evolutionary Algorithm based on Decomposition
EDV	Elektronische Datenverarbeitung
EN	Europäische Norm
EoL	End of Line
ERP	Enterprise-Resource-Planing
et al.	et alii (Masklinum), et aliae (Femininum), et alia (Neutrum)
etc.	et cetera
ETL	Extraktions-, Transformations- und Ladeprozessen
f.	folgende Seite
ff.	folgende Seiten
FMEA	Fehlermöglichkeits- und -einflussanalyse
FPR	Falsch-positiv-Rate (False positive rate)
GA	Genetische Algorithmen
GE	Geldeinheiten
ggf.	Gegebenenfalls
HDFS	Hadoop Distributed File System
HMI	Human-Machine-Interfaces
Hrsg.	Herausgeber
hrsg. v.	herausgegeben von
HV-Prüfung	Hochvolt-Prüfung
HVS	Hochvoltspeicher
I4.0	Industrie 4.0

IaaS	Infrastructure as a Service
IAM	Industrial Analytics Methodology
IATF	International Automotive Task Force
IBM	International Business Machines Corporation
IEC	Internationale elektrotechnische Kommission
IEEE	Institute of Electrical and Electronics Engineers
IO	In Ordnung
IoT	Internet of Things
ISO	Internationale Organisation für Normung
IT	Informationstechnologie
Jg.	Jahrgang
KI	Künstliche Intelligenz
KPI	Key Performance Indicator
KDD	Knowledge Discovery in Databases
KVP	Kontinuierlicher Verbesserungsprozess
LabVIEW	Laboratory Virtual Instrumentation Engineering Workbench
LSL	Lower specification limit
MATLAB	MATrix LABoratory
MES	Manufacturing Execution System
MFU	Maschinenfähigkeitsuntersuchung
ML	Maschinelles Lernen (Machine Learning)
MNRP	Multiobjective Next Release Problems
MOCO	Multiobjective combinatorial optimization problem
MT	Manufacturing Technology
MW	Messwert
NC	Numerical Control
NIO	Nicht in Ordnung
NP	Nichtdeterministische Polynomialzeit
OCV	Open Circuit Voltage

OEE	Gesamtanlageneffektivität, Overall Equipment Effectiveness
OEM	Original Equipment Manufacturer
OLE	Object Linking and Embedding
OPC	Open Platform Communications
OPC UA	OPC Unified Architecture
PaaS	Plattform as a Service
PC	Personal Computer
PEP	Produktentstehungsprozess
PFU	Prozessfähigkeitsuntersuchung
PKW	Personenkraftwagen
QFD	Quality Function Deployment
QM	Qualitätsmanagement
QMS	Qualitätsmanagement-Systeme
RAMI 4.0	Referenzarchitekturmodell Industrie 4.0
ROC	Receiver Operator Curve
RPZ	Risikoprioritätszahl
RWTH	Rheinisch-Westfälisch Technische Hochschule Aachen
s.	siehe
S.	Seite
SaaS	Software as a Service
SAS	Statistical Analysis Systems
SCADA	Supervisory Control and Data Acquisition
SOC	State of Charge
SOP	Start of Production
SPS	Speicherprogrammierbare Steuerung
SPSS	Statistical Package for the Social Sciences
SQL	Structured Query Language
StVZO	Straßenverkehrs-Zulassungs-Ordnung
SVM	Support-Vektor-Maschine

TCP	Transmission Control Protocol
TOPSIS	Technique for Order Preference by Similarity to Ideal Situation
TPR	Richtig-positiv-Rate (true positive rate)
TQM	Total Quality Management
TRIZ	Theorie des erfinderischen Problemlösens
u. a.	unter anderem
UC	Use Case
UN/ECE	United Nations Economic Commission for Europe
USL	Upper specification limit
VDE	Verband der Elektrotechnik, Elektronik und Informationstechnik
VDI	Verein Deutscher Ingenieure
VDMA	Verband Deutscher Maschinen- und Anlagenbauer
Verl.	Verlag
vgl.	vergleiche
XML	Extensible Markup Language
z. B.	zum Beispiel

1 Einleitung und Motivation

1.1 Ausgangssituation und Problemstellung

Aufgrund sich ständig ändernder Marktanforderungen und Regulierungen sowie zunehmendem Wettbewerb sehen sich produzierende Unternehmen großen Herausforderungen ausgesetzt[1]. Unter Wettbewerbsbedingungen sind Kundenanforderungen bezüglich Funktionalität und Qualität der Produkte zu erfüllen. Dabei muss eine steigende Komplexität in den Fertigungsprozessen, bedingt durch neuartige Technologien und Flexibilität hinsichtlich Volumen und Varianten der Produkte, beherrscht werden[2,3]. Dies gilt insbesondere für die Automobilbranche aufgrund des disruptiven Wandels zur Elektromobilität[4]. In der Produktion von Batterien führt mangelndes Produkt- und Prozessverständnis zu einer großen Streuweite der Produktqualität[5].

In der industriellen Praxis wird die Qualität sowie die Sicherheit der Komponenten, Maschinen und Produkte mit Hilfe einer hohen Anzahl an Prüfschritten gewährleistet. Aufgrund der damit einhergehenden verlängerten Durchlaufzeit während der Fertigung reduzieren die erforderlichen Prüfstationen und Prüfabläufe die Fertigungseffizienz. Außerdem ist ein großer Anteil an den Investitions- und Betriebskosten auf Prüfprozesse zurückzuführen[6,7]. Zurzeit basiert die Ermittlung von Optimierungspotenzialen hinsichtlich Fertigungseffizienz und -qualität auf geringen Datenmengen, verteilten Datenbasen, einem großen Erfahrungsschatz der Mitarbeiter sowie aufwändigen, oft händisch ausgeführten Auswertungen.[8]

Bei der Aufarbeitung von Fehlern jeglicher Art tritt dieser Umstand verschärft zu Tage. In frühen Entwicklungsphasen des Produktionssystems werden potentielle Ursachen

[1] Vgl. Panetto, H./Iung, B. et al. (Challenges for Manufacturing Enterprises), 2019, S. 5-6
[2] Vgl. Hammer, M./Somers, K. et al. (Profit Per Hour as a Target), 2017, S. 717
[3] Vgl. Busogi, M./Song, D. et al. (Manufacturing Complexity), 2019, S. 22096-22097
[4] Vgl. Kampker, A./Vallée, D. et al. (Produktion von Elektrofahrzeugen), 2018, S. 73
[5] Vgl. Kampker, A./Vallée, D. et al. (Elektromobilität), 2018, S. 21
[6] Vgl. Hirsch, V./Reimann, P. et al. (Analytical Quality Control), 2018, S. 1333
[7] Vgl. Kampker, A./Heimes, H. et al. (Enabling Data Analytics), 2018, S. 121
[8] Vgl. Kampker, A./Heimes, H. et al. (Enabling Data Analytics), 2018, S. 121

von Fehlern mittels Fehlermöglichkeits- und -einflussanalyse (FMEA)[9] identifiziert und dokumentiert. Aufgrund fehlender Verfügbarkeit von Informationen sind reaktive Zyklen zur Fehleraufarbeitung und zur kontinuierlichen Verbesserung nur mit hohem manuellem Aufwand zu bewältigen. Dieser Zustand ist in Abbildung 1-1 an einem generischen Fertigungsprozess dargestellt.

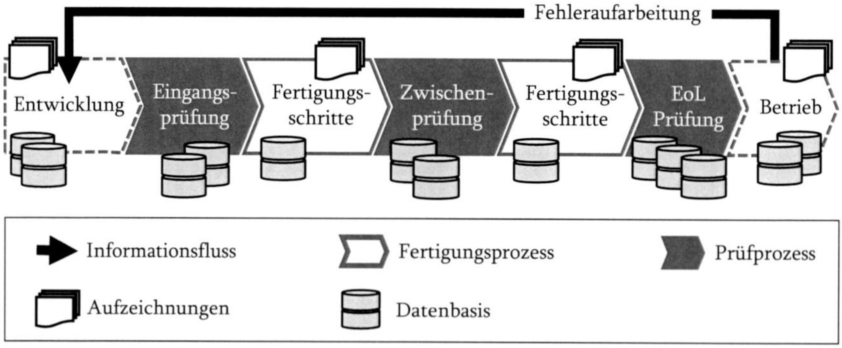

Abbildung 1-1: Fehleraufarbeitung in der Serienfertigung

Der Weg von der Entwicklung über Eingangsprüfungen, diverse Fertigungsschritte bis hin zum Betrieb wird durch Zwischenprüfungen und End of Line (EoL) Prüfungen begleitet. Während der gesamten Fertigung, einschließlich der Prüfungen, werden neben der automatisierten Datenerfassung auch händisch Aufzeichnungen erstellt. Die auf diesem Weg erhaltenen Informationen werden in unterschiedlichen Datenbasen gespeichert, z. B. werden qualitätsrelevante Daten getrennt von Prozessdaten archiviert. Die Fehleraufarbeitung findet problemgetrieben und somit reaktiv statt. Dies bedeutet, dass die unterschiedlichen Datenquellen im Fehlerfall unter hohem manuellem Aufwand verknüpft, verarbeitet und mit Expertenwissen angereichert werden müssen, um Fehlerursachen identifizieren zu können. Diese Vorgehensweise ist mit hohem Zeitaufwand verbunden und führt zu einer langen Reaktionszeit bei der Fehleraufarbeitung und der Einleitung von verbessernden Maßnahmen. Die gewonnenen Erkenntnisse beziehen sich somit ausschließlich auf den reaktiv betrachteten Einzelfall und lassen sich nicht auf zukünftige Fehleraufarbeitungen übertragen.

Unerwartete Fehler innerhalb des Fertigungssystems führen zu verringerter Qualität der Prozesse und Produkte[10]. Um schneller auf diese Fehler reagieren zu können, sind Kenntnisse der Zusammenhänge zwischen den einzelnen Prozessparametern und der

[9] Vgl. da Mota Batista, S. S./Oliveira, M. A. de et al. (FMEA in Manufacturing), 2019, S. 1021-1036
[10] Vgl. Lindemann, B./Fesenmayr, F. et al. (Anomaly Detection in Discrete Manufacturing), 2019, S. 313

Produktqualität erforderlich. Dies gilt ebenfalls für die Verbesserung der Produktionsprozesse, insbesondere für den elektrifizierten Antriebsstrang[11,12]. Somit ist ein kontinuierlicher Wissensaufbau anzustreben, der in einer Wissensbasis mündet, die sowohl die Prozessoptimierung als auch die Anwender der Fertigungssysteme beim Identifizieren und Beheben von Fehlern unterstützt.

In der Informationstechnologie (IT) wird Data Analytics (DA) eingesetzt, um Wirkzusammenhänge unter Zuhilfenahme von großen Datenmengen zu identifizieren[13]. Dabei werden unterstützende Ansätze aus den Bereichen des Internet-of-Things[14] sowie des Machine Learnings[15] (Maschinelles Lernen; ML) und des Data Minings[16] (DM) verwendet. Vorgehensmethoden, wie z. B. der Cross-Industry Standard Process for Data Mining (CRISP-DM)[17], kommen zur Anwendung. Diese Ansätze und Vorgehensweisen bieten ein hohes Potential, um den Wissensaufbau in der Serienfertigung zu beschleunigen. Ein möglicher Lösungsansatz zur Anwendung von Data Analytics in der Serienfertigung, angelehnt an das CRISP-DM Modell, ist in Abbildung 1-2 dargestellt.

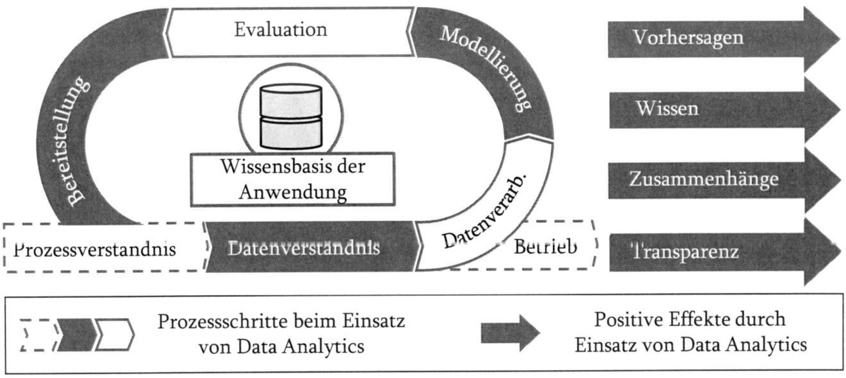

Abbildung 1-2: Möglicher Lösungsansatz mittels Data Analytics[18]

Basierend auf einer zentralen Wissensbasis würden hierbei die Schritte Prozessverständnis, Datenverständnis, Datenverarbeitung, Modellierung, Evaluation und Bereitstellung durchlaufen werden, um eine Data Analytics Anwendung zu implementieren

[11] Vgl. Kornas, T./Daub, R. et al. (Cause-Effect Relationships in Battery Production), 2019, S. 380
[12] Vgl. Nallusamy, S. (Productivity Enhancement in Manufacturing), 2020, S. 1-8
[13] Vgl. Dai, H.-N./Wong, R. C.-W. et al. (Big Data Analytics), 2019, S. 4 ff.
[14] Vgl. Dai, H.-N./Wang, H. et al. (Manufacturing Internet of Things), 2019, S. 1 ff.
[15] Vgl. Carleo, G./Cirac, I. et al. (Machine Learning Sciences), 2019, S. 3 ff.
[16] Vgl. Seidel, R./Amada, H. et al. (Data Mining System Architecture), 2020, S. 75-80
[17] Vgl. Martinez-Plumed, F./Contreras-Ochando, L. et al. (CRISP-DM to DST), 2020, S. 2
[18] In Anlehnung an Martinez-Plumed, F./Contreras-Ochando, L. et al. (CRISP-DM to DST), 2020, S. 2

und zu betreiben. Durch diesen Prozess würde eine Datentransparenz geschaffen, die es erlaubt, Zusammenhänge zu identifizieren, die zum Wissensaufbau herangezogen werden könnten. Die gewonnenen Modelle würden Vorhersagen auf Basis historischer Daten und Informationen gestatten.

Allerdings führen bei Data Analytics Projekten bestehende Denkweisen, Fähigkeiten und Werkzeuge zu einer Abbruchquote von über 60% während der Pilotierungsphase[19]. Die Datenbasen und Datenerfassungsmechanismen bestehender Fertigungssysteme bieten keine hinreichende Grundlage zur umfassenden Anwendung von Data Analytics[20,21]. Bezüglich der Datenverfügbarkeit unterscheiden sich Fertigungssysteme, bei denen die Daten physikalischer Prozesse zunächst erfasst werden müssen, von IT-Systemen, bei denen die erforderlichen Daten bereits vorliegen. Dieser zusätzliche Schritt der Datenerfassung bei Fertigungssystemen führt bei der Anwendung von Data Analytics zu einer Reihe von Hürden wie z. B. dem Vorliegen heterogener und verteilter Datenbanken, beschränktem Datenbankzugriff, fehlenden Datenpunkten und eingeschränkten Rückverfolgungsmöglichkeiten aufgrund nicht vorliegender Verlaufsdaten sowie Hardwarelimitationen im Produktionsumfeld[22]. Zusätzlich wird die Anwendbarkeit von Data Analytics durch hohe Kosten für neue Kontroll- und IT-Infrastrukturen eingeschränkt. Aus diesen Gründen ist eine direkte Übertragbarkeit der Methoden aus der IT auf die Fertigungsprozesse nicht gegeben.[23,24]

1.2 Zielsetzung

Auf Grundlage dieser in Unterkapitel 1.1 dargestellten Ausgangssituation leitet sich die Zielsetzung dieser Arbeit ab: Es soll ein Beitrag zur Bewältigung der hohen Komplexität innerhalb neuartiger Fertigungssysteme geleistet werden. Dabei soll der Fokus auf der Absicherung von Produktqualität und Prozessstabilität in der Serienfertigung liegen.

Zur Beherrschung von Komplexität eignen sich grundsätzlich Data Analytics Ansätze wegen ihrer Fähigkeit, unbekannte Wirkzusammenhänge zu identifizieren und zu modellieren[25,26]. Aus der Betrachtung der Ausgangssituation wurde ersichtlich, dass sich

[19] Vgl. Henrion, M. (Why Data Analytics Projects Fail), 2019, S. 1-2
[20] Vgl. Uhlemann, T. H.-J./Lehmann, C. et al. (The Digital Twin), 2017, S. 337
[21] Vgl. Heimes, H./Kampker, A. et al. (Potenziale & Hürden Data Analytics), 2019, S. 60
[22] Vgl. Dai, H.-N./Wang, H. et al. (Manufacturing Internet of Things), 2019, S. 3
[23] Vgl. Uhlemann, T. H.-J./Lehmann, C. et al. (The Digital Twin), 2017, S. 337
[24] Vgl. Dai, H.-N./Wang, H. et al. (Manufacturing Internet of Things), 2019, S. 3
[25] Vgl. Dai, H.-N./Wong, R. C.-W. et al. (Big Data Analytics), 2019, S. 4 ff.
[26] Vgl. Popova Zhuhadar, L./Thrasher, E. (Data Analytics Adressing Complexity), 2019, S. 3

diese Ansätze aus der IT innerhalb von Fertigungssystemen nicht erfolgreich anwenden lassen. Daher sind Anpassungen an den Entwicklungen der Fertigungstechnologien sowie den Ansätzen aus der IT erforderlich, um Data Analytics Methoden aus der IT zur Komplexitätsbeherrschung in die Fertigungssysteme integrieren zu können.

Zentraler Lösungsbaustein für diese Arbeit ist somit, den Einsatz von Data Analytics in der Serienfertigung zu befähigen. Zur Umsetzung von Data Analytics ist vor allem eine hinreichende Datenqualität sowie Datenverfügbarkeit essenziell[27]. Daher gilt es, Data Analytics Ansätze bereits in den frühen Phasen der Entwicklung von Fertigungssystemen zu integrieren und dadurch proaktiv die Anwendung von Data Analytics in der Serienfertigung zu unterstützen. Eine proaktive Integration von Data Analytics bedeutet in diesem Kontext, dass bereits in frühen Phasen der Entwicklung des Produktionssystems die Voraussetzungen und Rahmenbedingungen zu schaffen sind, um Data Analytics nutzenbringend in der Serienfertigung einsetzen zu können.

Somit lässt sich das Ziel dieser Arbeit wie folgt zusammenfassen:

Das übergeordnete Ziel liegt in der Entwicklung einer Methodik zur proaktiven Integration von Data Analytics in die Serienfertigung.

Die zu entwickelnde Methodik wird somit in den frühen Phasen der Entwicklung von Fertigungssystemen eingreifen, um den skalierbaren Einsatz von Data Analytics in der Serienfertigung zu befähigen. Unter Skalierbarkeit ist in diesem Kontext die Übertragbarkeit von Data Analytics aus der Prototypenphase auf eine Serienfertigung sowie auf eine Vielzahl vergleichbarer Produktionssysteme zu verstehen. Aufgrund der hohen Fertigungskomplexität von Antriebskomponenten für elektrifizierte Fahrzeuge wird der in dieser Arbeit entwickelte Lösungsansatz in der Serienfertigung von Hochvoltspeichern (HVS) detailliert dargestellt.

1.3 Wissenschaftstheoretische Einordnung der Arbeit

In diesem Unterkapitel wird die wissenschaftstheoretische Einordnung der vorliegenden Arbeit vorgenommen. Dazu wird die Arbeit in einem ersten Schritt in das Spektrum der Wissenschaft eingeordnet. Hierzu wird die Themenstellung der Arbeit anhand der Wissenschaftssystematik von ULRICH UND HILL[28] einer Wissenschaftskategorie zugeordnet. Nach dieser Zuordnung wird die in dieser Arbeit verwendete Forschungsmethodologie beschrieben.

[27] Vgl. Rettig, L./Khayati, M. et al. (Online Anomaly Detection), 2019, S. 289
[28] Vgl. Ulrich, P./Hill, W. (Grundlagen der Betriebswirtschaftslehre), 1976, S. 304-309

1.3.1 Grundlegende Erkenntnisperspektive

Zur Erläuterung der grundlegenden Erkenntnisperspektive wird die vorliegende Arbeit zunächst in das Spektrum der Wissenschaften eingeordnet[29]. Grundsätzlich lässt sich das Spektrum der Wissenschaften in die Formal- und in die Realwissenschaften unterteilen (vgl. Abbildung 1-3).[30]

Die **Formalwissenschaften** befassen sich mit der Konstruktion von Zeichensystemen. Dazu gehört die Erstellung der Regeln zur Verwendung dieser Zeichen. Zu Formalwissenschaften zählen u. a. die Philosophie, die Logik oder die Mathematik.[31]

Die **Realwissenschaften** beschreiben, erklären und gestalten empirisch wahrnehmbare Wirklichkeitsausschnitte[32]. Sie lassen sich unterteilen in „reine" Grundlagenwissenschaften und angewandte Handlungswissenschaften (vgl. Abbildung 1-3).

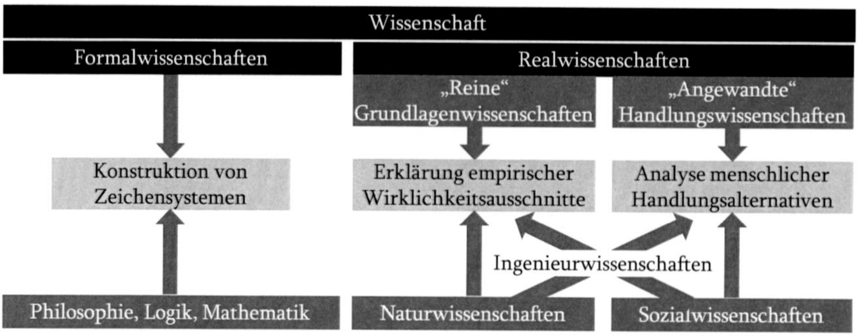

Abbildung 1-3: Wissenschaftssystematik[33]

Bei den reinen Grundlagenwissenschaften steht die Erklärung von Wirklichkeitsausschnitten und die Ermittlung von Erklärungsmodellen im Vordergrund. Den Grundlagenwissenschaften lassen sich die Disziplinen der Naturwissenschaften, z. B. Physik und Chemie, zuordnen. Bei den angewandten Handlungswissenschaften besteht der

[29] Vgl. Wemhöner, N. (Flexibilitätsoptimierung im Automobilrohbau), 2006, S. 6
[30] Vgl. Ulrich, P./Hill, W. (Grundlagen der Betriebswirtschaftslehre), 1976, S. 305
[31] Vgl. Ulrich, P./Hill, W. (Grundlagen der Betriebswirtschaftslehre), 1976, S. 305
[32] Vgl. Ulrich, P./Hill, W. (Grundlagen der Betriebswirtschaftslehre), 1976, S. 305
[33] In Anlehnung an Ulrich, P./Hill, W. (Grundlagen der Betriebswirtschaftslehre), 1976, S. 305; Analoge Abbildungen sowie Darstellung der wissenschaftstheoretischen Einordnung findet sich u. a. in: Heimes, H. H. (Auswahl von Fertigungsressourcen), 2014, S. 4 f., Burggräf, P. (Fabrikplanung), 2012, S. 3 f., Döring, S. T. (Auftragsabwicklung im Werkzeugbau), 2010, S.6, Gaus, F. (Geschäftsmodell im Werkzeugbau), 2010, S. 6, Giehler, F. (Planungsproduktivität), 2010, S. 6, Koch, S. (Wandlungsfähigkeit von Fabriken), 2011, S. 7, Wemhöner, N. (Flexibilitätsoptimierung im Automobilrohbau), 2006, S. 6

Fokus auf der Analyse menschlicher Handlungsalternativen zur Gestaltung sozialer und technischer Systeme im Vordergrund.

Ziel der angewandten Handlungswissenschaften ist die Entwicklung von Entscheidungsmodellen und Entscheidungsprozessen[34]. Da die Probleme eines handelnden Menschen sich nicht streng in die Disziplinen der Grundlagenforschung einteilen lassen, sind angewandte Handlungswissenschaften grundsätzlich interdisziplinär[35]. Während reine Grundlagenwissenschaften die bestehende Realität untersuchen, wird bei angewandten Handlungswissenschaften die Realität als Ausgangspunkt genommen, um zu versuchen, zukünftige Realitäten zu beschreiben und zu gestalten[36]. Disziplinen der Sozialwissenschaften wie beispielsweise die Soziologie oder Psychologie sind den angewandten Handlungswissenschaften zuzuordnen[37]. An der Nahtstelle zwischen den Grundlagen- und den Handlungswissenschaften sind die Ingenieurwissenschaften einzuordnen[38].

Das übergeordnete Ziel dieser Arbeit ist die Entwicklung einer Methodik zur proaktiven Integration von Data Analytics in die Serienfertigung. Es wird erwartet, dass diese Methodik zur Beherrschung von Komplexität und zur Steigerung der Qualität der Produkte und Produktionssysteme beiträgt. Aufgrund des mit dieser Zielstellung einhergehenden Praxisbezugs ist diese Arbeit den angewandten Handlungswissenschaften zuzuordnen. Wegen dieser Einordnung ist es möglich, den systemtheoretischen Ansatz nach ULRICH zu wählen[39]. Dieser wird durch seinen praktischen Bezug in einer Vielzahl ingenieurwissenschaftlicher Veröffentlichungen zur Charakterisierung der Forschungsmethode eingesetzt.

1.3.2 Forschungsmethodologie

In diesem Abschnitt wird die Forschungsmethodologie, die das Vorgehen zur Gewinnung von Erkenntnissen beschreibt, eingeführt. Das Forschungsverständnis der vorliegenden Arbeit beruht auf dem Ansatz nach ULRICH[40], siehe Abschnitt 1.3.1. Grundsätzlich beginnt jeder Erkenntnisprozess mit dem Vorliegen eines Problems oder von Problemen und nicht mit der Beobachtung oder der Sammlung von Daten[41]. Auch nach ULRICH ist der Ausgangspunkt der wissenschaftlichen Betrachtung eine

---

[34] Vgl. Ulrich, P./Hill, W. (Grundlagen der Betriebswirtschaftslehre), 1976, S. 305
[35] Vgl. Ulrich, H. (Anwendungsorientierte Wissenschaft), 1982, S. 4
[36] Vgl. Ulrich, H. (Angewandte Sozialwissenschaft), 1984, S. 174
[37] Vgl. Ulrich, P./Hill, W. (Betriebswissenschaftliche Konzeptionen), 1979, S. 163 f.
[38] Vgl. Heimes, H. H. (Auswahl von Fertigungsressourcen), 2014, S. 5
[39] Vgl. Ulrich, H. (Angewandte Sozialwissenschaft), 1984, S. 133 ff.
[40] Vgl. Ulrich, H. (Angewandte Sozialwissenschaft), 1984, S. 133 ff.
[41] Vgl. Popper, K. L. (Logik der Sozialwissenschaften), 1967, S. 104

ausführliche Beschreibung eines Problems, das in der Praxis besteht[42]. Somit fokussiert die Problemauswahl angewandter Forschung die Probleme praktisch handelnder Menschen, für deren Lösung kein befriedigendes Wissen vorliegt[43].

Nach ULRICH beginnt der Forschungsprozess in der Praxis und endet in der Praxis[44]. Er ist hauptsächlich auf die Untersuchung des Anwendungszusammenhangs gerichtet. Ausgangspunkt der vorliegenden Arbeit ist die Bewältigung der Komplexität neuartiger Fertigungssysteme, die aus dem Wandel vom konventionellen zum elektrifizierten Antriebsstrang entstehen. Die Herausforderung besteht in den Wechselwirkungen zwischen neuartigen Produkten und Prozessen sowie den hohen Anforderungen seitens der Kunden und des Unternehmensumfelds. Bestehende Ansätze zur Komplexitätsbeherrschung aus dem Bereich Data Analytics lassen sich nicht ohne Weiteres auf die Fertigung übertragen[45,46]. Es existiert derzeit kein systematisches Vorgehen, das dies leisten kann.

Diese Ausgangssituation stellt das Praxisproblem der vorliegenden Arbeit nach dem Forschungsverständnis von ULRICH dar. Im Rahmen der vorliegenden Arbeit wird zunächst die interdisziplinäre Problemstellung theoriegeleitet bearbeitet. In Kapitel zwei und drei werden verschiedene Theorien und Verfahren zur Fertigung, insbesondere der Batteriemodule und Hochvoltspeicher, eingeführt. Des Weiteren werden bestehende Methoden und Ansätze zu datenbasierten Analysen für die Komplexitätsbewältigung eingeführt. Die Übertragung auf den Anwendungskontext beschreibt das vierte und fünfte Kapitel. Im sechsten Kapitel wird die im Rahmen dieser Arbeit entwickelte Methodik in der Praxis und somit ihre Anwendbarkeit auf den Anwendungskontext validiert. Dadurch wird die Übertragbarkeit des formalen Lösungsprozesses in die Praxis sichergestellt. Um zu gewährleisten, dass die entwickelte Methodik auch unter geänderten Rahmenbedingungen angewendet werden kann, wird der Lösungsprozess iterativ gestaltet. Somit besteht bei erneuter Anwendung der entwickelten Methodik die Möglichkeit, auf wesentliche Zwischenergebnisse zurückzugreifen.

Aufgrund der erfolgten Einordnung der Arbeit an der Schnittstelle zwischen Grundlagen- und Handlungswissenschaften orientiert sich der Forschungsprozess der vorliegenden Arbeit an der Forschungsmethodologie der explorativen Forschung. Anhand dieses Ansatzes werden wissenschaftliche Aussagen durch einen iterativen Lernprozess

---

42 Vgl. Ulrich, H. (Angewandte Sozialwissenschaft), 1984, S. 176
43 Vgl. Ulrich, H. (Angewandte Sozialwissenschaft), 1984, S. 172
44 Vgl. Ulrich, H. (Betriebswirtschaftslehre), 1981, S. 19
45 Vgl. Uhlemann, T. H.-J./Lehmann, C. et al. (The Digital Twin), 2017, S. 337
46 Vgl. Heimes, H./Kampker, A. et al. (Potenziale & Hürden Data Analytics), 2019, S. 60

gewonnen. Charakteristisch für diesen Ansatz ist, dass Forschung als Lernprozess begriffen wird, in dem näher zu untersuchende Probleme basierend auf Erfahrungswissen theoretisch gefasst und systematisch definiert werden[47]. Ziel ist die Gewinnung neuer Fragen und Erkenntnisse basierend auf dem Vorverständnis des Forschers[48]. Das forschungsmethodologische Vorgehen ist in Abbildung 1-4 dargestellt.

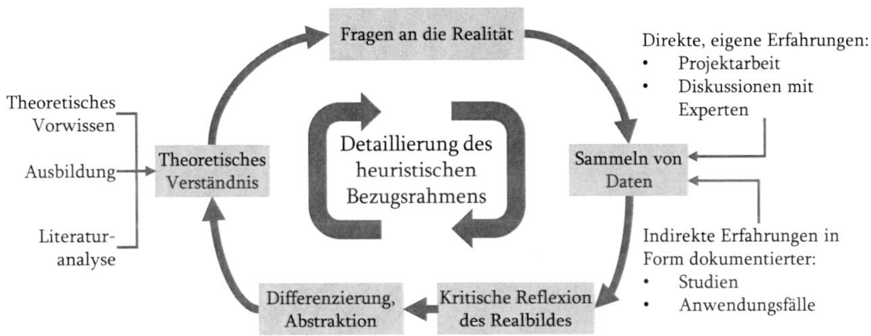

Abbildung 1-4: Forschungsmethodologisches Vorgehen[49]

Im Zentrum des forschungsmethodologischen Vorgehens steht ein heuristischer Bezugsrahmen. Dieser beschreibt das Vorverständnis des Forschers, das es schrittweise zu präzisieren gilt[50]. Ausgangspunkt zur Konstruktion eines heuristischen Bezugsrahmens bildet ein vom Forscher nicht ausreichend verstandenes, theoretisches Problem[51]. Realitätsgeleitet wurde das dieser Arbeit zugrundeliegende Problem in Unterkapitel 1.1 dargelegt.

Zentrale Bestandteile des vorliegenden heuristischen Bezugsrahmens sind die Entwicklung von Fertigungssystemen, die Serienfertigung, die Gewährleistung hoher Produktqualität und Produktionsprozessstabilität sowie die Anwendung von Data Analy-

---

47 Vgl. Kubicek, H. (Forschungskonzeption), 1977, S. 14

48 Vgl. Kubicek, H. (Forschungskonzeption), 1977, S. 14

49 In Anlehnung an Kubicek, H. (Forschungskonzeption), 1977, S. 12 ff., Tomczak, T. (Forschungsmethoden), 1992, S. 83 f.; Eine analoge Abbildung sowie Darstellung der wissenschaftstheoretischen Einordnung findet sich u. a. in: Heimes, H. H. (Auswahl von Fertigungsressourcen), 2014, S. 6, Deutskens, F. C. (Disruptive Innovationen), 2014, S. 10, Döring, S. T. (Auftragsabwicklung im Werkzeugbau), 2010, S. 7, Gaus, F. (Geschäftsmodell im Werkzeugbau), 2010, S. 9, Giehler, F. (Planungsproduktivität), 2010, S. 8, Koch, S. (Wandlungsfähigkeit von Fabriken), 2011, S. 9,

50 Vgl. Kubicek, H. (Forschungskonzeption), 1977, S. 17

51 Vgl. Heimes, H. H. (Auswahl von Fertigungsressourcen), 2014, S. 6

tics. Sie bilden den Rahmen für die Komplexitätsbewältigung innerhalb neuartiger Fertigungssysteme (vgl. Abbildung 1-5). Ziel ist die Entwicklung einer Methodik zur proaktiven Integration von Data Analytics in die Serienfertigung.

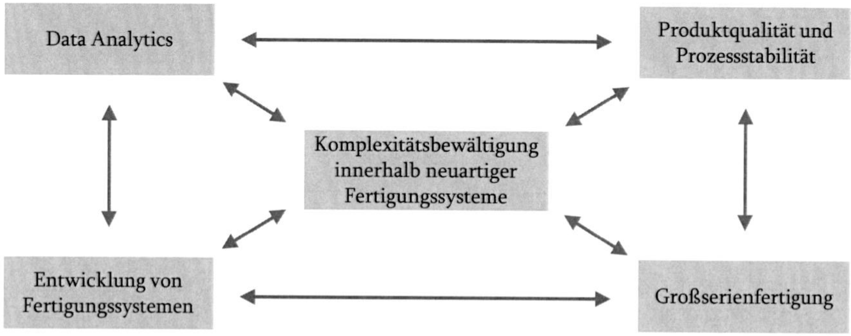

Abbildung 1-5: Heuristischer Bezugsrahmen[52]

Die Wechselwirkungen der in Abbildung 1-5 dargestellten Bestandteile des Bezugsrahmens werden in den nachfolgenden Kapiteln erarbeitet. Zur Bearbeitung wird das forschungsmethodologische Vorgehen (vgl. Abbildung 1-4) zugrunde gelegt. Dadurch erfolgt eine kontinuierliche Interaktion zwischen Fragen an die Realität sowie der Sammlung von Daten. Das Ziel der Steigerung des theoretischen Verständnisses wird durch eine kritische Reflexion sowie eine Differenzierung und Abstraktion des Realbildes erreicht. Durch dieses Vorgehen und das gewonnene Erfahrungswissen wird eine Anpassung des Bezugsrahmens ermöglicht[53]. Auf diese Weise wird der iterative Erkenntnisgewinn durch das forschungsmethodologische Vorgehen kontinuierlich forciert[54].

Die Erfahrungen des Autors basieren zum einen auf der engen Zusammenarbeit mit den Mitarbeitern des Lehrstuhls für Production Engineering of E-Mobility Components an der Rheinisch-Westfälischen Technischen Hochschule Aachen, im Rahmen derer er vom dortigen innovativen, wissenschaftlichen Umfeld profitieren konnte. Zum anderen prägte ihn seine Tätigkeit in der Vorentwicklungsabteilung für Produktionstechnologien des elektrifizierten Antriebsstrangs bei einem Original

[52] Eine analoge Abbildung sowie Darstellung der wissenschaftstheoretischen Einordnung findet sich u. a. in: Heimes, H. H. (Auswahl von Fertigungsressourcen), 2014, S. 7, Döring, S. T. (Auftragsabwicklung im Werkzeugbau), 2010, S. 7, Gaus, F. (Geschäftsmodell im Werkzeugbau), 2010, S. 10, Giehler, F. (Planungsproduktivität), 2010, S. 9, Koch, S. (Wandlungsfähigkeit von Fabriken), 2011, S. 11

[53] Vgl. Heimes, H. H. (Auswahl von Fertigungsressourcen), 2014, S. 7

[54] Vgl. Kubicek, H. (Forschungskonzeption), 1977, S. 13

Equipment Manufacturer (OEM). Dort arbeitete er in einem funktionsübergreifenden Team, das sich mit den Themenfeldern Data Analytics und Digitalisierung, Innovationsmanagement sowie Prüftechnik beschäftigte. Neben der Leitung von Vorentwicklungsprojekten, in die der Autor seine Erkenntnisse einfließen lassen konnte, bearbeitete er eine Reihe von produktionsnahen Projekten. So flossen Ergebnisse der vorliegenden Arbeit bereits in Planung und Umsetzung neuer Produktionslinien für den elektrifizierten Antriebsstrang ein. Außerhalb seiner Wirkungsstätte konnte der Autor seine Erfahrungen auch durch den wissenschaftlichen Austausch weitergeben und ausbauen.

Aus seinen Veröffentlichungen und Fachvorträgen auf wissenschaftlichen Konferenzen sind insbesondere sein Vortrag auf den Elektromobilproduktionstagen 2019[55] zum Thema „Data Analytics in der Produktion des E-Antriebsstrangs" sowie sein Best Paper Award auf der Asia Pacific Conference on Research in Industrial and Systems Engineering des Institute of Electrical and Electronics Engineers (IEEE) 2019 für seinen Beitrag mit dem Titel „Scalable Data Analytics from Predevelopment to Large Scale Manufacturing" zu nennen.

1.4 Forschungsfrage

Basierend auf der Zielsetzung (vgl. Unterkapitel 1.2) sowie der Definition des Betrachtungsbereichs (vgl. Unterkapitel 1.3) werden die grundlegenden Forschungsfragen formuliert. Die leitende Forschungsfrage für das Forschungsvorhaben dieser Arbeit lautet wie folgt:

Wie muss eine Methodik zur proaktiven Integration von Data Analytics in die Serienfertigung gestaltet sein?

Der **Betrachtungsbereich** dieser Arbeit umfasst den **Entstehungsprozess von Produkten** sowie deren nachfolgende **Fertigung** (vgl. Abbildung 1-6). Als Beispiel dient die Fertigung von Antriebskomponenten für elektrifizierte Fahrzeuge. Darüber hinaus werden die **datenbasierten Analyseansätze aus der IT** betrachtet. Letztere umfassen insbesondere Ansätze zu Data Mining und Data Analytics sowie die hierfür erforderlichen Komponenten von IT-Architekturen.

Der **Gestaltungsbereich** beinhaltet Ansätze zur **Priorisierung von Projekten in frühen Phasen** der Entwicklung von Fertigungssystemen. Des Weiteren werden **Methoden für**

[55] Elektromobilproduktionstage: www.ept-aachen.de

die Anwendung von Data Analytics sowie deren **Übertragbarkeit** von den frühen Phasen in die Serienfertigung untersucht.

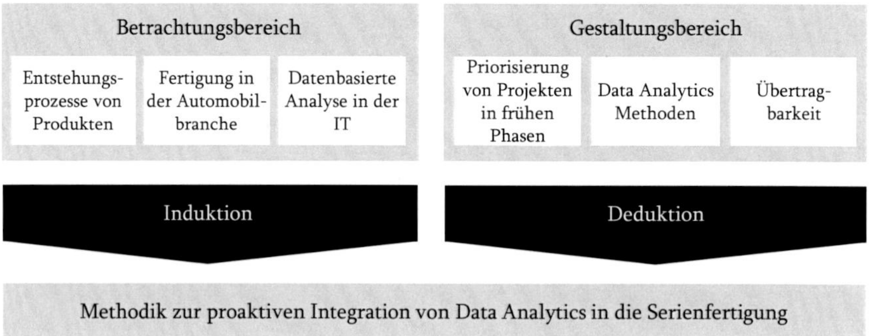

Abbildung 1-6: Betrachtungs- und Gestaltungsbereich

Ziel der induktiven Untersuchung des Betrachtungsbereichs ist die Ableitung von Kriterien an die Methodik. Basierend auf diesen Kriterien wird der Gestaltungsbereich deduktiv untersucht. Für den Fall, dass keine bestehende Methodik diese Kriterien erfüllt, wird eine für den Betrachtungsbereich angepasste Methodik konzipiert.

Um die zugrundeliegende Forschungsfrage beantworten zu können, bietet es sich an, diese in die nachfolgenden Teilfragen zu untergliedern.

- Welche Methoden und Vorgehensweisen unterstützen die proaktive Integration von Data Analytics in die Serienfertigung?
- Wie können mögliche Data Analytics Anwendungsfälle in frühen Phasen identifiziert und priorisiert werden?
- Wie lassen sich identifizierte Data Analytics Anwendungsfälle von frühen Phasen der Entwicklung von Fertigungssystemen skalierbar in die Serienfertigung umsetzen?
- In welchen Schritten erfolgt die Detaillierung der Methodik zur proaktiven Integration von Data Analytics in die Serienfertigung?
- Welchen Mehrwert liefert die Methodik für den Anwender in der Praxis?

1.5 Aufbau der Arbeit

Die Struktur der vorliegenden Arbeit ist in Abbildung 1-7 dargestellt und wird im Folgenden erläutert. Sie ist in die dort dargestellten sieben Kapitel untergliedert, um den

Anforderungen der „Strategie der angewandten Forschung“ gerecht zu werden[56]. Sowohl die Strategie der angewandten Forschung als auch der Ansatz der explorativen Forschung nach KUBICEK verlangen einen eindeutigen Bezug zur Praxis[57,58]. Die vorliegende Arbeit erfüllt diese Anforderungen. Dies spiegelt sich im Aufbau der Arbeit und dem zugrundeliegenden Forschungsprozess wider. Der Forschungsprozess geht von Problemen aus der Praxis aus, überträgt den aufgezeigten Handlungsbedarf in die Theorie und reflektiert die entwickelten Lösungen vor dem Hintergrund der Praxis.

Abbildung 1-7: Struktur der vorliegenden Arbeit[59]

Das **erste Kapitel** beinhaltet die **Einleitung und Motivation** der vorliegenden Arbeit. Es wird die Ausgangssituation dargestellt, in die Problemstellung eingeführt und die anzuwendende Forschungsmethodologie herausgearbeitet.

[56] Vgl. Ulrich, H./Dyllick, T. et al. (Management), 1984, S. 192 ff.

[57] Vgl. Kubicek, H. (Forschungskonzeption), 1977, S. 12 ff.

[58] Vgl. Ulrich, H./Dyllick, T. et al. (Management), 1984, S. 192

[59] In Anlehnung an Ulrich, H./Dyllick, T. et al. (Management), 1984, S. 193. Eine analoge Abbildung sowie Darstellung der inhaltlichen Struktur findet sich u. a. in: Burggräf, P. (Fabrikplanung), 2012, S. 10, Gaus, F. (Geschäftsmodell im Werkzeugbau), 2010, S. 15, Giehler, F. (Planungsproduktivität), 2010, S. 10, Koch, S. (Wandlungsfähigkeit von Fabriken), 2011, S. 13, Döring, S. T. (Auftragsabwicklung im Werkzeugbau), 2010, S. 11 und Heimes, H. H. (Auswahl von Fertigungsressourcen), 2014, S. 10

Im **zweiten Kapitel** werden die **Grundlagen des Betrachtungsbereichs** dieser Arbeit dargelegt. Dabei wird anhand der im ersten Kapitel erläuterten Problemstellung der **Handlungsbedarf aus der Praxis** abgeleitet. Die zum Verständnis relevanten Begriffe werden eingeführt. Es wird ein Verständnis für die Fertigung, insbesondere für die Fertigungsprozesse bei der Herstellung von Hochvoltspeichern sowie für das Qualitätsmanagement in der Fertigung aufgebaut. Im Weiteren werden Ansätze für Data Analytics betrachtet. Aufbauend auf diesen Grundlagen und den Ergebnissen einer im Rahmen dieser Arbeit erstellten Studie werden die Hürden bei der Anwendung von Data Analytics in der Serienfertigung aufgezeigt. Daraus werden die Handlungsbedarfe aus der Praxis abgeleitet.

Die im **dritten Kapitel** dargelegte **Analyse und Bewertung** von bestehenden Methoden innerhalb des Gestaltungsbereichs basieren auf dem im zweiten Kapitel identifizierten Praxisdefizit. Auf Grundlage dieses Praxisdefizits werden inhaltliche und formale Anforderungen an eine Methodik zur proaktiven Integration von Data Analytics in die Serienfertigung hergeleitet. Des Weiteren werden Methoden für Data Analytics sowie Ansätze zur Priorisierung von Projekten näher beleuchtet und anhand der hergeleiteten Anforderungen bewertet. Als Ergebnis des dritten Kapitels wird der **Handlungsbedarf aus der Theorie** aufgezeigt.

Im **vierten Kapitel** wird eine **Methodik zur proaktiven Integration von Data Analytics in die Serienfertigung** konzipiert. Dabei werden sowohl die Aufbaustruktur als auch die Ablaufstruktur der Methodik definiert. Das im Rahmen dieser Arbeit entwickelte Vorgehen greift auf wissenschaftliche Ansätze zurück, um das beschriebene Praxisproblem adressieren zu können. Dieses Vorgehen stellt sicher, dass die inhaltlichen und formalen Anforderungen an die Methodik berücksichtigt werden.

Die **Detaillierung der Methodik** zur proaktiven Integration von Data Analytics in die Serienfertigung erfolgt im **fünften Kapitel** dieser Arbeit. Dazu werden die erforderlichen Werkzeuge detailliert und die Methodik anhand der Anforderungen aus der Serienfertigung des elektrifizierten Antriebsstrangs konkretisiert.

Gegenstand des **sechsten Kapitels** ist die **Validierung der entwickelten Methodik in der Praxis**. Dazu erfolgt eine Anwendung der Methodik am praktischen Beispiel der Serienfertigung von Modul- und Hochvoltspeichern für elektrifizierte Fahrzeuge. Die im Rahmen dieser Arbeit entwickelte Methodik wird anhand der in der Anwendung gewonnenen Erkenntnisse in Bezug auf die eingangs eingeführte Zielstellung diskutiert und validiert.

Abschließend werden im **siebten Kapitel** die Ergebnisse der vorliegenden Arbeit kritisch reflektiert, und es wird ein Fazit gezogen. Letztlich werden von dieser Arbeit ausgehende, weiterführende Forschungsbedarfe aufgezeigt.

2 Herausforderungen aus der Praxis

Die Entwicklung und Fertigung innovativer Produkte unter Zuhilfenahme neuartiger Fertigungstechnologien ist durch hohe Komplexität geprägt[60]. Dies gilt insbesondere für die Fertigung von Antriebskomponenten und des Batteriesystems für elektrifizierte Fahrzeuge[61]. Bei der Fertigung sind die zentralen Herausforderungen, Effizienz und Stabilität zu erhöhen sowie eine hohe Produktqualität zu garantieren[62,63]. Ein großer Anteil an den Investitions- und Betriebskosten ist auf Prüfprozesse, die die Produktqualität sicherstellen, zurückzuführen[64,65,66]. Der wesentliche Prüfaufwand bezieht sich auf Parameter der Produktqualität, die nicht inline als Bestandteil eines Fertigungsprozesses geprüft werden können, sondern in separaten Prüfprozessen auf Prüfständen erfasst werden müssen. Um Prüfaufwände zu reduzieren, ist es daher erforderlich, das Wissen über die Fertigungsprozessschritte und ihre Kopplung zur Produktqualität durch Identifikation von Wirkzusammenhängen zu erhöhen[67].

Die derzeit üblichen Ansätze zur Identifikation von Wirkzusammenhängen innerhalb von Fertigungsprozessen sind aufgrund der hohen Komplexität und der verteilten Datenbasen mit einem hohen Aufwand verbunden. In der IT setzt sich aus diesem Grund der Einsatz von Data Analytics zur Identifikation von unbekannten Wirkzusammenhängen zunehmend durch[68].

Die relevanten Themenfelder, die es zu bearbeiten gilt, um die eingangs vorgestellten Herausforderungen (siehe Kapitel 1) anzugehen, werden in den nachfolgenden Unterkapiteln mit ihren Begrifflichkeiten eingeführt. Zunächst wird in das betrachtete Themenfeld der Fertigung in der Automobilbranche am Beispiel der Modul- und Hochvoltspeicherfertigung eingeführt. Anschließend werden datenbasierte Analyseansätze aus der Informatik vorgestellt und untersucht. Schließlich wird bewertet, ob sie für einen Einsatz in der Serienfertigung geeignet sind. Auf Grundlage einer im Rahmen

[60] Vgl. Liebrecht, O. W. (Complexity in Production lines), 2019, S. 2-11
[61] Vgl. Kampker, A./Vallée, D. et al. (Elektromobilität), 2018, S. 16
[62] Vgl. Khan, A./Turowski, K. (Challenges and Opporturnities in Production), 2016, S. 441
[63] Vgl. Tassey, G. (Competing in Manufacturing), 2014, S. 30
[64] Vgl. Henke, J. (Steigerung der Wertschöpfung), 2015, S. 63
[65] Vgl. Hirsch, V./Reimann, P. et al. (Analytical Quality Control), 2018, S. 1333
[66] Vgl. Kampker, A./Heimes, H. et al. (Enabling Data Analytics), 2018, S. 121
[67] Vgl. Kampker, A./Heimes, H. et al. (Enabling Data Analytics), 2018, S. 121
[68] Vgl. Luckow, A./Kennedy, K. et al. (Automotive big data), 2015, S. 1205

dieser Arbeit durchgeführten Studie zu den Potentialen und Hürden von Data Analytics in der Serienfertigung wird die Herleitung des Praxisdefizits auf ihre Allgemeingültigkeit in der Serienfertigung verifiziert. Basierend auf diesen Betrachtungen wird der Handlungsbedarf aus der Praxis entwickelt. Anschließend werden die Anforderungen an die Methodik zur Lösung des Praxisdefizits formuliert. Diese Anforderungen bilden die Grundlage für die Herleitung des Handlungsbedarfs aus der Theorie, der in Kapitel 3 dargestellt ist.

2.1 Fertigungsprozesse in der Automobilbranche

Unter Fertigung versteht man einen Produktionsprozess, der das Ziel hat, Werkstücke geometrisch bestimmter Gestalt herzustellen[69]. Dabei grenzt sich die Fertigung von der Prozesstechnik oder der Energietechnik dadurch ab, dass die erzeugten Produkte durch stoffliche und geometrische Merkmale gekennzeichnet sind[70]. Im Rahmen der vorliegenden Arbeit werden die Prozesse, die mit diesem eingeführten Verständnis des Fertigungsbegriffs verknüpft sind, betrachtet. Nicht im Betrachtungsrahmen befinden sich Logistikprozesse aus dem Bereich der Materialbeschaffung und Lagerung. Nach der VDI-Norm 2860[71] bezeichnet die Montage die Vorgänge für den Zusammenbau von Körpern mit geometrisch bestimmten Formen als Untermenge der Fertigung.

2.1.1 Produktentstehungsprozess

Der Produktentstehungsprozess (PEP) dient zur Einordnung der Produktion in den Gesamtkontext der Produktentstehung. Es werden unterschiedliche, aber verwandte Definitionen für den PEP verwendet[72,73,74,75]. Allgemein gilt, dass im PEP die Arbeitsschritte von der Produktidee bis hin zum fertigen Produkt dargestellt sind. Neben der Produktentwicklung ist sowohl die Produktionsentwicklung als auch die Produktherstellung Bestandteil des Produktentstehungsprozesses[76], siehe Abbildung 2-1.

Die Phase der Vorentwicklung des Produkts besitzt eine wichtige Funktion zur Sicherstellung von Wettbewerbsvorteilen des zukünftigen Produkts sowie der zugehörigen Produktionsprozesse[77]. In dieser Phase werden wesentliche Produktmerkmale und

[69] Vgl. Kienzle, O. (Fertigungsverfahren), 1966, S. 169-173
[70] Vgl. Tönshoff, H. K./Denkena, B. (Fertigungsverfahren), 2014, S. 2
[71] Vgl. Verein Deutscher Ingenieure (VDI-Norm 2860), 1990, S. 2-3
[72] Vgl. Hoffmann, C.-A. (Methodik zur Steuerung modularer Produktbaukästen), 2018, S. 10
[73] Vgl. Schömann, S. O. (Produktentwicklung in der Automobilindustrie), 2012, S.83
[74] Vgl. Wildemann, H. (Advanced Purchasing), 2018, S. 266
[75] Vgl. Kerber, S. (Prozessgestaltung), 2016, S. 19
[76] Vgl. Hoffmann, C.-A. (Methodik zur Steuerung modularer Produktbaukästen), 2018, S. 14
[77] Vgl. Hoffmann, C.-A. (Methodik zur Steuerung modularer Produktbaukästen), 2018, S. 14

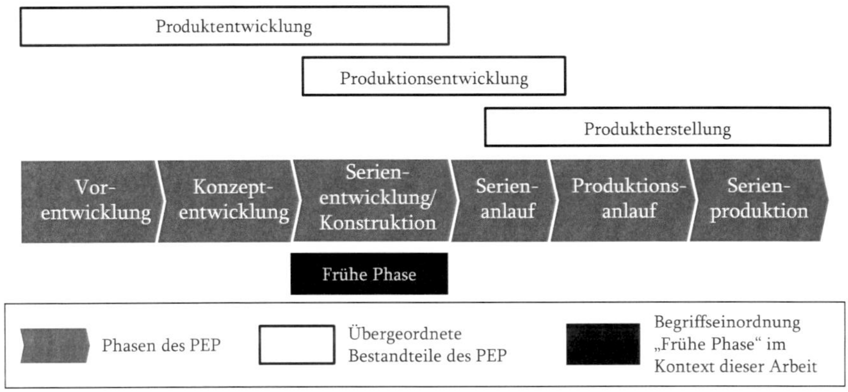

Abbildung 2-1: PEP und frühe Phase der Produktionsentwicklung[78]

Randbedingungen für die Produktion festgelegt. Die Ergebnisse der Vorentwicklung fließen in die Konzeptentwicklung ein, um die Konstruktion eines Produkts sowie dessen Produktionsentwicklung zu unterstützen. Letztere ist in die Serienentwicklung und den Serienanlauf unterteilt. In der Serienentwicklung werden die Produktionsprozesse prototypisch aufgebaut und optimiert. Während des Serienanlaufs werden die Produktionsanlagen beschafft und erprobt. Dabei wird die Stückzahl einer Anlaufkurve folgend gesteigert[79]. Hier beginnt die Produktherstellung. Mit der Produktionsprozess und Produktfreigabe sowie dem Start of Production (SOP) endet der PEP. Die Serienproduktion kann beginnen.[80]

Analog zur frühen Phase in der Produktentwicklung[81] ist die frühe Phase der Produktionsentwicklung (vgl. Abbildung 2-1) ausschlaggebend für Fähigkeiten und Kosten des zu realisierenden Produktionssystems. In der frühen Phase der Produktionsentwicklung getroffene Entscheidungen haben weitereichende Auswirkungen auf die Produkt- und Variantenvielfalt sowie auf die Stückzahlen, die hergestellt werden können. Darüber hinaus werden Rahmenbedingungen, wie z. B. die eingesetzten Steuerungen, Bussysteme und die Anbindung an die übergeordneten IT-Systeme, festgelegt.

Die Komplexität bei der Produktion neuartiger Produkte resultiert hauptsächlich aus zunehmender Produktvielfalt, steigenden Bauteilanzahlen, neuen Werkzeugen sowie

---

[78] In Anlehnung an Hoffmann, C.-A. (Methodik zur Steuerung modularer Produktbaukästen), 2018, S. 14

[79] Vgl. Schuh, G./Stölzle, W. et al. (Grundlagen Anlaufmanagement), 2008, S. 2

[80] Vgl. Hoffmann, C.-A. (Methodik zur Steuerung modularer Produktbaukästen), 2018, S. 10-16

[81] Vgl. Krotil, S. (Online-Simulation), 2015, S. 15

verteilten Funktionen und deren Wechselwirkungen[82]. Komplexität bezeichnet hierbei den Umstand, dass ein System eine Vielzahl und Vielfalt von Zuständen, z. B. Fertigungszustände, einnehmen kann[83]. Das gilt sowohl auf der Ebene der Elemente und Beziehungen als auch bezüglich der Dynamik der Veränderungen[84]. Beschrieben werden kann der Komplexitätsgrad anhand der Fertigungstiefe, Modularisierung von Fahrzeugteilen, Lieferantenvielfalt, Anzahl der Produktionsstandorte, Strategie der Programmplanung und den Anlieferkonzepten[85]. Eine hohe Komplexität hat nicht nur eine abnehmende Transparenz der betrieblichen Abläufe zur Folge, sondern sie bedingt durch Mehraufwand für Komplexitätsbeherrschung und Komplexitätsreduktion zusätzliche Aufwände[86]. Der erfolgreiche Umgang mit Komplexität stellt somit einen entscheidenden Wettbewerbsfaktor dar.

Data Analytics Ansätze eignen sich zur Beherrschung von Komplexität aufgrund Ihrer Fähigkeit, unbekannte Wirkzusammenhänge zu identifizieren und zu modellieren[87,88,89]. Allerdings berücksichtigt der PEP die Möglichkeiten von Data Analytics zur Komplexitätsbeherrschung nicht. Außerdem führen die geringen Datenmengen während früher Prototypenphasen dazu, dass Big Data basierte Data Analytics Ansätze nicht eingesetzt werden. Daher versäumt der PEP, das Potential von Data Analytics bereits in der frühen Phase zu nutzen. Des Weiteren wird nicht verfolgt, die erforderlichen Rahmenbedingungen für den Einsatz von Data Analytics in der späteren Serienfertigung zu schaffen.

2.1.2 Fertigungsprozesse am Beispiel der Fertigung von Modulen und Hochvoltspeichern für Elektrofahrzeuge

In der Automobilindustrie stellt vor allem der disruptive Wandel zur Elektromobilität etablierte Unternehmen vor große Herausforderungen[90]. Neuartige, bisher nicht in der Automobilproduktion beheimatete Techniken müssen eingeführt werden. Da die Optimierungen der Produktionsprozesse noch kein hohes Niveau erreicht haben, sind z. B. die Kosten für die Produktion von Batteriesystemen heute noch hoch[91]. Um hier

[82] Vgl. Hoffmann, C.-A. (Methodik zur Steuerung modularer Produktbaukästen), 2018, S. 29
[83] Vgl. Kirchhof, R. (Ganzheitliches Komplexitätsmanagement), 2003, S. 12 ff.
[84] Vgl. Kirchhof, R. (Ganzheitliches Komplexitätsmanagement), 2003, S. 12 ff.
[85] Vgl. Klug, F. (Logistikmanagement), 2010, S. 42
[86] Vgl. Hoffmann, C.-A. (Methodik zur Steuerung modularer Produktbaukästen), 2018, S.29
[87] Vgl. Brunauer, R./Rehrl, K. (Big Data), 2016, S. 252-254
[88] Vgl. Dai, H.-N./Wong, R. C.-W. et al. (Big Data Analytics), 2019, S. 4 ff.
[89] Vgl. Popova Zhuhadar, L./Thrasher, E. (Data Analytics Adressing Complexity), 2019, S. 3
[90] Vgl. Kampker, A./Vallée, D. et al. (Produktion von Elektrofahrzeugen), 2018, S. 73
[91] Vgl. Kasperk, G./Fluchs, S. et al. (Geschäftsmodelle der Elektromobilität), 2018, S. 155

im Wettbewerb bestehen zu können, ist eine Weiterentwicklung der Produktionsprozesse erforderlich. Unter diesem Aspekt wird im Folgenden die Fertigung von Modul- und Hochvoltspeichersystemen für Elektrofahrzeuge näher betrachtet. Die zugehörigen Begriffe werden dabei eingeführt.

Ein Hochvoltspeicher, auch Batteriepack genannt[92], stellt den im Elektrofahrzeug verbaufertigen Energiespeicher dar. Eine Darstellung des modularen Aufbaus eines Hochvoltspeichers zeigt Abbildung 2-2. Der Hochvoltspeicher setzt sich aus Batteriemodulen zusammen, die wiederum aus Batteriezellen bestehen. Darüber hinaus enthält der Hochvoltspeicher Leistungselektronik, ein Battery Management System (BMS), eine Kühlung bzw. ein Management zur Temperaturregelung, Sicherheitssysteme und die erforderliche Verkabelung.

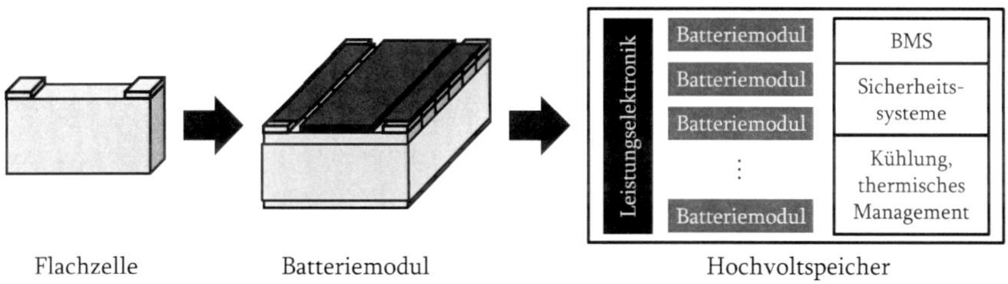

Abbildung 2-2: Modularer Aufbau eines Hochvoltspeichers[93]

Die Zellen werden in unterschiedlichen Formaten vom Zellhersteller bereitgestellt. Typische Formate sind Rundzellen, Pouch Zellen sowie prismatische Zellen, die auch Flachzellen genannt werden[94]. Für Elektrofahrzeuge kommen aufgrund der erforderlichen hohen Energiedichten überwiegend Lithium-Ionen-Zellen zum Einsatz[95]. Zum Verständnis der zur Herstellung erforderlichen Fertigungsprozesse werden nachfolgend die Montage des Batteriemoduls sowie des Hochvoltspeichers erläutert.

2.1.2.1 Montage des Batteriemoduls

Die wesentlichen Schritte bei der Modulmontage sind in Abbildung 2-3 dargestellt. Sie beinhalten die Eingangsprüfung, in der die Spannungsabfälle der gelieferten Zellen während des Transportwegs vermessen werden. Diese Eingangsprüfung wird auch als

[92] Vgl. Röth, T./Kampker, A. et al. (Elektrofahrzeugspezifische Systeme), 2018, S. 360
[93] In Anlehnung an Röth, T./Kampker, A. et al. (Elektrofahrzeugspezifische Systeme), 2018, S. 352
[94] Vgl. Röth, T./Kampker, A. et al. (Elektrofahrzeugspezifische Systeme), 2018, S. 349
[95] Vgl. Röth, T./Kampker, A. et al. (Elektrofahrzeugspezifische Systeme), 2018, S.352

Begin of Line Prüfung (BoL Prüfung) bezeichnet. Anhand der BoL Prüfung werden defekte Zellen detektiert und anschließend aussortiert.

Abbildung 2-3: Montageprozess des Batteriemoduls[96]

Während der **Vormontage des Batteriemoduls** werden die Zellen gestapelt und in einen Rahmen eingebracht. Hierbei werden je nach Prozessablauf weitere vorbereitende Schritte durchgeführt. Zur Isolation der einzelnen Zellen können z. B. spezielle Lacke aufgetragen oder Folien appliziert werden. Damit diese Lacke oder Folien an den Zellen haften, ist zuvor eine Reinigung der Zellen, z. B. durch Plasmareinigung, erforderlich. Anschließend werden die Kontaktfahnen der **Zellen kontaktiert**. Auf diese Weise lassen sich die Zellen über eine Parallel- oder Reihenschaltung miteinander verbinden. Im Schritt **CSC-Platine aufsetzen** wird die Cell Supervision Circuit (CSC) Platine auf den Zellstapel aufgebracht und kontaktiert. Mittels der CSC werden die Zellen im Batteriemodul bzgl. ihrer Spannung und Temperatur überwacht. Außerdem sorgt der CSC für eine optimale Ansteuerung der Zellen. Da während des Betriebs der Batterie Wärme entsteht, ist das Anbringen eines zusätzlichen **Kühlsystems** zur Einhaltung der zum Betrieb geeigneten Temperatur erforderlich. In der **Modul EoL Prüfung** wird das fertige Batteriemodul auf Fehler untersucht.

2.1.2.2 Montageprozess des Hochvoltspeichers

Um ein einbaufähiges Batteriesystem zu erhalten, erfolgt die Montage der Batteriemodule zu einem Hochvoltspeicher (HVS). Die wesentlichen Montageprozesse vom Batteriemodul bis zum HVS sind in Abbildung 2-4 dargestellt und werden im Folgenden erläutert.

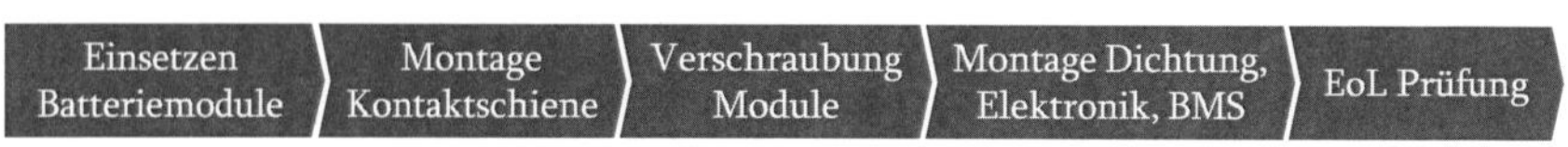

Abbildung 2-4: Montageprozess eines Hochvoltspeichers[97]

Zunächst werden die Batteriemodule in das Gehäuse des HVS eingesetzt. Als Nächstes erfolgt die Verbindung der einzelnen Module des Batteriepacks untereinander, z. B. über eine Kontaktschiene[98]. Die Batteriemodule werden mit dem HVS-Gehäuse

---

[96] In Anlehnung an Kampker, A./Vallée, D. et al. (Elektromobilität), 2018, S. 360

[97] In Anlehnung an Kampker, A./Vallée, D. et al. (Elektromobilität), 2018, S. 361

[98] Kampker, A. (Elektromobilproduktion), 2014, S. 88

verschraubt. Danach wir die Leistungselektronik sowie das BMS verbaut[99]. Das BMS bildet die zentrale Kontrolleinheit des Batteriesystems und stellt die Verbindung zwischen Fahrzeug und Batterie her[100]. Im letzten Montageschritt wird das Gehäuse des HVS verschlossen und abgedichtet. Die Dichtigkeit des HVS wird durch eine separate Dichtigkeitsprüfung sichergestellt. Zusätzlich muss der HVS geladen und seine Steuerungssoftware in den Flash-Speicher geschrieben werden[101]. Abschließend erfolgt die End of Line Prüfung des Hochvoltspeichers.

2.1.3 Prüfprozesse in der Batterieproduktion

Wie in Kapitel 1 beschrieben, stellen die Prüfprozesse innerhalb der Fertigung von Batteriesystemen einen wesentlichen Kostenfaktor dar. Die Batterieproduktion erfordert aus unterschiedlichen Gründen eine Reihe von Prüfprozessen. Im Folgenden werden die üblichen Prüfprozesse in der Batterieproduktion mit deren Hintergründen beschrieben.

Die Anlässe für Prüfprozesse lassen sich in die folgenden vier nicht trennscharfen Kategorien unterteilen:

1. gesetzliche Vorgaben sowie technische Standards
2. produktseitige Qualitätsvorschriften
3. Prozessvorgaben
4. Beurteilung der Zulieferqualität

Kategorie 1 hat länderspezifische Zulassungsbeschränkungen bezüglich der elektrischen und der funktionalen Sicherheit zum Gegenstand. So gilt nach § 62 der Straßenverkehrs-Zulassungs-Ordnung (StVZO): „Elektrische Einrichtungen von elektrisch angetriebenen Kraftfahrzeugen müssen so beschaffen sein, dass bei verkehrsüblichem Betrieb der Fahrzeuge durch elektrische Einwirkung weder Personen verletzt noch Sachen beschädigt werden können“. Aus diesem Grund werden von den Fahrzeugherstellern Schutzmaßnahmen gegen Isolationsfehler getroffen.

Die Regelung 100 der United Nations Economic Commission for Europe (UN/ECE-R100)[102] beschreibt verbindliche Vorschriften zur Typprüfung. Bezüglich der funktionalen Sicherheit für Straßenfahrzeuge gibt es aktuell keine zulassungsrelevante Norm. Aus Produkthaftungsgründen sind die Fahrzeughersteller jedoch verpflichtet, die Sicherheitsanforderungen nach dem Stand der Technik zu erfüllen.

---

[99] Vgl. Kampker, A./Vallée, D. et al. (Elektromobilität), 2018, S. 360

[100] Kampker, A./Vallée, D. et al. (Elektromobilität), 2018, S. 361

[101] Kampker, A. (Elektromobilproduktion), 2014, S. 86

[102] Siehe United Nations (Battery electric vehicle safety), 2011, S. 7 ff.

Die IEC 61508[103] der Internationalen elektrotechnischen Kommission stellt den Stand der Technik für die Entwicklung von sicherheitsrelevanten elektrischen, elektronischen und programmierbaren elektronischen Systemen dar. Spezifisch für Automobilanwendungen wurde die ISO 26262[104] „Functional safety – Road vehicles" als Draft International Standard durch die Internationale Organisation für Normung entwickelt.

Die zweite Kategorie an Prüfungsprozessen umfasst Prüfungen, die entwicklungsseitig vorgegeben werden, um die Funktionalität des Batteriesystems sowie dessen Sicherheitsmechanismen zu prüfen. Die dritte Kategorie stellt produktionsseitige Prüfprozesse dar. Diese können z. B. korrekte Verschraubungen oder Dichtigkeit zum Gegenstand haben. In der vierten Kategorie sind Prüfungen enthalten, die eine hinreichende Qualität der von Lieferanten beigestellten Teile und Elemente sicherstellt. Bei der Modul BoL Prüfung wird z. B. der Zustand der Zelle bei der Anlieferung geprüft.

Im Rahmen der vorliegenden Arbeit sind Kenntnisse bzgl. der typischen Prüfschritte während der Fertigung und Montage von Modulen und Hochvoltspeichern erforderlich. Daher werden nachfolgend die Modul BoL Prüfung, die Modul EoL Prüfung sowie die HVS EoL Prüfung näher vorgestellt.

2.1.3.1 Modul BoL Prüfung

Die Batteriezellen werden zu Beginn des Montageprozesses im Rahmen der Modul BoL Prüfung auf ihre Qualität bei der Anlieferung hin geprüft. Dabei wird der Abfall der Leerlaufspannungen der einzelnen Zellen (ΔOCV) bestimmt. Hierfür stellt der Hersteller der Batteriezellen Tabellen der Open Circuit Voltage (OCV) in Abhängigkeit des Entladezeitraums zur Verfügung. Für jedes Temperaturniveau, dem die Zellen ausgesetzt waren, ist eine separate Angabe erforderlich. Abbildung 2-5 visualisiert diesen Zusammenhang.

Beim Modul-BoL wird die Leerlaufspannung der jeweiligen Zelle ermittelt und mit dem Wert aus der OCV Tabelle abgeglichen. Eine Zelle wird als in Ordnung (IO) eingestuft, wenn die ermittelte Spannungsabweichung unter dem Wert der OCV-Tabelle liegt. Ist die Spannungsabweichung höher, ist davon auszugehen, dass die Zelle nicht in Ordnung (NIO) ist. Dann wird sie ausgeschleust und darf nicht verbaut werden.

[103] Vgl. IEC (IEC 61508), 2011-02, S. 1 ff.
[104] Vgl. ISO (ISO 26262), 2018, S. 1 ff.

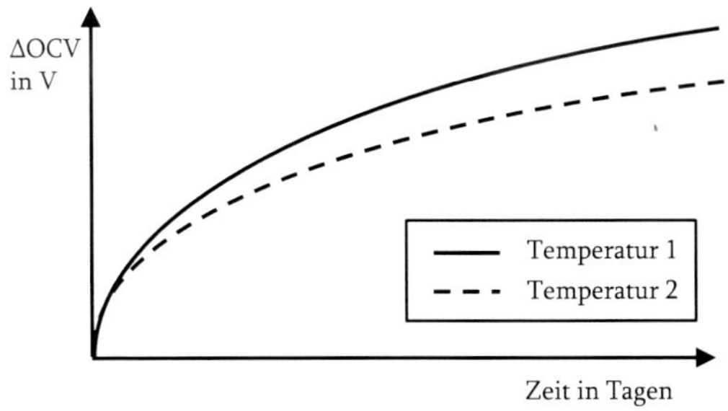

Abbildung 2-5: Eingangsmessung der angelieferten Zellen

2.1.3.2 Modul EoL Prüfung

Bei der Modul EoL Prüfung wird die Qualität der montierten Module geprüft. Dadurch stellt die Modul EoL Prüfung eine Zwischenprüfung im Herstellungsprozess des Hochvoltspeichers dar. Die Prüfschritte werden vom Fahrzeughersteller vorgegeben. Sie umfassen u. a. Hochvolt-Prüfungen (HV-Prüfungen) der Durchschlagfestigkeit der Zelle, Isolation- und Übergangswiderstandsmessungen, Spannungsmessungen sowie Vergleiche zur Modul BoL Prüfung.

2.1.3.3 HVS EoL Prüfung

Mit der HVS EoL Prüfung wird die Funktionsfähigkeit und Sicherheit des Batteriesystems sichergestellt. Eine Reihe an Prüfungen ist gesetzlich vorgeschrieben oder durch technische Standards gefordert[105]. Die Ergebnisse der Prüfungen müssen dokumentiert und bescheinigt werden. Weitere Untersuchungen können zusätzlich zur Qualitätssicherung festgelegt werden. Des Weiteren werden neben den Prüfschritten des EoLs auch Vorgänge wie das Flashen der Firmware oder die softwareseitige Zuordnung der Module im HVS durchgeführt. Typische Prüfvorgänge bei der HVS EoL Prüfung sind:

- Dichtigkeitsprüfung des HVS Gehäuses
- Auslesen des Fehlerspeichers des HVS
- Prüfen der Spannungsfestigkeit
- Messung des Isolationswiderstands
- Überprüfung der Reaktion der Sicherheitssysteme auf Gutzustand und mögliche Fehlerschaltungen, inkl. Kurzschlusstest
- Überprüfung der Crashabschaltung

[105] Vgl. United Nations (Battery electric vehicle safety), 2011, S. 7 ff.

- Testen der Kühlung und (falls vorhanden) Heizung
- Auslesen des State-of-Charge (SOC)
- Durchführung des Leistungstests
- Durchführung der Spannungsmessung
- Prüfen des Lade- und Entladeverhaltens
- Durchführung eines Kapazitätstests (nur bei ausgewählten HVS)

Zusätzlich werden während der HVS EOL Prüfung üblicherweise folgende weitere, nicht prüfrelevante Schritte durchgeführt:

- Flashen und Überprüfen der Software
- Indizieren von Modulen zur Zuordnung
- Schreiben der Seriennummer
- Symmetrieren der Batteriezellen

Ein Kostentreiber im Rahmen der HVS EoL Prüfungen ist die lange Prüfdauer. Um Kosten einzusparen, ist es notwendig, die Prüfdauer zu optimieren[106]. Beim betrachteten Automobilhersteller ist eine Prüfzeit von mehr als zehn Minuten erforderlich, um die HVS EoL Prüfung durchzuführen. Ansätze zur Verbesserung dieser Prüfungen sind die Optimierung der einzelnen Prüfprozesse, das Parallelisieren von Prüfschritten, die Identifikation der besten Prüfreihenfolge oder das Kombinieren oder Entfallen von Prüfungen.

2.1.4 Fehlerbeseitigung und Qualitätsmanagement

Um die Qualität von Produkten und Prozessen zu gewährleisten, wird in der Serienfertigung auf Qualitätsmanagement gesetzt. Das Qualitätsmanagement stellt eine Reihe von in der Praxis etablierten Methoden und Werkzeugen zur Verfügung, die die Einflüsse von verschiedenen Parametern auf die Qualität der Produkte und Prozesse aufzeigen. Daher stellen diese Methoden und Werkzeuge den aktuellen Stand zur Identifikation von Wirkzusammenhängen in der Praxis dar. In diesem Abschnitt werden die wesentlichen Qualitätsmanagementansätze, Begriffe und Limitierungen hinsichtlich der Identifikation von Ursache- und Wirkungszusammenhängen im Kontext des beschleunigten Wissensaufbaus betrachtet. Abschließend werden die eingeführten Methoden bezüglich ihrer Eignung bewertet, einen kontinuierlichen Wissensaufbau basierend auf Daten zu ermöglichen.

Für den Begriff „Qualität" existieren eine Reihe vergleichbarer Definitionen. Nach der

[106] Vgl. Dallinger, F./Schmid, P. et al. (Funktions- und Sicherheitstests), 2013, S. 332

Norm EN ISO 8402[107] der European Organisation for Quality Control sowie der American Society for Quality Control wird Qualität definiert als die Gesamtheit der Merkmale und Merkmalswerte eines Produkts oder einer Dienstleistung bezüglich ihrer Eignung, festgelegte und vorausgesetzte Erfordernisse zu erfüllen. Laut der DIN EN ISO 9000:2010[108] ist Qualität definiert als „Grad, in dem ein Satz inhärenter Merkmale eines Objekts Anforderungen erfüllt“.

Somit stellt der Umgang mit diesen Anforderungen im Allgemeinen eine Herausforderung an die Praxis dar. Darüber hinaus verkürzen sich aufgrund der aktuellen Wettbewerbssituation zunehmend die Innovations- und Lebenszyklen von Fahrzeugmodellen von acht auf vier Jahre[109]. Dies stellt unter Betrachtung des disruptiven Wandels hin zur Elektromobilität insbesondere die Absicherung der Produktqualität vor große Herausforderungen. Wird ein Fehler erst in späten Phasen der Produktentstehung und Auftragsabwicklung erkannt und abgestellt, können hohe Kosten die Folge sein[110]. Dies lässt sich durch die empirische Zehnerregel veranschaulichen, vgl. Abbildung 2-6.

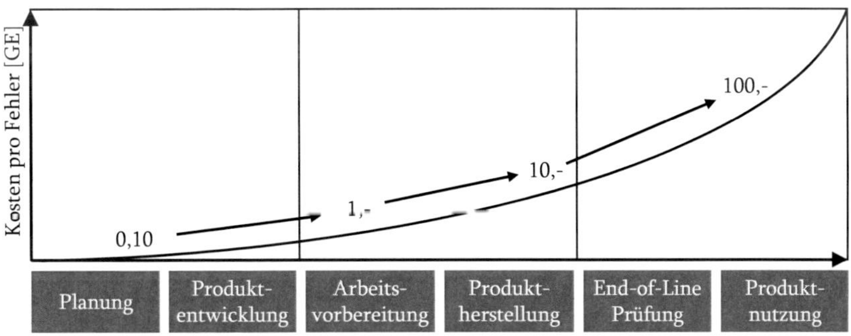

Abbildung 2-6: Die „empirische Zehnerregel“[111]

In dieser Darstellung sind die Kosten pro Fehler in Geldeinheiten [GE] über den Phasen der Produktentstehung aufgetragen. Die Aussage dieser Regel ist, dass die im Falle eines Fehlers verursachten Kosten um das Zehnfache höher sind, wenn der Fehler erst in der nachfolgenden Phase erkannt wird. Daher ist eine frühestmögliche Identifika-

[107] Vgl. DIN Deutsches Institut für Normung e. V. (DIN EN ISO 8402), 1995, S. 1-34
[108] Vgl. DIN Deutsches Institut für Normung e. V. (DIN EN ISO 9000), 2015, S. 39
[109] Vgl. Waltl, H./Wildemann, H. (Modularisierung der Produktion), 2014, S. 7
[110] Vgl. Schmitt, R./Pfeiffer, T. (Qualitätsmanagement), 2015, S. 3
[111] In Anlehnung an Schmitt, R./Pfeiffer, T. (Qualitätsmanagement), 2015, S. 3

tion potentieller Fehlerquellen in Planungs- und Entwicklungsphasen sowie das Etablieren von Prozessen und Maßnahmen zur Fehlervermeidung von hoher wirtschaftlicher Bedeutung.

Um die Fehlerkosten möglichst gering zu halten, ist die Fehlerlebensdauer zu minimieren. Die Fehlerlebensdauer besteht aus den folgenden drei in der Literatur beschriebenen Zeitabschnitten[112]:

1. Zeitdauer, die der Fehler besteht und unerkannt bleibt
2. Zeitdauer von der Identifikation des Fehlers bis zum Einleiten von Aktivitäten zur Fehlerbeseitigung
3. Zeitdauer, bis zur wirksamen Umsetzung der Maßnahmen

Zur Fehleranalyse und damit der Qualitätssicherung werden reaktive Methoden eingesetzt, um auf entdeckte Fehler zu reagieren. Die Ursachen der Fehler werden unverzüglich identifiziert und es werden Maßnahmen ergriffen, die Fehler nachhaltig zu beseitigen. Präventive Methoden fokussieren auf die Vermeidung bzw. Reduktion möglicher Fehler[113,114]. In Fällen, in denen eine Fehlerursachenanalyse nicht ohne Weiteres erfolgreich durchzuführen ist, da nicht alle benötigten Informationen zur Verfügung stehen oder ausgewertet werden können, sind lange Fehlerlebensdauern die Folge. Dies kann die Wettbewerbsfähigkeit eines Unternehmens erheblich beeinträchtigen.

2.1.4.1 Von der Qualitätssicherung zum Qualitätsmanagement

Beginnend im letzten Jahrhundert wurde zunehmend der Fokus von der reaktiven Qualitätskontrolle auf ein gesamtheitliches Qualitätsmanagement gelegt[115]. Diese Entwicklung ist in Abbildung 2-7 dargestellt.

Bei der **Qualitätssteuerung** werden fertigungsprozessseitige Maßnahmen eingesetzt, die die Erreichung der festgelegten Qualitätsziele durch eine Vorsteuerung sicherstellen. Dabei steht die Selbstprüfung der Mitarbeiter, die Produktprüfung und die zielgerichtete Fehlerbeseitigung im Mittelpunkt.

Bei der **präventiven Qualitätssicherung** wird bereits in frühen Entwicklungsprozessen angesetzt, um z. B. durch Methoden wie eine FMEA mögliche Fehler und deren Auswirkungen zu identifizieren und zu bewerten. Dadurch lassen sich in einem frühen

[112] Vgl. Schmitt, R./Pfeiffer, T. (Qualitätsmanagement), 2015, S. 3
[113] Vgl. Schmitt, R./Pfeiffer, T. (Qualitätsmanagement), 2015, S. 3
[114] Vgl. Linß, G. (Qualitätsmanagement für Ingenieure), 2011, S. 2
[115] Vgl. Schmitt, R./Pfeiffer, T. (Qualitätsmanagement), 2015, S. 24

Stadium qualitätssichernde Maßnahmen einleiten.

In Japan wurde das Prinzip des **integrierenden Qualitätsmanagements** entwickelt. Hierbei wird die gesamte Wertschöpfungskette betrachtet und bei der Entwicklung, Planung und Steuerung auf Kundenorientierung und Fehlervermeidung gesetzt. Bei diesem Ansatz hat Qualitätsarbeit Vorrang vor nachträglichen Qualitätskontrollen.

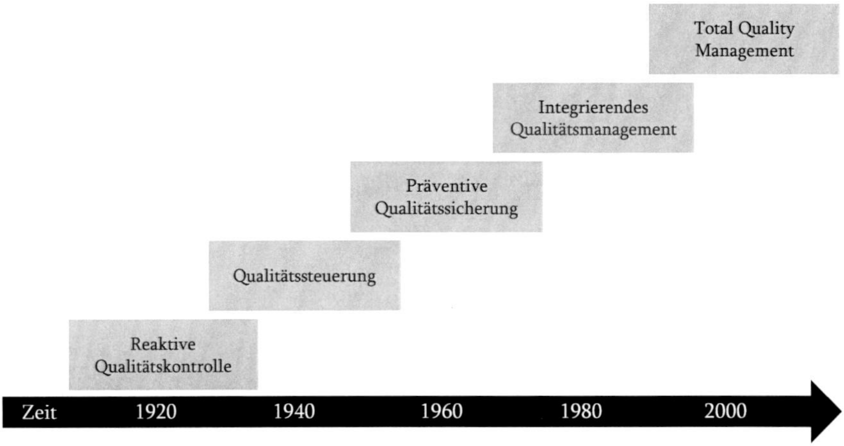

Abbildung 2-7: Entwicklung des Qualitätsmanagements[116]

Dadurch konnten z. B. japanische Autos deutlich günstiger und zuverlässiger produziert werden als vergleichbare Fahrzeuge westlicher Hersteller in jener Zeitperiode.

Als nächste Entwicklungsstufe wurden strategische Qualitätsmanagement-Systeme eingeführt, die unternehmensübergreifend Anwendung fanden. Maßgeblich für diese Entwicklung war die Normung der Qualitätsbegriffe und die Festlegung von Standards. So ist heute die DIN EN ISO 9000 ff. in ca. 170 Ländern als Nachweis anerkannt, dass Qualität organisatorisch beherrscht wird. Durch **Total Quality Management** (TQM) wird Qualitätsentwicklung als unternehmerische Verantwortung wahrgenommen. Der Qualitätssicherungsprozess startet in einem top down Ansatz bei der Geschäftsleitung. Dabei fokussiert der **kontinuierliche Verbesserungsprozess** (KVP) eine starke Kundenorientierung und bezieht die Lieferanten mit ein. Dieser Ansatz betrachtet die

[116] Anlehnung an Schmitt, R./Pfeiffer, T. (Qualitätsmanagement), 2015, S. 37

gesamte Wertschöpfungskette vom Design bis zum fertigen Produkt und berücksichtigt zusätzlich ökologische sowie kulturelle Aspekte.[117]

Weitere Ausprägungen aktueller und in der Praxis eingesetzter Qualitätsmanagement-Systeme sind Lean Management und Six Sigma[118]. Allgemein ist zunehmend eine Entwicklung weg von der reinen Fehlerfreiheit in der Produktion hin zur Optimierung bezüglich Zeit, Kosten und Qualität sichtbar[119]. Zur Vertiefung erweitern branchenspezifische Standards die allgemeingültigen Normen der DIN EN ISO 9000 ff. So wurde z. B. mit der International Automotive Task Force (IATF) 16949 ein Branchenstandard für die Automobilindustrie geschaffen.

Nach der DIN EN ISO 9000:2015 ist der Begriff Qualitätsmanagement (QM) folgendermaßen umrissen[120,121]: „Qualitätsmanagement kann das Festlegen der *Qualitätspolitiken* und der *Qualitätsziele* sowie *Prozesse* für das Erreichen dieser Qualitätsziele durch *Qualitätsplanung*, *Qualitätssicherung*, *Qualitätssteuerung* und *Qualitätsverbesserung* umfassen".

Allgemein besitzen aktuelle QM-Systeme (QMS) die folgenden Ziele:[122]

- Präventives Qualitätsmanagement
  Bereits in frühen Phasen des Produktentstehungsprozesses gilt es, die Qualität zu sichern, damit keine Fehler auftreten können oder sie frühzeitig kostengünstig beseitigt werden können. Ziel ist hier die konstruktive Fehlervermeidung statt einer Fehlerbehebung[123].
- Ganzheitliches Qualitätsdenken
  Funktionsübergreifend (vom Einkauf über die Entwicklung bis zum Vertrieb) und während des gesamten Produktlebenszyklus (von der Produktplanung bis zum Betrieb beim Kunden) wird ein aktives Qualitätsmanagement-Verhalten eingesetzt. Qualitätsbezogene Kosten setzen sich aus Fehlerverhütungs- und aus Fehlerkosten zusammen[124].
- Motivation der Mitarbeiter für die Qualitätsaspekte der Arbeit
  Die hinreichende Information und Schulung sowie die richtige Einstellung der Mitarbeiter ist wichtig, damit eine hohe Qualität möglich ist.

[117] Vgl. Schmitt, R./Pfeiffer, T. (Qualitätsmanagement), 2015, S. 36-38
[118] Vgl. Schmitt, R./Pfeiffer, T. (Qualitätsmanagement), 2015, S. 34
[119] Vgl. Schmitt, R./Pfeiffer, T. (Qualitätsmanagement), 2015, S. 38
[120] Vgl. Hering, E./Triemel, J. et al. (Qualitätsmanagement für Ingenieure), 2003, S. 2
[121] Vgl. DIN Deutsches Institut für Normung e. V. (DIN EN ISO 9000), 2015, S.31
[122] Vgl. Hering, E./Triemel, J. et al. (Qualitätsmanagement für Ingenieure), 2003, S. 7-9
[123] Vgl. Hering, E./Triemel, J. et al. (Qualitätsmanagement für Ingenieure), 2003, S. 7-9
[124] Vgl. Verband der Automobilindustrie, e. (Quality-related costs), 2015, S. 8

Um die richtigen Rahmenbedingungen zu schaffen, ist hierfür das Commitment der Geschäftsführung unbedingt erforderlich.

- Verbesserte Kommunikation
  Eine verbesserte Kommunikation aller Beteiligten funktionsübergreifend im Unternehmen sowie auch zu Lieferanten und Kunden ist bedeutend. An dieser Stelle ist auch das Vorleben einer entscheidungsstarken Führung in flachen Hierarchien hilfreich, um die Verantwortung des Einzelnen zu stärken und operative Inseln zu vermeiden.
- Schlanke Produktion (Lean Production)
  Wesentlicher Aspekt der schlanken Produktion ist die Übertragung der Qualitätsverantwortung auf die Ausführenden. Es werden die wesentlichen erforderlichen Prozesse identifiziert und die Qualitätssicherung in der Produktion wird durch kleine Regelkreise sichergestellt.
- Kontinuierlicher Verbesserungsprozess (KVP)
  Auch mit dem Fokus auf Kundenzufriedenheit und die kreative Förderung der Talente der Mitarbeiter muss ein kontinuierlicher Verbesserungsprozess in die Unternehmenspolitik und -strategie installiert werden. Dieser immerwährende Prozess stellt anhand einer Selbstbewertung im Unternehmen eine jährlich neu zu strukturierende Optimierungsaufgabe dar.[125]

Aus den Zielen von QMS lässt sich der Bezug zu der dieser Arbeit zugrundeliegenden Zielsetzung herstellen. Den QMS und dieser Arbeit sind ein ganzheitliches und präventives Qualitätsdenken gemein. Wesentliche Merkmale sind die Vermeidung von Fehlern sowie das Ziel, eine kontinuierliche Verbesserung der Prozesse und der Produktqualität zu erreichen.

Die Aufgabenbereiche von QMS sind in Abbildung 2-8 dargestellt. Im Vordergrund steht hierbei eine **Qualitätspolitik,** die die Richtung für das QM vorgibt. In der **Qualitätsplanung** werden die Anforderungen an das Produkt, den Prozess und das QMS festgelegt. Mittels der **Qualitätslenkung** wird die Erreichung der Qualitätsziele sichergestellt. In der **Qualitätsdarlegung** werden qualitätsrelevante Tätigkeiten und Ergebnisse dokumentiert. Durch die **Qualitätsverbesserung** wird der kontinuierliche Verbesserungsprozess gewährleistet.

Diese Aufgabenbereiche der QMS zielen auf die Sicherstellung von hoher Produktqualität und Prozessstabilität ab und leisten somit einen Beitrag zum Verständnis der dieser Arbeit zugrundeliegenden Problemstellung. Insbesondere ist in diesem Kontext die

[125] Vgl. Hering, E./Triemel, J. et al. (Qualitätsmanagement für Ingenieure), 2003, S. 565

Festlegung der Qualitätspolitik und Strategie sowie die Qualitätsplanung während der frühen Phase zu nennen. Durch sie werden für das Unternehmen nutzenbringende Merkmale definiert, auf die im Rahmen des QM dann fokussiert wird.

Qualitätspolitik, Strategie und Ziele	Richtungsvorgabe für das Qualitätsmanagement
Qualitätsplanung	Festlegen von Anforderungen an Produkt, Prozess und QMS
Qualitätslenkung	Sicherstellung der Umsetzung der Qualitätsplanung
Qualitätsdarlegung	Aufzeichnung und Bewertung der qualitätsrelevanten Tätigkeiten und Ergebnisse
Qualitätsverbesserung	Definition von Maßnahmen zur kontinuierlichen Verbesserung qualitätsbezogener Abläufe

Abbildung 2-8: Aufgabenbereiche von QMS[126]

Im Kontext der Einführung von Data Analytics würde dies eine Ausrichtung an möglichen Data Analytics Kategorien bedeuten. Derzeit wird die Einbeziehung von Data Analytics im Rahmen des QM nicht berücksichtigt. Die Qualitätslenkung und Qualitätsdarlegung sichern die Umsetzung der während der Qualitätsplanung festgelegten Anforderungen ab und ermöglichen eine Bewertung der qualitätsrelevanten Tätigkeiten.

Übertragen auf die Einführung von Data Analytics würde in diese Aufgabengebiete die Erfassung der für Data Analytics erforderlichen Daten sowie die kontinuierliche Überprüfung der den Data Analytics Anwendungsfällen zugrundeliegenden Hypothesen bedeuten. Auch dieser Bezug zu Data Analytics wird in bestehenden QMS nicht hergestellt.

2.1.4.2 Bestehende Qualitätsmanagement-Methoden in der Praxis

Nachfolgend werden bestehende QM-Methoden aus der Praxis vorgestellt. Dabei wird ihr Beitrag bzw. vorherrschende Defizite im Kontext der dieser Arbeit zugrundeliegenden Problemstellung diskutiert. In der Praxis etablierte QM-Methoden, die im Rahmen von QMS eingesetzt werden, werden im Folgenden in Anlehnung an SCHMIDT

[126] In Anlehnung an Gembrys, S.-N./Herrmann, J. (Qualitätsmanagement), 2009, S. 19-22

UND PFEIFFER[127] eingeführt. In Abbildung 2-9 sind die eingesetzten Methoden den Phasen des PEP zugeordnet. Diese Methoden werden im Folgenden näher beschrieben und diskutiert.

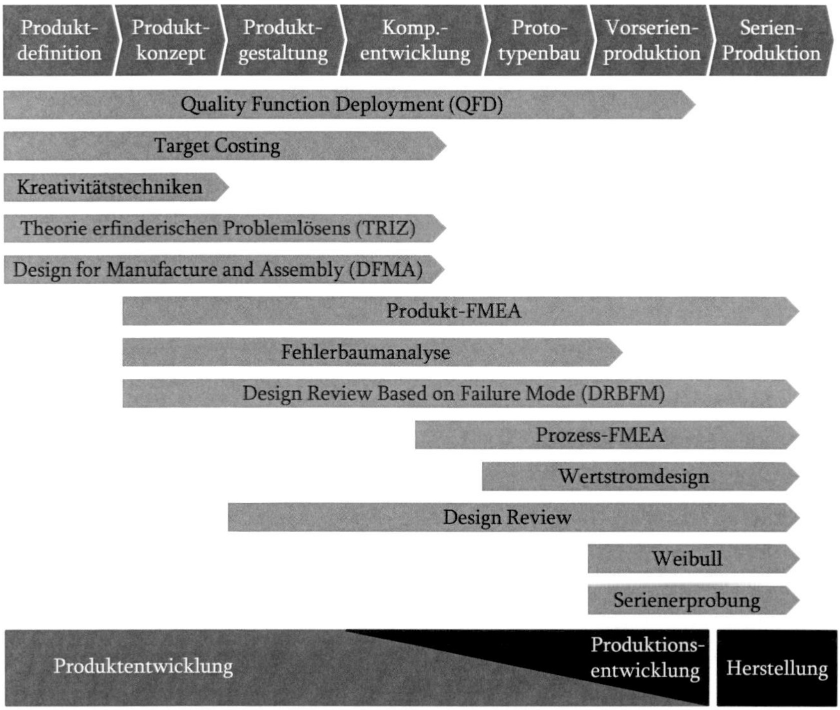

Abbildung 2-9: Qualitätsmanagement-Methoden im PEP[128]

Das **Quality Function Deployment (QFD)** findet im gesamten Produktentwicklungsprozess Anwendung. Es ist ein Verfahren zur Übersetzung von Kundenanforderungen in Spezifikationen und zur Ableitung von Produktionsparametern. Dazu werden Kundenanforderungen schrittweise in Entwurfsanforderungen, Entwurfsziele und Qualitätssicherungspunkte, letztere sind qualitätsrelevante Prozessmerkmale mit hohem Einfluss auf die Produktqualität, übersetzt. Diese Qualitätssicherungspunkte besitzen das Potential, relevante Merkmale für Data Analytics Anwendungsfälle zu liefern. Die

[127] Vgl. Schmitt, R./Pfeiffer, T. (Qualitätsmanagement), 2015, S. 168-173
[128] In Anlehnung an Schmitt, R./Pfeiffer, T. (Qualitätsmanagement), 2015, S. 173

Identifikation relevanter Merkmale für Data Analytics Anwendungsfälle wird allerdings nicht ausdrücklich durch den QFD-Ansatz betrachtet.

Der Ansatz des **Target Costing** zielt darauf ab, am Markt einen für das Produkt konkurrenzfähigen Preis zu erreichen. Hierfür werden zunächst die Zielkosten (Target Cost) anhand des erzielbaren Marktpreises ermittelt. Durch Herunterbrechen und Einschränken der Herstellkosten in einzelne Funktionen oder Komponenten wird die Erreichung der Zielkosten sichergestellt. Das Target Costing bewirkt, dass eine Priorisierung von Maßnahmen zur Qualitätssicherung mit Blick auf deren Kosten erforderlich wird. Nicht alle erdenklichen Maßnahmen können umgesetzt werden. Dies lässt sich auch auf mögliche Data Analytics Anwendungsfälle, die vom Target Costing Ansatz derzeit nicht erfasst werden, übertragen.

Zur Realisierung von Kundenwünschen kommen während der Produktdefinition kreative Lösungsansätze zum Einsatz. Hier können klassische **Kreativitätstechniken** oder die **Theorie des erfinderischen Problemlösens (TRIZ)** Anwendung finden, siehe Abbildung 2-9. Kreativitätstechniken versuchen, Gedankengänge oder Suchprozesse zu stimulieren, um auf diese Weise kreative Lösungsmöglichkeiten für eine gegebene Problemstellung zu ermitteln[129]. Der Ansatz von TRIZ ist eine systematische Vorgehensweise zum Finden innovativer Lösungen[130]. Durch TRIZ lassen sich Ursache- und Wirkanalysen im Einzelfall durchführen. Eine Anwendung von Data Analytics wird von TRIZ derzeit nicht unterstützt.

Durch den Ansatz **Design for Manufacture and Assembly (DFMA)**, siehe Abbildung 2-9, werden kreative Lösungen mit Leitlinien zur Produktgestaltung angereichert. Dadurch wird eine fertigungsgerechte Lösungsgestaltung erreicht. Diese ermöglicht eine Minimierung von Herstellkosten, Reparaturaufwänden und Services. Eine Rückkopplung durch Festlegung zu erfassender Daten zur Unterstützung von Data Analytics wird aktuell nicht betrachtet.

Bei der **Produkt- und Prozess-FMEA**, siehe Abbildung 2-9, handelt es sich um eine strukturierte, systematische Methode, mögliche Fehler und deren zugehörige Risiken während einer frühen Phase der Produkt- bzw. Prozessentwicklung zu identifizieren und zu dokumentieren[131,132]. Durch Treffen geeigneter Maßnahmen lassen sich

---

[129] Vgl. Markkgraf, D. (Kreativitätstechniken), 2018, S. 1

[130] Vgl. Czinki, A./Hentschel, C. (Solving Complex Problems), 2016, S. 27

[131] Vgl. Onodera, K. (Effective techniques of FMEA at each life-cycle stage), 1997, S. 50 ff.

[132] Vgl. da Mota Batista, S. S./Oliveira, M. A. de et al. (FMEA in Manufacturing), 2019, S. 1021-1036

dadurch die Risiken minimieren[133]. Des Weiteren erlauben FMEAs, vorliegendes Erfahrungswissen über Fehlerzusammenhänge und Qualitätseinflüsse zu erfassen. Die Produkt-FMEA analysiert die Funktionen des Produkts, um einen einwandfreien technischen Entwurf des Produkts zu ermöglichen, der zu einem fehlerfreien Produkt führt. Die Prozess-FMEA analysiert Vorgehensweisen und Arbeitsfolgen. Eine FMEA besitzt folgende Schritte[134]:

1. Strukturanalyse
   Gliederung des Produkts oder Prozesses in einzelne Systemelemente und Festlegen der Systemgrenzen und Schnittstellen. Die Darstellung der Struktur erfolgt als Strukturbaum.
2. Funktionsanalyse
   Zuordnung von Funktionen zu Systemelementen.
3. Fehleranalyse
   Identifikation potentieller Fehlerzustände anhand eines Fehlernetzes. Für jedes Systemelement werden mögliche Fehlfunktionen ermittelt und anhand Ursache und Wirkung in einem Fehlernetz verknüpft. Hier können auch Fehlerbäume zum Einsatz kommen. Zur Identifikation möglicher Fehler eignen sich Kreativitätstechniken.
4. Maßnahmenanalyse
   Bei der Maßnahmenanalyse werden jeder Fehlfunktion die bereits bestehenden Maßnahmen zugeordnet und das Risiko der Fehlerursache bewertet. Es gibt zwei Arten von Maßnahmen:
   a. Vermeidungsmaßnahmen zur Reduktion der Auftretenswahrscheinlichkeit
   b. Entdeckungsmaßnahmen zum Nachweis der Wirksamkeit der Vermeidungsmaßnahme
5. Optimierung
   In dieser Phase wird die Wirksamkeit der Maßnahmen überwacht. Nach Durchführung der Maßnahme erfolgt eine erneute Risikoabschätzung. Dies wird so lange als kontinuierlicher Verbesserungsprozess durchgeführt, bis ein akzeptables Ergebnis erreicht wird.

Die Risikobewertung möglicher Fehlerbilder bei einer FMEA erfolgt mittels einer Wertung unter Berücksichtigung der drei Kategorien: mögliches Schadensmaß, Entdeckung des Fehlers sowie Häufigkeit des Auftretens des Fehlerbildes. Ermittelt wird

[133] Vgl. Verband der Automobilindustrie, e. (Quality Management Methods), 2017, S. 14
[134] Vgl. Verband der Automobilindustrie, e. (Quality Management Methods), 2017, S. 15

die Risikoprioritätszahl (RPZ) zur semi-quantitativen Abschätzung des Gesamtrisikos. Die RPZ ergibt sich zu

$$RPZ = R_zB \cdot R_zE \cdot R_zA. \tag{2-1}$$

Dabei steht die Risikozahl R_zB für die Bedeutung und damit das Schadensmaß des Fehlers. Die Risikozahl R_zE stellt ein Maß für die Entdeckung des Fehlers dar und berücksichtigt, wie einfach der aufgetretene Fehler erkannt werden kann. Die Risikozahl R_zA repräsentiert das Auftreten des Fehlerbildes. Für jeden dieser Faktoren wird eine Wertung zwischen 1 (geringes Risiko) und 10 (hohes Risiko) abgegeben. Im Rahmen der FMEA werden nicht nur mögliche Fehler und deren Ursachen, sondern auch Möglichkeiten zur Fehlerentdeckung betrachtet. Daher eignet sich die FMEA insbesondere zur Hypothesenbildung als Grundlage für die proaktive Identifikation von Data Analytics Anwendungsfällen und Anwendungsfallkategorien. Allerdings zielt die FMEA nicht auf die Umsetzung von Data Analytics ab. Somit werden derzeit nicht alle relevanten Informationen für die benötigte Datenerfassung für Data Analytics erfasst.

Das Design Review Based on Failure Mode (**DRBFM**), siehe Abbildung 2-9, baut auf dem FMEA-Ansatz auf. Es identifiziert systematisch potentielle Risiken, die durch Produktänderungen verursacht werden. Diese Methode setzt in einem frühen Zeitpunkt der Produktentwicklung an. Sie besitzt das Ziel, präventiv Fehler zu vermeiden.

Das **Wertstromdesign** wird dafür eingesetzt, ressourceneffiziente Prozesse mit kurzen Durchlaufzeiten und hoher Kundenorientierung zu erreichen. Es wird ab der technischen Freigabe kontinuierlich angewendet, siehe Abbildung 2-9. Basis für das Wertstromdesign bildet eine detaillierte Beschreibung und Analyse aller wertschöpfenden und nicht wertschöpfenden Aktivitäten im PEP. Durch das Wertstromdesign wird die Optimierung bestimmter Key Performance Indicators (KPIs) unterstützt. Eine skalierbare Anwendung von Data Analytics ist allerdings nicht im Fokus.

Vor der Serienerprobung wird üblicherweise ein **Design Review**, siehe Abbildung 2-9, durchgeführt. Dabei handelt es sich um eine systematische Überprüfung von Entwicklungsergebnissen, um Problembereiche und Unzulänglichkeiten zu identifizieren und gegebenenfalls Korrekturmaßnahmen einzuleiten.

In der **Serienerprobung**, siehe Abbildung 2-9, werden verkaufsfertige Produkte bezüglich ihrer Qualität und Funktionalität untersucht. Für die Durchführung von Serienerprobungen sind drei Varianten üblich:

1. Simulation einzelner Beanspruchungen
   Isolierte Erprobung einzelner Belastungsfälle am Produkt, z. B. Auswirkung von Temperatureinflüssen.
2. Umweltsimulation
   Untersuchung der Auswirkung der Umweltbedingungen auf das Produkt. Dies beinhaltet in vielen Fällen die Betrachtung der Produktalterung unter beschleunigenden Bedingungen.
3. Feldversuche
   Untersuchung des Produktes im praktischen Einsatz unter realen Umweltbedingungen.

Aufgrund der hohen Kosten für Feldversuche werden diese zumeist mit geringen Anzahlen von Prüfobjekten durchgeführt. Daher ist es eine Herausforderung, die Anforderungen sämtlicher Märkte zu berücksichtigen. Mittels einer **Weibull-Analyse**, siehe Abbildung 2-9, kann das Ausfallverhalten eines Produktes bezüglich bestimmter Ausfallmechanismen untersucht werden. Die Weibull-Analyse ist ein statistisches Verfahren, das auf Basis bekannter Verteilungsformen für die gängigen Ausfallmechanismen das Ausfallverhalten eines Produkts beschreibt. Dadurch wird eine Prognose des Ausfallverhaltens ermöglicht. Dieser Ansatz benötigt dazu nur eine geringe, statistisch nicht repräsentative Stichprobe. Typische Ausfallmechanismen sind Frühausfälle, Zufallsausfälle sowie Verschleiß- und Ermüdungsausfälle.

Ein weiterer statistischer Ansatz zur Qualitätssicherung ist die **Maschinenfähigkeitsuntersuchung** (MFU)[135,136] bzw. **Prozessfähigkeitsuntersuchung** (PFU)[137,138]. Die Prozessfähigkeit drückt aus, ob ein Prozess fähig ist, Anforderungen bezüglich eines Produktionsmerkmals zu erfüllen. Die Maschinenfähigkeit beschreibt die Qualitätsfähigkeit einer Maschine unter Idealbedingungen. Aufgrund der Praxistauglichkeit wird innerhalb der Produktion üblicherweise auf Prozessfähigkeitsuntersuchungen gesetzt. Kenngrößen und Grundbegriffe der Prozessfähigkeit sind in der DIN ISO 22514-2 beschrieben. Diese während der frühen Phase eingesetzten statistischen Untersuchungen werden isoliert durchgeführt oder besitzen keinen Fokus auf die Identifikation prozessübergreifender Wirkzusammenhänge. Es findet keine Einbettung in einen skalierbaren Data Analytics Ansatz statt.

Der weit verbreitete Prozessfähigkeitsindex kann eingesetzt werden für univariate

[135] Vgl. Verband der Automobilindustrie, e. (Quality Management Methods), 2017, S. 17
[136] Vgl. Schmitt, R./Pfeiffer, T. (Qualitätsmanagement), 2015, S. 224-225
[137] Vgl. Verband der Automobilindustrie, e. (Quality Management Methods), 2017, S. 18
[138] Vgl. Schmitt, R./Pfeiffer, T. (Qualitätsmanagement), 2015, S. 222-225

Analysen, die auf eine Produktcharakteristik bezogen sind, sowie auf multivariate Analysen, die mehrere Produktcharakteristiken berücksichtigen[139].

Die Prozessfähigkeit

$$C_p = \frac{USL - LSL}{6\sigma} \tag{2-2}$$

ist ein Maß dafür, ob ein Prozess die gegebenen Anforderungen erfüllt. Dazu wird die Prozessvariation (σ) mit der Verteilung der oberen und unteren Spezifikationsgrenzen (upper specification limit (USL), lower specification limit (LSL)) verglichen.[140]

Die kritische Prozessfähigkeit

$$C_{pk} = min[C_{pu}, C_{pl}] = \left[\frac{\mu - LSL}{3\sigma}, \frac{USL - \mu}{3\sigma}\right] \tag{2-3}$$

berücksichtigt nicht nur die Breite der Prozessvarianz, sondern auch die Position innerhalb der Anforderungsgrenzen. Dabei ist μ der Mittelwert. Ziel dieses Ansatzes ist es, den Prozess zu überwachen und eine Reduktion der Prozessvarianz zu erzielen, um einen stabilen Prozess zu erreichen.[141]

Das Qualitätsziel ist erreicht, wenn die Anforderungen erfüllt sind. Nach Taguchi's Qualitätsverständnis stellt eine zunehmende Variation vom Zielwert innerhalb der Anforderungen einen Qualitätsverlust dar[142]. Dies führt mit T als Zielmittelwert des Prozesses zu den Begriffen der Gesamtprozessfähigkeit (C_{pm}) sowie der kritischen Gesamtprozessfähigkeit (C_{pmk}),

$$C_{pm} = \frac{USL - LSL}{6\sqrt{\sigma^2 + (\mu - T)^2}} \quad und \tag{2-4}$$

$$C_{pmk} = min\left[\frac{USL - \mu}{3[\sigma^2 + (\mu - T)^2]^{1/2}}, \frac{\mu - LSL}{3[\sigma^2 + (\mu - T)^2]^{1/2}}\right], \tag{2-5}$$

139 Vgl. Kornas, T./Knack, E. et al. (Multivariate KPI Quality Assurance), 2019, S. 3
140 Vgl. Kornas, T./Knack, E. et al. (Multivariate KPI Quality Assurance), 2019, S. 3
141 Vgl. Kornas, T./Knack, E. et al. (Multivariate KPI Quality Assurance), 2019, S. 3
142 Vgl. Taguchi, G./Chowdhury, S. et al. (Quality Engineering Handbook), 2004, S. 184

die diesen Zusammenhang betrachten. Für detailliertere Informationen wird auf die Literatur verwiesen[143,144,145,146,147].

2.1.4.3 Eignung der Qualitätsmanagement-Methoden zur Unterstützung von Data Analytics

Die eingeführten Methoden aus dem Qualitätsmanagement leisten einen wesentlichen Beitrag zur Beherrschung der Komplexität in Fertigungssystemen. Dieser Beitrag besteht darin, dass sie proaktiv potentielle Fehlerquellen identifizieren, bewerten sowie eine hohe Prozessstabilität und Produktqualität gewährleisten.

Allen eingeführten Ansätzen ist gemein, dass sie es nicht zuverlässig ermöglichen, Zusammenhänge innerhalb komplexer Produktionsprozesse zu identifizieren[148]. Es werden Einzelbetrachtungen händisch analysiert. Somit handelt es sich um gezielte Stichprobenuntersuchungen. Andere Ansätze wirken eher steuernd und ermöglichen keine datenbasierte Regelung der Qualitätsmerkmale von Produkt und Prozess. Wegen der hohen Komplexität und aufgrund der zunehmenden Mengen an verfügbaren Prozess-, Produkt- und Qualitätsdaten gewinnen Verfahren wie Data Analytics und Data Mining zunehmend an Bedeutung[149].

In der frühen Phase bieten bestehende Methoden, wie z. B. die FMEA, aufgrund ihrer Fähigkeit, mögliche Fehler, deren Ursachen und Einflüsse zu identifizieren, eine Grundlage zur Hypothesenbildung für die Analyse mittels Data Analytics. Nicht beachtet werden allerdings weitere erforderliche Informationen für Data Analytics, z. B. die genauen Variablenbezeichnungen und weitere Anforderungen an die Datenqualität. Des Weiteren werden die Möglichkeiten von Data Analytics von keinem in der Praxis befindlichen QMS berücksichtigt. Da keine Betrachtung hinsichtlich relevanter Einsatzmöglichkeiten von Data Analytics in einer frühen Entwicklungsphase des Produktionssystems vorgesehen ist, ist eine proaktive Identifikation relevanter Data Analytics Anwendungsfälle mit den bestehenden Ansätzen nicht möglich. **Daher ist die Herausforderung aus der Praxis, eine proaktive Identifikation von Data Analytics Anwendungsfällen zu ermöglichen.**

---

143 Vgl. Zwick, D. (Computing Process Capability Indices), 1995, S. 601-612
144 Vgl. Castagliola, P. (Non-Normal Process Capability Indices), 1996, S. 587-593
145 Vgl. Liu, P.-H./Chen, F.-L. (Process capability analysis), 2006, S. 975-982
146 Vgl. de-Felipe, D./Benedito, E. (Monitoring complex production processes), 2017, S. 1257-1266
147 Vgl. Ahmad, S./Abdollahian, M. et al. (Process capability estimation), 2007, S. 642-662
148 Vgl. Kornas, T./Knack, E. et al. (Multivariate KPI Quality Assurance), 2019, S. 3-4
149 Vgl. Schmitt, R./Pfeiffer, T. (Qualitätsmanagement), 2015, S. 551

Aus Sicht der Qualitätsbetrachtung kann Data Analytics als eine Erweiterung der statistischen Qualitätsmethoden verstanden werden. Statistische Qualitätsmethoden analysieren festgelegte Prozesskennzahlen, sogenannte Key Performance Indicators (KPIs), zur Bewertung von Prozessperformanz und -stabilität. Das Konzentrieren auf diese KPIs dient dazu, einen stabilen Produktionsprozess zu gewährleisten und spezifische Abweichungen frühzeitig zu erkennen. Aufgrund dieses Fokus besitzen diese statistischen Qualitätsmethoden keine Flexibilität in der Betrachtung bisher nicht identifizierter Zusammenhänge. Darüber hinaus sind Methoden aus dem Qualitätsmanagement nicht für den Umgang mit großen Datenmengen, deren Sicherung und deren Verarbeitung ausgelegt[150]. Im Rahmen von QM erfolgen üblicherweise isolierte, statistische Auswertungen. Somit erfordert jede Untersuchung den Aufbau einer eigenen, geeigneten Datenbasis. Dies hat die Bildung von Datensilos für einzelne Auswertungen zur Folge, welche die Verwendung von Daten in unterschiedlichen Anwendungsfallkontexten zusätzlich erschweren.

Somit bieten Methoden aus dem Qualitätsmanagement keine hinreichende Unterstützung bei der Umsetzung von Data Analytics in der Serienfertigung und können diese auch nicht ersetzen. Daher ist die Herausforderung aus der Praxis die **Unterstützung bei der Umsetzung von Data Analytics in die Serienfertigung**.

2.1.5 Einsatz von IT in der Fertigung

In diesem Abschnitt wird die Umsetzbarkeit von Data Analytics innerhalb von Fertigungssystemen anhand von bestehenden IT-Systemen untersucht. Dazu werden die IT-Systeme bestehender Fertigungssysteme vorgestellt und diskutiert. Diese IT-Systeme lassen sich anhand der Automatisierungspyramide einordnen[151]. Die Automatisierungspyramide mit den korrespondierenden Ebenen ist in Abbildung 2-10 dargestellt. Diese sechs Ebenen werden im Folgenden eingeführt.

Die **Prozessebene** ist die unterste Ebene der Automatisierungspyramide. Auf ihr findet der Fertigungsprozess statt. In der darauf aufbauenden **Shopfloorebene** wird der Produktionsbereich abgebildet. Hier werden produktionsrelevante Ein- und Ausgangsdaten verarbeitet. Dazu zählen Daten u. a. von Sensoren wie Temperatursensoren und Lichtschranken oder von Aktoren wie Schaltschützen. Auf der **Steuerungsebene** werden Sensordaten von Speicherprogrammierbaren Steuerungen (**SPS**) verarbeitet und die Ergebnisse als Ausgangssignal an den Shopfloor übergeben. Existierende Protokolle

[150] Vgl. Schmitt, R./Pfeiffer, T. (Qualitätsmanagement), 2015, S. 36
[151] Vgl. Siepmann, D./Graef, N. (Industrie 4.0 – Grundlagen), 2016, S. 49

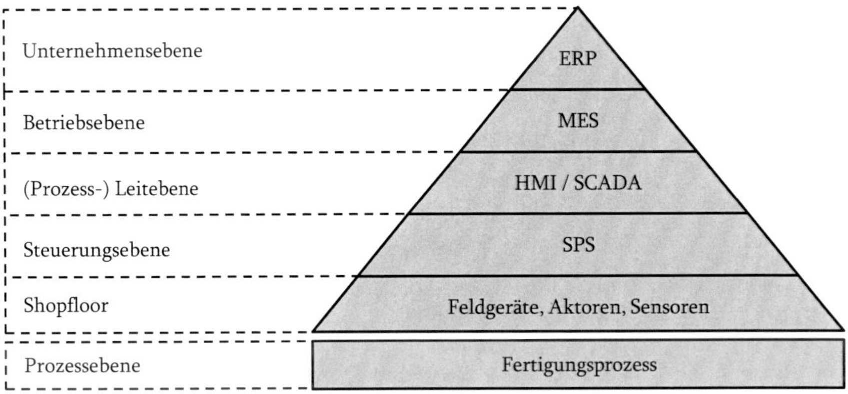

Abbildung 2-10: Die Automatisierungspyramide[152]

zur Datenübertragung auf der Steuerungsebene sind z. B. Open Platform Communications (OPC), Object Linking and Embedding (OLE) for *Process Control*, *Modbus/TCP*, *Dynamic Data Exchange* oder *MTConnect*. Diese müssen während der Inbetriebnahme des Produktionssystems sowie bei Änderungen am Produktionssystem statisch konfiguriert werden und bieten somit keinen automatisierten, adaptiven Datenabgriff. In Ausnahmen ist ein nachträglicher Datenabgriff nur durch manuelle Anpassungen möglich. Flexiblere Standards wie die OPC Unified Architecture (OPC UA) scheinen das Potential zu haben, diesen Limitierungen zu begegnen. Allerdings sind die Implementierungen des OPC UA Stacks der unterschiedlichen Gerätehersteller noch nicht kompatibel[153].

Auf der **(Prozess-) Leitebene** befinden sich die Mensch-Maschine Schnittstellen (engl. Human-Machine-Inferfaces (HMI)) sowie die Supervisory Control and Data Acquisition (**SCADA**) Systeme. Hier werden z. B. der aktuelle Zustand des Fertigungssystems sowie Warnmeldungen angezeigt. Somit stellt die Leitebene ein Bedien- und Beobachtungssystem dar. Auf der **Betriebsebene** steuert das Manufacturing Execution System (**MES**) das Fertigungssystem basierend auf Betriebs-, Maschinen- und personenbezogene Daten. Die Aufgabe des MES ist die Produktionsfeinplanung, -datenerfassung und Übermittlung der Ergebnisse an das Enterprise-Resource-Planing (**ERP**) System. Somit verbindet das MES die Maschinensteuerungen mit der Unternehmensebene. Auf der

[152] In Anlehnung an Siepmann, D./Graef, N. (Industrie 4.0 – Grundlagen), 2016, S. 49

[153] Vgl. Profanter, S./Dorofeev, K. et al. (twenty-second ETFA), 2017, S. 8

Unternehmensebene wird über das ERP System die Produktionsgrobplanung und Bestellabwicklung bewältigt.

In dieser Arbeit wird aufgrund ihres Fokus auf Data Analytics in der Fertigung die Unterteilung der **Automatisierungspyramide nach GRÖGER**[154] verwendet:

1. Unternehmensleitebene
   Die Unternehmensleitebene bezieht sich auf Geschäftsprozesse des Unternehmens und besitzt einen betriebswirtschaftlichen Fokus. Die Steuerung erfolgt mittels ERP Systemen. Der Planungshorizont liegt bei Monaten. Bezüglich der Fertigung wird eine Grobplanung erstellt.
2. Fertigungsleitebene
   In der Fertigungsleitebene wird das Fertigungsmanagement durch MES zur Feinplanung und -steuerung der Fertigungsprozesse durchgeführt. Dazu kommen Aufgaben des Ressourcen- und Qualitätsmanagements. Die Fertigungsleitebene hat die Funktion der vertikalen Integration zwischen der Fertigungsebene und der Unternehmensleitebene sowie der horizontalen Integration zwischen Ressourcen und Prozessschritten des gesamten Fertigungsprozesses. In der Fertigungsleitebene liegt ein mittlerer Detailgrad in der Planung der Fertigung vor. Der zeitliche Planungshorizont beträgt Stunden bis Tage.
3. Fertigungsebene
   Die Fertigungsebene übernimmt die Steuerung und Überwachung der einzelnen Betriebsmittel für die Fertigung. Dazu werden Automatisierungs- und Steuerungssysteme wie SPS und Computerized Numerical Control (CNC) Steuerungen eingesetzt. Der Zeithorizont dieser Aufgabenstellung liegt im Sekunden- bzw. Millisekunden-Bereich für Echtzeitanforderungen.

Ersichtlich aus allen Darstellungen der IT-Systeme in der Fertigung ist der starre Charakter der Datenflüsse, einschließlich der zugehörigen Datenaufbereitung jeweils von einer Ebene in die nächste. Der Fokus liegt dabei auf der Robustheit der Datenverarbeitung, um den Echtzeitbetrieb der Fertigungsmaschinen nicht zu gefährden.

Die Möglichkeiten zum Datenaustausch innerhalb bestehender Fertigungssysteme werden einmalig initial ausgelegt und implementiert. Sie lassen sich nur geringfügig ändern und sind anwendungsbezogen. Sie bieten keine hinreichende Flexibilität für eine adaptive Datenerfassung. Somit werden in der Praxis ausschließlich Daten zur

[154] Vgl. Gröger, C. (Advanced Manufacturing Analytics), 2015, S. 28

Dokumentation von Prüfprozessen (vgl. Abschnitt 2.1.3), für das Qualitätsmanagement sowie zur Produktionssteuerung (vgl. Abschnitt 2.1.4) erfasst und aufgezeichnet.

Die statische und anwendungsbezogene Auslegung der Datenerfassung bei Fertigungssystemen stößt bei der Anwendung von Data Analytics auf eine Reihe von Hürden wie z. B. dem Vorliegen heterogener und verteilter Datenbanken, beschränktem Datenbankzugriff, fehlenden Datenpunkten und eingeschränkten Rückverfolgungsmöglichkeiten aufgrund nicht vorliegender Verlaufsdaten sowie Hardwarelimitationen im Produktionsumfeld[155,156].

Dies hat zur Folge, dass in heutigen Serienfertigungen Datenanalysen vorwiegend dazu eingesetzt werden, aufgetretene Probleme reaktiv zu lösen. Da zur Umsetzung von Data Analytics innerhalb der Produktion vor allem eine hinreichende Datenqualität sowie Datenverfügbarkeit essenziell ist[157,158], kann diese Vorgehensweise die Möglichkeiten von Data Analytics nicht ausschöpfen. Diese dazu erforderliche Datenverfügbarkeit und -qualität ist in bestehenden Produktionssystemen aufgrund der vorhandenen heterogenen Datenstrukturen sowie des Minimumprinzips bei der Datenspeicherung in der Praxis nicht gegeben. Dies hat auch zur Folge, dass eine retrospektive Nachvollziehbarkeit bezüglich aller in der Produktion eingesetzten Betriebsmittel und Werkstücke sowie der zugehörigen Abläufe nicht lückenlos gewährleistet ist. Des Weiteren sind IT-Infrastrukturen bestehender Fertigungssysteme nicht dafür ausgelegt, große Datenmengen zu verarbeiten. Daher bleibt es in der Regel bei der reaktiven Analyse anhand vorhandener Daten. Die Auswirkungen des reaktiven Vorgehens sind in Abbildung 2-11 exemplarisch veranschaulicht.

Während der Produktion wird ein Fehler identifiziert, der mit Hilfe der Analyse der Produktionsdaten, Entwicklungsdaten und Felddaten der bereits verkauften Fahrzeuge behoben werden soll. Aufgrund der unzureichenden Datenbasis, die ursächlich in den verteilten Datenquellen und der mangelnden Rückverfolgbarkeit begründet ist, scheitert der Ansatz, Data Analytics problemgetrieben und somit reaktiv einzusetzen. In diesem Fall ist auch eine nachträgliche Datenerfassung nicht zielführend, da sich die betroffenen Fahrzeuge bereits in Kundenhand befinden und die korrespondierenden Daten aus der Produktion nicht nachträglich erfasst werden können.

---

155 Vgl. Sangeeta, P./Sharma, K. (Quality Issues with Big data Analytics), 2016,S. 3590-3591

156 Vgl. Dai, H.-N./Wang, H. et al. (Manufacturing Internet of Things), 2019, S. 3

157 Schuh, G./Blum, M. (Data Structure for Order Processing), 2016, S. 2168

158 Schuh, G./Maasem, C. et al. (Sensor Data Fit in Production), 2015, S. 1

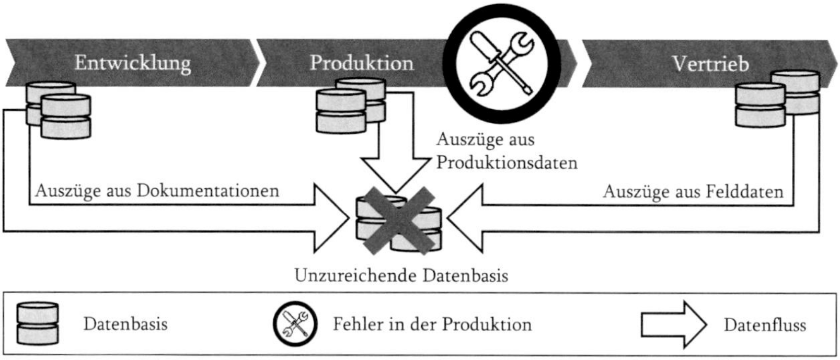

Abbildung 2-11: Auswirkung des reaktiven Vorgehens

Darüber hinaus bieten existierende Protokolle auf der Steuerungsebene keinen automatischen, adaptiven Datenabgriff, da sie schon während der Inbetriebnahme statisch konfiguriert werden müssen. In Ausnahmen ist dies singulär durch manuelle Anpassungen möglich.

Zusammenfassend lassen sich die nachfolgenden aufgeführten Defizite beim reaktiven Einsatz von Data Analytics feststellen:

- unzureichende IT-Infrastrukturen
- unzureichende Daten und Datenverfügbarkeit
- unzureichende Rückverfolgbarkeit

Die nachträgliche Datenerfassung in bestehenden Produktionslinien ist im Rahmen einer Brown-Field Bebauung in Form einer Nachrüstlösung aufgrund der bestehenden Kontroll- und IT-Infrastrukturen nur eingeschränkt und in vielen Fällen nicht möglich. Nachrüstlösungen sind wegen der erforderlichen Investitionen in neue Hard- und Software kostenintensiv und mit hohem manuellem Integrationsaufwand verbunden. Dies verhindert die prozessübergreifende Umsetzung von Data Analytics. Im günstigen Fall, in dem die nachträgliche Datenerfassung möglich ist, muss aufgrund der reaktiven Vorgehensweise zunächst eine hinreichende Datenbasis geschaffen werden. Dies führt zu großen zeitlichen Verzögerungen im Problemlösungsprozess. Selbst dann ist die Anwendung von Data Analytics nur in einem stark eingeschränkten Bereich, in dem die Datenbasis hinreichend ist, denkbar. Daher sind die Nachteile bei einer möglichen Nachrüstung von Datenaufzeichnungslösungen die

- Unwirtschaftlichkeit bei der Nachrüstung und
- unvermeidliche Zeitverluste.

Die bestehenden IT-Infrastrukturen sind, wie die planerischen Prozesse, nicht in der Lage, die für die Durchführung von Data Analytics Anwendungsfällen erforderlichen Daten in hinreichender Quantität und Qualität bereitzustellen. **Somit besteht die Herausforderung aus der Praxis in der Bereitstellung der für Data Analytics erforderlichen Daten in hinreichender Qualität zur richtigen Zeit.**

Diese Herausforderung verschärft sich dadurch, dass keine prototypenseitige Entwicklung der für die Datenbereitstellung erforderlichen Technologien und Prozesse für neue Fertigungslinien durchgeführt wird. Dies widerspricht dem Gedanken der Qualitätsplanung und und ist darin begründet, dass Data Analytics nicht ausdrücklich in den QMS berücksichtigt und damit noch nicht als Stand der Technik erachtet wird (vgl. Abschnitt 2.1.4). Dazu kommt, dass in frühen Phasen der Entwicklung eines Fertigungssystems der Einsatz von Data Analytics durch die geringere Menge an verfügbaren Daten der Prototypensysteme erschwert wird[159]. Dies hat zur Folge, dass Data Analytics nicht in die Entwicklungsprozesse eingebunden ist und keine Befähigung von Data Analytics für die Serienfertigung erfolgt. **Daher ist die Herausforderung in der Praxis, die Nutzung von Data Analytics in der frühen Phase** (vgl. Abschnitt 2.1.1) **zur Unterstützung der Entwicklungsprozesse zu ermöglichen.**

2.2 Datenbasierte Analyseansätze aus der IT

In den Unternehmen etablierte Mechanismen zur Qualitätssicherung und Prozessoptimierung stoßen aufgrund zunehmender Komplexität an ihre Grenzen. Diese Komplexität in den Fertigungsprozessen ist bedingt durch neuartige Technologien und Flexibilitätsanforderungen hinsichtlich Volumen und Varianten der Produkte[160,161,162,163]. Die Auswertung der verfügbaren Daten mittels Data Analytics Methoden wird als möglicher Ansatz gesehen, mit dieser Komplexität erfolgreich umzugehen. Im Folgenden werden die wesentlichen Begriffe und Algorithmen dieses aus der IT stammenden Ansatzes dargestellt und in den Kontext zur Anwendung in Fertigungssystemen gesetzt.

2.2.1 Datenbasierte Analyse im Kontext von Industrie 4.0

Um die Begrifflichkeit Data Analytics, im Big Data Kontext häufig auch Advanced Data

---

159 Vgl. Heimes, H./Kampker, A. et al. (Scalable Data Analytics), 2019, S. 3
160 Vgl. Schuh, G./Blum, M. (Data Structure for Order Processing), 2016, S. 2164
161 Vgl. Hammer, M./Somers, K. et al. (Profit Per Hour as a Target), 2017, S. 717
162 Vgl. Vogel-Heuser, B./Schütz, D. et al. (Model-driven engineering), 2014, S. 883
163 Vgl. Busogi, M./Song, D. et al. (Manufacturing Complexity), 2019, S. 22096-22097

Analytics (DA) genannt, einordnen zu können, ist eine Betrachtung ihrer Zusammenhänge notwendig. Ein Überblick über die verwendete Terminologie ist in Abbildung 2-12 wiedergegeben. Im Rahmen dieser Arbeit wird Data Analytics im Kontext von Industrie 4.0[164] (I4.0) verwendet. Zentraler Aspekt der I4.0 ist die Aufhebung der Trennung der realen, der dinglichen und der virtuellen Welt[165].

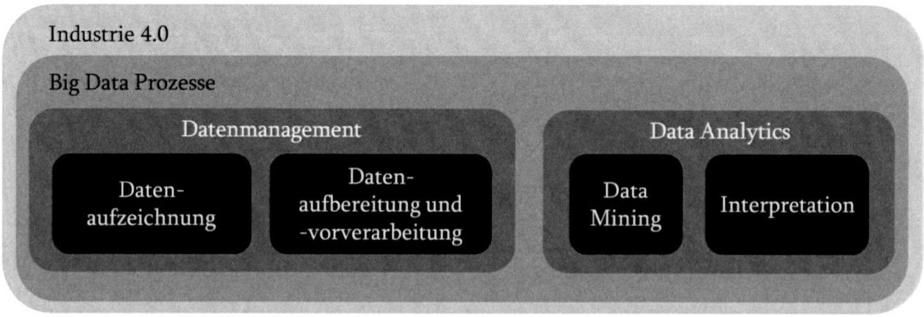

Abbildung 2-12: Terminologie zur datenbasierten Analyse[166]

Dazu wurden als Umsetzungsempfehlung die folgenden drei Anwendungsgebiete zur Reduktion von Medienbrüchen[167] als Umsetzungsempfehlung identifiziert[168]:

1. horizontale Integration über Wertschöpfungsnetzwerke
2. digitale Durchgängigkeit des Engineerings über die gesamte Wertschöpfungskette
3. vertikale Integration sowie vernetzte Produktionssysteme

Zentral ist hierbei das Schaffen der Informationsdurchgängigkeit. Dies bedeutet, dass relevante Informationen aus unterschiedlichen Datenquellen bezüglich eines Produkts zugänglich sind und verknüpft werden können. Um diese Verknüpfung zu gewährleisten, liefert der Ansatz der Industrie 4.0 einen wesentlichen Beitrag. Der Ansatz der Industrie 4.0 ist als Übertragung des Internet-of-Things[169,170] (IoT) Ansatzes auf das Fabrikumfeld zu sehen[171]. Damit ist die Industrie 4.0 eine Spezialisierung des IoT Ansatzes[172]. Im Rahmen der Industrie 4.0 beschreiben Cyber Physical Systems (CPS)

[164] Vgl. Alcácer, V./Cruz-Machado, V. (Industry 4.0: A Literature Review), 2019, S. 2
[165] Vgl. Vogel-Heuser, B. (Handbuch Industrie 4.0), 2017, S. 4
[166] In Anlehnung an Gandomi, A./Haider, M. (Big data concepts), 2015, S. 141
[167] Vgl. Vogel-Heuser, B. (Handbuch Industrie 4.0), 2017, S. 23
[168] Vgl. Kagermann, H./Wahlster, W. et al. (Umsetzungsempfehlung I4.0), 2013, S. 8
[169] Dorsemaine, B./Gaulier, J.-P. et al. (Internet of Things), 2015, S. 72-73
[170] Vgl. Karacay, G./Aydin, B. (IoT New Value Proposition), 2018, S. 175
[171] Vgl. Vogel-Heuser, B. (Handbuch Industrie 4.0), 2017, S. 27
[172] Vgl. BITKOM, VDMA, ZVEI (Umsetzungsstrategie I4.0), 2015, S. 41

oder Cyber Physical Production Systems (CPPS) die Kopplung von physikalischen (Produktions-) Einheiten mit ihrer eigenen virtuellen Repräsentation. Auf Basis dieser virtuellen Systeme lassen sich eine Reihe an Untersuchungen, z. B. simulativ, durchführen. Daraus sind z. B. Verbesserungen für die Kommunikation der CPS untereinander ableitbar[173,174,175,176].

Aufgrund dieser Ansätze und deren Anwendung im Rahmen der Industrie 4.0 werden große Datenmengen, sogenanntes Big Data, erzeugt. Durch Big Data entstehen Herausforderungen an die Systeme zur Datenerfassung sowie der Signalübertragung und an das Datenmanagement[177]. Um verwertbare Informationen aus den Daten abzuleiten zu können, werden Ansätze aus dem Bereich Data Analytics benötigt.

Data Analytics bildet eine zentrale Säule für die Industrie 4.0[178]. Das Ziel von Data Analytics ist, aus großen Datenmengen Wissen zu extrahieren und somit das Finden von Lösungen sowie das Treffen von Entscheidungen zu unterstützen[179,180]. Um Zusammenhänge aus großen Datenmengen extrahieren zu können, greift Data Analytics auf Data Mining (DM) Ansätze zurück[181,182,183].

Beim DM werden statistische und stochastische Methoden zur Datenanalyse oder Prognose, basierend auf historischen Daten, eingesetzt[184]. Damit beinhaltet Data Mining Elemente des maschinellen Lernens (ML), der Statistik und der künstlichen Intelligenz (KI)[185]. ML beschreibt Ansätze aus der Informatik, die das Ziel haben, Computerprogrammen die Fähigkeit des Lernens zu geben, ohne das Wissen zuvor explizit programmiert zu haben[186]. Generell lässt sich KI durch das Ziel beschreiben, menschenähnliche Intelligenz, prüfbar mittels des Turing Tests, nachzuempfinden[187]. KI zur Identifikation von Zusammenhängen und zur Prognose wird in vielen Fällen der Domäne

173 Vgl. Drath, R./Horch, A. (Industrie 4.0), 2014, S. 57
174 Vgl. Monostori, L./Kádár, B. et al. (Cyber-physical systems in manufacturing), 2016, S. 1-2
175 Vgl. Monostori, L. (Challenges for Cyber-physical Production Systems), 2014, S. 9-10
176 Vgl. Merdan, M./Hoebert, T. et al. (Knowledge-based CPS), 2019, S. 223-254
177 Vgl. Gandomi, A./Haider, M. (Big data concepts), 2015, S. 138-139
178 Vgl. Salkin, C./Oner, M. et al. (Industry 4.0 Framework), 2018, S. 5
179 Vgl. Luckow, A./Kennedy, K. et al. (Automotive big data), 2015, S. 1209
180 Vgl. Gandomi, A./Haider, M. (Big data concepts), 2015, S. 140
181 Vgl. Patgiri, R. (Taxonomy of Big Data), 2018, S. 9-10
182 Vgl. Niggemann, O./Biswas, G. et al. (Intelligente Fabrik), 2017, S. 479
183 Vgl. Tang, L.-A./Han, J. et al. (Mining sensor data), 2014, S. 226
184 Vgl. Schmitt, R./Pfeiffer, T. (Qualitätsmanagement), 2015, S. 551
185 Vgl. Patgiri, R. (Taxonomy of Big Data), 2018, S. 9
186 Vgl. Patgiri, R. (Taxonomy of Big Data), 2018, S. 10
187 Vgl. Schwabacher, M./Goebel, K. (A Survey of AI for Prognostics), 2005, S. 108

des ML zugeordnet und ihr damit gleichgesetzt[188]. Allgemein lassen sich mit diesen Methoden aus Daten Wirkzusammenhänge oder Informationen ableiten, die den Aufbau von Wissen unterstützen.

Die Identifikation von Wirkzusammenhängen zwischen Produktionsparametern und dem Prozess oder dem Produkt lässt sich ebenfalls in den Bereich des Qualitätsmanagements eingliedern[189,190]. Aktuell wird das Ableiten von Wissen von Experten[191] und aus Big Data noch immer als eine große Herausforderung und kritische Fähigkeit für die Fertigungs- und Automobilindustrie gesehen[192].

Typische Anwendungsfälle aus den Bereichen Big Data und Data Analytics sind z. B. das autonome Fahren, die Optimierung von Verkehrsflüssen sowie die Entwicklung neuer Unternehmensstrategien[193,194] oder auch die Optimierung produzierender Maschinen[195]. Aktuelle Forschungsprojekte konzentrieren sich auf die Entwicklung neuer Geschäftsfelder und Preisstrategien[196] sowie auf die Beschleunigung des Informationsaustauschs innerhalb des Industrial Internet of Things[197].

Insbesondere bei der Integration dezentraler CPS stellt der Umgang mit der vorherrschenden Datenheterogenität in diesen Fällen eine wesentliche Forschungsfrage dar[198,199]. Diese Ansätze zielen auf das Schaffen von Datenverständnis für Daten aus unterschiedlichen Datenquellen, um bis dato unbekannte Zusammenhänge zu identifizieren.

2.2.2 Data Analytics Klassen und Algorithmen

Um die Einsetzbarkeit von Data Analytics in der Fertigung bewerten zu können, ist ein Verständnis bezüglich der existierenden Klassen und Algorithmen erforderlich. Bestehende Data Analytics Ansätze lassen sich in überwachte (supervised), nicht überwachte (unsupervised) und teilweise überwachte (semi-supervised) Algorithmen einteilen.

---

188 Vgl. Schwabacher, M./Goebel, K. (A Survey of AI for Prognostics), 2005, S. 109
189 Vgl. Ranjan Senapati, N. (Six Sigma), 2004, S. 684
190 Vgl. Vogel-Heuser, B. (Handbuch Industrie 4.0), 2017, S.23
191 Vgl. Uraikul, V./Chan, C. W. et al. (Artificial intelligence for monitoring), 2007, S. 119
192 Vgl. Luckow, A./Kennedy, K. et al. (Automotive big data), 2015, S. 1203
193 Vgl. Brunauer, R./Rehrl, K. (Big Data), 2016, S. 236
194 Vgl. Dewenter, R./Lüth, H. (Big Data im Wettbewerb), 2016, S. 654
195 Vgl. Pieczona, S. J./Muratore, F. et al. (Neuronale Netzwerke an Scannern), 2017, S. 536–540
196 Vgl. Weinman, J. (Manufacturing and the Cloud), 2016, S. 10
197 Vgl. Wan, J./Tang, S. et al. (Industrial Internet of Things & Industrie 4.0), 2016, S. 7373
198 Vgl. Tang, L.-A./Han, J. et al. (Mining sensor data), 2014, S. 225-226
199 Vgl. Jirkovsky, V./Obitko, M. et al. (Understanding Data Heterogeneity), 2017, S. 664

Bei überwachten Algorithmen werden vollständige Datensätze mit vorhandenen Attributen (Features) als Eingangsdaten und mit Bezeichnern (Labels) als zu lernende Ausgangsdaten eingesetzt.

Ziel ist es, durch Trainieren eines Modells anhand des Algorithmus zwischen den Eingangsdaten und Ausgangsdaten Assoziationen herzustellen. Die Ergebnisse lassen sich somit zur Klassifikation und Vorhersage einsetzen. Bei nicht überwachten Algorithmen sind keine Bezeichner vorhanden. Daher muss der Algorithmus eigenständig Strukturen in den Daten finden. Dieser Ansatz eignet sich somit zur Clusterbildung. Teilweise überwachte Algorithmen verwenden eine Mischform der zuvor beschriebenen Ansätze.[200]

Aufgabenfelder von Data Analytics Projekten lassen sich typischerweise in vier Stufen abbilden. Diese sind in Abbildung 2-13 dargestellt und enthalten die **beschreibende Analytik**, die **diagnostizierende Analytik**, die **vorrausschauende Analytik** und die **präskriptive Analytik**[201,202].

Die beschreibende Analytik gibt eine Übersicht bezüglich historischer Daten und beantwortet die Frage, was sich ereignet hat[203]. Die diagnostizierende Analytik erweitert die beschreibende Analytik und zielt auf die Beantwortung der Frage ab, warum etwas aufgetreten ist[204].

Die vorrausschauende Analytik kombiniert die beschreibende Analytik mit maschinellem Lernen und zeigt, was und warum etwas in der Zukunft passieren wird[205]. Zur Realisierung von vorausschauender Analytik ist die Verfügbarkeit einer möglichst großen Datenbasis die größte Hürde[206].

Die präskriptive Analytik geht noch einen Schritt weiter als die vorrausschauende Analytik. Sie hat das Ziel, das Geschäftsergebnis zu verbessern, indem dem Anwender neben einer Vorhersage konkrete Maßnahmen zur Reaktion auf die vorhergesagten Ereignisse vorgeschlagen werden[207].

200 Vgl. Patgiri, R. (Taxonomy of Big Data), 2018, S. 10
201 Vgl. Soltanpoor, R./Sellis, T. (Prescriptive Analytics), 2016,S. 246
202 Vgl. Sivri, M. S./Oztaysi, B. (Data Analytics in Manufacturing), 2018, S. 156
203 Vgl. Delen, D./Demirkan, H. (Data, information and analytics as services), 2013, S. 361
204 Vgl. Soltanpoor, R./Sellis, T. (Prescriptive Analytics), 2016, S. 247
205 Vgl. Delen, D./Demirkan, H. (Data, information and analytics as services), 2013, S. 361
206Vgl. Soltanpoor, R./Sellis, T. (Prescriptive Analytics), 2016, S. 247
207 Vgl. Soltanpoor, R./Sellis, T. (Prescriptive Analytics), 2016, S. 247

Stufen von Data Analytics				
	Beschreibende Analytik	**Diagnostizierende Analytik**	**Vorrausschauende Analytik**	**Präskriptive Analytik**
Fragen	• Was ist passiert?	• Warum ist es passiert?	• Was wird passieren? • Warum wird es passieren?	• Was sollte gemacht werden? • Warum sollte es gemacht werden?
Techniken	• Statistische Analytik • Daten-integration • Daten-vermehrung • Datenreduktion ...	• Statistische Analytik • Datenintegration • Datenvermehrung • Datenreduktion ...	• Data Mining • Maschinelles Lernen ...	• Optimierung • Simulation • Unternehmens-forschung • Managementwissen-schaften • ...
Ausgaben	• Berichte über historische Daten • Extrahierte Einsichten aus den Rohdaten ...	• Berichte über die historischen Daten • Extrahierte Einsichten aus den Rohdaten ...	• Zukünftige Möglichkeiten • Zukünftige Risiken ...	• Empfohlene Geschäfts-entscheidungen • Optimierte Abläufe ...

Abbildung 2-13: Stufen von Data Analytics[208]

Anhand ihrer Zielstellung lassen sich Data Analytics Ansätze in folgende Klassen einteilen:

- Auswertung mit dem Ziel der Erhöhung des Datenverständnisses
- Untersuchung auf Korrelationen
- Modellierung von Beziehungen und Prognosen mittels Regression
- Klassifikation von Daten
- Clustering von Datensätzen
- Zeitreihenprognose

[208] In Anlehnung an Delen, D./Demirkan, H. (Data, information and analytics as services), 2013, S. 361

Klasse	Visualisierung	Methoden	Abhängigkeits-bestimmung	Clustering/ Anomalieerk.	Klassifikation/ Anomalieerk.	Vorhersage
Daten-verständnis	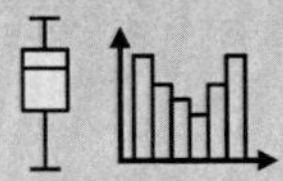	Box-Plots			■	
		Histogramme			■	
		Dichteplots			■	
		Fourier Transformation		■	■	
		Kreisdiagramme			■	
Korrelation	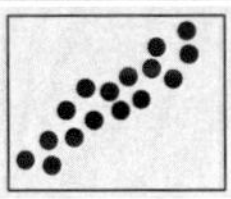	Korrelationskoeffizient	■			
		X^2-Unabhängigkeitstest	■			
Regression		Lineare Regression	■			■
		Nichtlineare Regression				■
		Neuronale Netze			■	■
Klassifikation	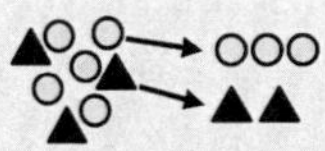	Naiver-Bayes-Klassifikator			■	
		Support-Vektor-Maschine			■	
		Nächster Nachbar Klassifikator			■	
		Entscheidungsbäume			■	■
Cluster-Analyse	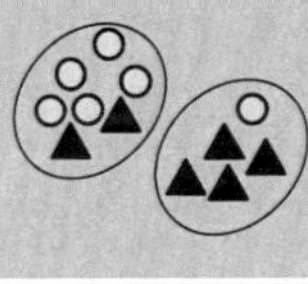	Partitionierende Methoden		■		
		Hierarchische Methoden		■		
		Dichtheitsbasierte Methoden		■		
		Gitterbasierte Methoden		■		
		Fuzzy Clustering		■		
Zeitreihen-prognose		Gleitender Durchschnitt				■
		Sequentielle Assoziationsregeln				■

Abbildung 2-14: Data Analytics Klassen[209]

Diese Zusammenhänge sind zur Übersicht in Abbildung 2-14 mit Beispielen sowie An-

209 In Anlehnung an Runkler, T. A. (Data Mining), 2010, S. 2, Schmitt, R./Pfeiffer, T. (Qualitätsmanagement), 2015, S. 552, Wang, K.-S. (Zero-defect manufacturing), 2013, S. 64-65, Schwabacher, M./Goebel, K. (A Survey of AI for Prognostics), 2005, S. 107-111 und an Jackson, J. (Data Mining), 2002, S. 273-276

wendungsgebieten dargestellt und werden in nachfolgenden Abschnitten eingeführt[210,211,212,213,214]. Zusätzlich wird auf einen Überblick zur Implementierung von Data Mining und Data Analytics im Kontext von Big Data verwiesen[215].

2.2.2.1 Explorative Datenanalyse und Aufbau eines Datenverständnisses

Zum Aufbau eines Datenverständnisses bei explorativer Data Analytics werden univariate und bivariate Analysen eingesetzt. Univariate Analysen betrachten einzelne Variablen. Bivariate beziehungsweise multivariate Analysen untersuchen die Zusammenhänge zweier oder mehrerer Variablen. Zur übersichtlichen Darstellung dieser Analysen werden in der Regel grafische Darstellungen eingesetzt, siehe Abbildung 2-14.[216]

Häufigkeitsverteilungen lassen sich tabellarisch oder grafisch darstellen. Dabei muss zwischen absoluter und relativer Häufigkeit unterschieden werden. Bei der absoluten Häufigkeit handelt es sich um die konkrete Anzahl an Werten, die eine bestimmte Merkmalsausprägung besitzen. Die relative Häufigkeit gibt den Anteil der Werte einer Merkmalsausprägung im Verhältnis zum gesamten Datensatz an. Die relative Häufigkeit ergibt sich aus dem Quotienten der absoluten Häufigkeit und der Menge aller Werte. Demzufolge ist die Summe aller relativen Häufigkeiten immer eins. [217]

Bei nominalskalierenden Merkmalen eignen sich für die grafische Darstellung **Kreisdiagramme**. Für Merkmale mit einem höheren Skalenniveau bieten sich **Histogramme** in Form von Säulendiagrammen oder Stabdiagrammen an, siehe Abbildung 2-14.[218]

Anstelle eines Histogramms kann auch ein Kerndichteschätzer verwendet werden. In diesem Diagrammtyp repräsentiert die Fläche eines beliebigen Intervalls näherungsweise die Häufigkeit der Daten in diesem Intervall[219]. Zusätzlich können **Dichteplots**, siehe Abbildung 2-14, eingesetzt werden, um Informationen bezüglich der Häufigkeitsdichte zu visualisieren[220].

Ein weiteres Werkzeug im Rahmen der explorativen Data Analytics zum Schaffen von

[210] Vgl. Runkler, T. A. (Data Mining), 2010, S. 2
[211] Vgl. Schmitt, R./Pfeiffer, T. (Qualitätsmanagement), 2015, S. 552
[212] Vgl. Wang, K.-S. (Zero-defect manufacturing), 2013, S. 64-65
[213] Vgl. Schwabacher, M./Goebel, K. (A Survey of AI for Prognostics), 2005, S. 107-111
[214] Vgl. Jackson, J. (Data Mining), 2002, S. 273-276
[215] Vgl. Oussous, A./Benjelloun, F.-Z. et al. (Big Data technologies), 2018, S. 432-447
[216] Vgl. Cleff, T. (Deskriptive Statistik), 2012, S. 4
[217] Vgl. Kosfeld, R./Eckey, H. F. et al. (Deskriptive Statistik), 2016, S. 40
[218] Vgl. Kosfeld, R./Eckey, H. F. et al. (Deskriptive Statistik), 2016, S. 41
[219] Vgl. Mosler, K./Schmid, F. (Beschreibende Statistik), 2006, S. 56
[220] Vgl. Cleff, T. (Deskriptive Statistik), 2012, S. 38

Datenverständnis ist der **Boxplot**, vgl. Abbildung 2-14. Die Darstellung eines Boxplots findet sich in Abbildung 2-15. Ein Boxplot liefert eine visuelle Übersicht über Lage, Streuung, Schiefe und potentielle Ausreißer eines Datensatzes. Ein Boxplot stellt den Median $\tilde{x}$, das erste Quartil $\tilde{x}_{0,25}$ und das dritte Quartil $\tilde{x}_{0,75}$, dar. Zusätzlich werden die Fühler (Whiskers) av_u und av_o durch den 1,5-fachen Quartilsabstand vom ersten bzw. dritten Quartil berechnet und potentielle Ausreißer als Kreuze visualisiert. Ein Boxplot zeigt anhand der Lage des Medians innerhalb des Boxplots außerdem die Schiefe (linksschief, symmetrisch oder rechtsschief) der Häufigkeitsverteilung an.[221,222]

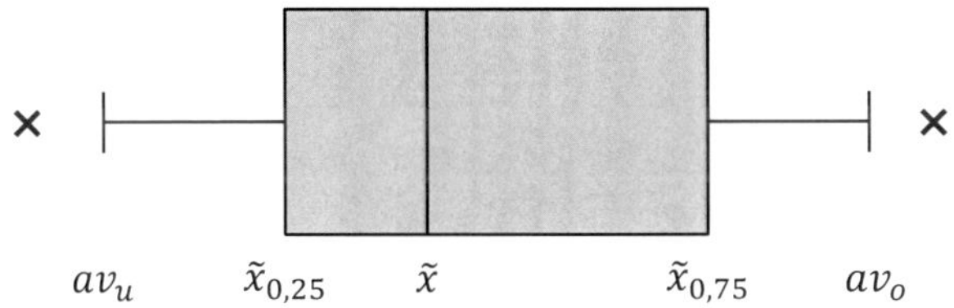

Abbildung 2-15: Darstellung eines Boxplot (potentielle Ausreißer x)[223]

Der Median teilt die Beobachtung so auf, dass 50% der Werte größer oder gleich und 50% der Werte kleiner oder gleich dem Median sind. Bei einem nach der Größe sortierten Datensatz aus n Einzelwerten errechnet sich der Median wie folgt[224]:

$$\tilde{x} = \begin{cases} x_{\left(\frac{n+1}{2}\right)} & \text{Falls n ungerade} \\ \frac{1}{2}\left(x_{\left(\frac{n}{2}\right)} + x_{\left(\frac{n}{2}+1\right)}\right) & \text{Falls n gerade} \end{cases} \tag{2-6}$$

Für das erste Quartil gilt, dass 25% der Daten kleiner oder gleich groß sind und 75% der Daten größer sind. Entsprechend sind beim dritten Quartil 75% der Daten kleiner oder gleich groß und 25% der Daten größer. Zwischen dem ersten und dem dritten Quartil sind somit 50% der Daten enthalten. Die Bereiche zwischen dem ersten und zweiten Quartil und zwischen dem zweiten und dritten Quartil werden im Boxplot durch zwei Rechtecke, auch Boxen genannt, dargestellt.[225]

[221] Vgl. Kosfeld, R./Eckey, H. F. et al. (Deskriptive Statistik), 2016, S. 115
[222] Vgl. Kronthaler, F. (Statistik), 2016, S. 44-45
[223] In Anlehnung an Kosfeld, R./Eckey, H. F. et al. (Deskriptive Statistik), 2016, S. 115
[224] Vgl. Kosfeld, R./Eckey, H. F. et al. (Deskriptive Statistik), 2016, S. 73
[225] Vgl. Kosfeld, R./Eckey, H. F. et al. (Deskriptive Statistik), 2016, S. 155-116

Die Whisker sind um das 1,5-fache des Quartilabstands vom ersten bzw. dritten Quartil entfernt. Der Quartilabstand Q beschreibt den Abstand zwischen dem ersten und dritten Quartil. Somit gilt

$$Q = \tilde{x}_{0,75} - \tilde{x}_{0,25}. \qquad (2\text{-}7)$$

Die oberen und unteren Whisker berechnen sich als „benachbarte Werte“ der Whisker, die in der Visualisierung als Fühler angezeigt werden, die noch innerhalb der Whisker-Grenzen liegen. Diese benachbarten Werte lassen sich beschreiben als

$$w_u = \tilde{x}_{0,25} - 1{,}5 \cdot Q \qquad \text{und} \qquad (2\text{-}8)$$

$$w_o = \tilde{x}_{0,75} + 1{,}5 \cdot Q. \qquad (2\text{-}9)$$

Somit berechnen sich die im Boxplot dargestellten Fühler zu

$$av_u = min\{x_{(i)} | x_{(i)} \geq w_u\} \qquad \text{und} \qquad (2\text{-}10)$$

$$av_o = max\{x_{(i)} | x_{(i)} \leq w_o\}. \qquad (2\text{-}11)$$

Alle Werte, die außerhalb der Whisker liegen, werden als potentielle Ausreißer klassifiziert.[226]

Zur effizienten Betrachtung von diskreten Zeitsignalen, z. B. hochauflösenden Verlaufsdaten eines Messvorgangs, eignet sich eine Betrachtung der aufgetretenen Frequenzbereiche. Hierfür bietet sich die diskrete **Fourier-Transformation** (DFT) an. Diese transformiert endliche, diskrete Zeitsignale in eine Frequenzbereichsdarstellung. Bei der diskreten Fourier-Transformation handelt es sich um einen diskreten Satz von Frequenzabtastungen. Diese sind gleichmäßig über den Einheitskreis in der komplexen Frequenzebene verteilt und charakterisieren eine diskrete Zeitfolge endlicher Dauer. Die DFT einer Sequenz x[n] aus N diskreten Punkten errechnet sich anhand der Gleichungen[227]

[226] Vgl. Kosfeld, R./Eckey, H. F. et al. (Deskriptive Statistik), 2016, S. 115-116
[227] Vgl. Thyagarajan, K. S. (Digital Signal Processing), 2019, S. 151

$$X(k) = \sum_{n=0}^{N-1} x[n]e^{-j\left(\frac{2\pi}{N}\right)nk}, 0 \leq k \leq N-1 \qquad \text{und} \tag{2-12}$$

$$X(k) = \sum_{n=0}^{N-1} x[n]\mathcal{W}_N{}^{nk}, 0 \leq k \leq N-1 \tag{2-13}$$

für

$$\mathcal{W}_N \equiv e^{-j\left(\frac{2\pi}{N}\right)}. \tag{2-14}$$

Zur effizienteren Berechnung nicht endlicher Abtastungen eignet sich die Fast Fourier-Transformation.[228]

Die in diesem Abschnitt vorgestellten Ansätze eignen sich für eine explorative Datenanalyse sowie zum Aufbau des Datenverständnisses. Somit sind sie insbesondere für die ersten Schritte bei der Durchführung eines Data Analytics Anwendungsfalls geeignet. Damit diese Ansätze angewandt werden können, muss eine hinreichende Datenbasis zur Verfügung stehen.

2.2.2.2 Korrelationen

Um die linearen Zusammenhänge von Variablen oder Messwerten zu untersuchen, kann die Berechnung der **Korrelation** herangezogen werden, siehe Abbildung 2-14. Korrelationen können positiv (gleichläufig) oder negativ (gegenläufig) und unterschiedlich stark ausgeprägt sein. Die Stärke der Korrelation zweier Variablen x und y kann z. B. mit Hilfe des Korrelationskoeffizienten r nach BRAVAIS-PEARSON berechnet werden[229]

$$r = \frac{\sum(x_i - \bar{x})(y_i - \bar{y})}{\sqrt{\sum(x_i - \bar{x})^2 \sum(y_i - \bar{y})^2}} \quad . \tag{2-15}$$

$\bar{x}$ und $\bar{y}$ sind die arithmetischen Mittelwerte, die sich am Beispiel von $\bar{x}$ folgendermaßen berechnen lassen:

[228] Vgl. Thyagarajan, K. S. (Digital Signal Processing), 2019, S. 386

[229] Vgl. Kronthaler, F. (Statistik), 2016, S. 72

$$\bar{x} = \frac{\sum x_i}{n}. \tag{2-16}$$

Hierbei repräsentieren x_i und y_i die beobachteten Werte. n beschreibt die Anzahl der beobachteten Werte. Der Korrelationskoeffizient ist somit von den Abweichungen der beobachteten Werte von ihrem Mittelwert abhängig. Der Korrelationskoeffizient liegt immer zwischen den Werten -1 und 1. Das Vorliegen einer Korrelation bedeutet nicht zwangsläufig eine kausale Beziehung der Werte[230]. Abbildung 2-16 gibt einen Überblick zur Interpretation des Korrelationskoeffizienten.

Wert von r aus Gleichung (2-15)	Zusammenhang der Variablen
r = 1	Perfekt positive Korrelation
1 > r ≥ 0,6	Stark positive Korrelation
0,6 > r ≥ 0.3	Schwach positive Korrelation
0,3 > r > -0,3	Keine Korrelation
-0,3 ≥ r > -0.6	Schwach negative Korrelation
-0,6 ≥ r > -1	Stark negative Korrelation
r = -1	Perfekt negative Korrelation

Abbildung 2-16: Interpretation des Korrelationskoeffizienten r[231]

Lineare Korrelationsanalysen liefern nur dann zuverlässige Aussagen, wenn die zu vergleichenden Datensätze tatsächlich lineare Zusammenhänge aufweisen. Nichtlineare Zusammenhänge lassen sich auf diese Weise nicht identifizieren. Mit Hilfe des Chi-Quadrat-Unabhängigkeitstests (**X^2-Unabhängigkeitstest**), siehe Abbildung 2-14, lassen sich nichtlineare Zusammenhänge zuverlässiger quantifizieren.[232]

Korrelationsanalysen bilden die Basis für die Identifikation von Ursache- und Wirkzusammenhängen. Dabei ist allerdings zu berücksichtigen, dass anhand einer identifizierten Korrelation nicht zwingend ein kausaler Zusammenhang bestehen muss. Somit

[230] Vgl. Schmitt, R./Pfeiffer, T. (Qualitätsmanagement), 2015, S. 552

[231] In Anlehnung an Kronthaler, F. (Statistik), 2016, S. 74

[232] Vgl. Runkler, T. A. (Data Mining), 2010, S. 61

wird in vielen Fällen Expertenwissen zur Einschätzung und Bewertung der identifizierten Zusammenhänge erforderlich.

2.2.2.3 Regression

Bei Korrelationen wird die Stärke der Zusammenhänge zwischen Variablen quantifiziert. Im Gegensatz dazu bestimmen **Regressionen**, siehe Abbildung 2-14, eine Schätzung des funktionalen Zusammenhangs zwischen den Variablen. Eine Regressionsfunktion wird über die Parameter des Funktionsprototyps bestimmt, so dass der Fehler der Approximation minimiert wird. Durch unterschiedliche Funktionsprototypen können unterschiedliche Regressionsverfahren ausgewählt werden.[233]

Auf diese Weise lassen sich u. a. **lineare** und **nichtlineare** Zusammenhänge modellieren. Dabei gehören **neuronale Netze** dem nichtlinearen Regressionsansatz an, bzw. sie sind ein universeller Approximator[234], siehe Abbildung 2-14. Eine Schwierigkeit bei dem Einsatz von neuronalen Netzen liegt in der Deutung des gelernten Netzes. Somit wird eine händische Validierung eines neuronalen Netzes durch einen Experten erschwert.

2.2.2.4 Klassifikation

Klassifikationsverfahren, siehe Abbildung 2-14, ordnen Daten anhand bestehender Strukturinformationen bestimmten Klassen zu[235]. Ein Beispiel für ein Klassifikationsverfahren ist der Navier-Bayes-Klassifikator.

Der Navier-Bayes-Klassifikator ist ein wahrscheinlichkeitsbasiertes Klassifikationsverfahren[236]. Ihm liegt das Theorem von BAYES zugrunde[237]. Dieses gilt unter der Unabhängigkeitsannahme der Prädiktoren bei Verwendung eines Sets an Trainingsdaten zur Schätzung der Wahrscheinlichkeitsterme, die für die Klassifikation benötigt werden[238].

Die Performanz dieses Klassifikators wird anhand der Genauigkeit der geschätzten Wahrscheinlichkeitsterme gemessen. Der Naiver-Bayes-Klassifikator ist einer der besten zehn Data Mining Algorithmen, basierend auf seiner Performanz, seiner einfachen Anwendung, seiner Praktikabilität und seiner Effektivität[239].

---

233 Vgl. Runkler, T. A. (Data Mining), 2010, S. 65
234 Vgl. Runkler, T. A. (Data Mining), 2010, S. 70
235 Vgl. Schmitt, R./Pfeiffer, T. (Qualitätsmanagement), 2015, S. 552
236 Vgl. Runkler, T. A. (Data Mining), 2010, S. 89
237 Vgl. Heckerman, D. (Bayesian Networks), 1997, S. 99
238 Vgl. Okesola, O. J./Okokpujie, K. O. et al. (A Naïve Bayesian Approach), 2017, S. 229
239 Vgl. Okesola, O. J./Okokpujie, K. O. et al. (A Naïve Bayesian Approach), 2017, S. 229

Die **Support-Vektor-Maschine** (SVM) verwendet ähnlich zur linearen Diskriminanzanalyse[240] lineare Diskriminanzhyperebenen. Der Algorithmus versucht, eine Hyperebene zu finden, die den größten Abstand zu den Datenclustern besitzt[241]. Hierfür erfordert die SVM, dass alle Trainingsdaten einen Mindestabstand von der Diskriminanzhyperebene einhalten[242]. Mithilfe des Kernel-Tricks[243] kann die SVM auf nichtlineare Klassengrenzen erweitert werden.

Der Ansatz des **nächsten Nachbarns** (nearest Neighbor), vgl. Abbildung 2-14, stellt ein in der Anwendung einfacheres Klassifikationsverfahren als die SVM dar. Mit diesem Verfahren wird ein zu klassifizierendes Objekt mit dem Merkmalsvektor $\boldsymbol{x}$ derjenigen Klasse zugeordnet, die dem Objekt im Trainingsdatensatz am ähnlichsten ist. Somit ordnet dieser Klassifikator ein Objekt der Klasse y_k zu, wenn gilt[244]

$$||\boldsymbol{x} - \boldsymbol{x}_k\, || = \min_{j=1,\ldots,n} ||\boldsymbol{x} - \boldsymbol{x}_j||. \tag{2-17}$$

Als Abstandsmaß wird üblicherweise der Euklidische oder der Mahalanobis-Abstand gewählt. Als Variation ist es möglich, die Nächste-k-Nachbarn-Klassifikation anzuwenden. Diese findet nicht den nächsten, sondern die nächsten

$$k \in \{2, \ldots, n-1\} \tag{2-18}$$

Nachbarn. Der Berechnungsaufwand für die Nächste-Nachbarn-Klassifikatoren ist vergleichsweise gering. Neue Daten können leicht in den Klassifikator integriert und beliebig komplexe, nichtlineare Klassengrenzen erkannt werden, solange ausreichend Trainingsdaten vorliegen. Bei einem veränderten Datensatz muss die Klassifizierung erneut für den gesamten Datensatz durchgeführt werden, was in der Folge einen hohen Aufwand bedeutet.[245]

Wenn ein einfach zu interpretierendes Modell gefordert ist, das eine hierarchische Entscheidungsstruktur zur Klassifikation der Werte ergibt und diese darstellen kann, bieten sich **Entscheidungsbäume** zur Klassifikation an, vgl. Abbildung 2-14[246]. Ein Entscheidungsbaum ist exemplarischer in der Abbildung 2-17 dargestellt. Dort ist eine

[240] Vgl. Runkler, T. A. (Data Mining), 2010, S. 91-91
[241] Vgl. Lawi, A./Velayaty, A. A. et al. (Adaptive Boosted SVM), 2017, S. 2
[242] Vgl. Runkler, T. A. (Data Mining), 2010, S. 93-94
[243] Vgl. Runkler, T. A. (Data Mining), 2010, S. 94
[244] Vgl. Runkler, T. A. (Data Mining), 2010, S. 96
[245] Vgl. Runkler, T. A. (Data Mining), 2010, S. 96
[246] Vgl. Runkler, T. A. (Data Mining), 2010, S. 99

Klassifizierung einer Ausfallwahrscheinlichkeit anhand der Attribute Maschinenalter, Hersteller und Auslastung visualisiert. Je nach Zuordnung erfolgt eine Einstufung als „Ausfallrisiko niedrig“ oder „Ausfallrisiko hoch“.

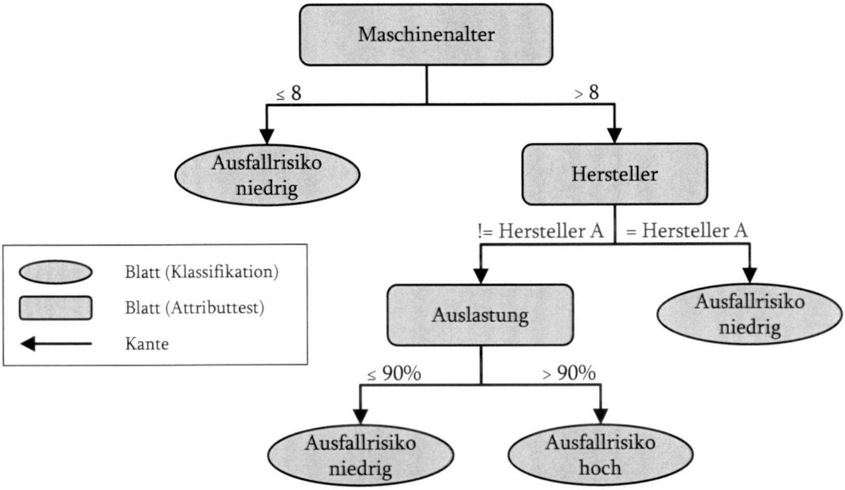

Abbildung 2-17: Beispiel für einen Entscheidungsbaum[247]

Entscheidungsbäume besitzen Knoten und Kanten[248]. Die Knoten bzw. Blätter, die keine ausgehenden Kanten besitzen, stellen die jeweilige Klassifizierung dar. Jeder nicht-Blattknoten entspricht einem Attributtest, anhand dessen die hierarchische Klassifikation in die nächste Ebene fortgeführt wird oder in einem Blattknoten endet. Auf den Kanten werden die Bedingungen für die binäre Klassifikation des Attributtests beschrieben und somit eine Einteilung vorgenommen. Aufgrund der hierarchischen Struktur lassen sich Entscheidungsbäume intuitiv visualisieren.[249]

Zur Generierung von Entscheidungsbäumen existiert eine Vielzahl an Algorithmen, wie z. B. der C4.5-Algorithmus[250,251]. Um Ungleichgewicht des Entscheidungsbaums zu vermeiden sowie die Komplexität der Bäume zu reduzieren, werden Pruning-Metho-

[247] In Anlehnung an Gröger, C. (Advanced Manufacturing Analytics), 2015, S. 53

[248] Vgl. Al-Hoqani, W. M. (Marking Decision Tree Diagrams), 2017, S. 1190

[249] Vgl. Gröger, C. (Advanced Manufacturing Analytics), 2015, S. 53

[250] Vgl. Amin, R. K./Indwiarti, I. et al. (Implementation of Decision Tree), 2015, S. 76

[251] Vgl. Gröger, C. (Advanced Manufacturing Analytics), 2015, S. 53

den eingesetzt. Diese können als Pre-Pruning während der Entscheidungsbaumgenerierung oder als Post-Pruning nachträglich angewendet werden[252]. Eine tiefergehende Einführung in die Pruning Methoden findet sich bei HAN ET AL.[253] .

Genetische Algorithmen (GA) empfinden in ihrer Wirkweise den biologischen Evolutionsprozess nach. Dabei greifen sie auf Selektion, Reproduktion, Mutation und Überleben des Stärkeren zurück, um die bestmögliche Lösung für Klassifikations- und Vorhersageprobleme zu ermitteln. Genetische Algorithmen besitzen den Nachteil, dass sie keine Interpretationsmöglichkeit der statistischen Zusammenhänge bieten. Dies vermindert für den Anwender die Nachvollziehbarkeit der Hintergründe des gefundenen Ergebnisses.[254]

Um die Güte einer Klassifikation zu bewerten, gibt es eine Reihe von Kenngrößen, siehe hierzu RUNKLER[255]. Zur Bewertung reicht häufig eine dieser Kennzahlen nicht aus. Dann müssen mindestens zwei Kennzahlen herangezogen werden. Üblicherweise werden die Genauigkeit, d. h. die Wahrscheinlichkeit, ob eine als wahr eingeschätzte Klassifizierung tatsächlich korrekt ist (engl. Precision), und die Trefferquote, auch Richtig-positiv-Rate (TPR) oder Recall genannt, zur Bewertung eingesetzt[256]. Zusätzlich wird die Accuracy verwendet. Diese gibt den Prozentsatz eines gesamten Datensatzes, der korrekt klassifiziert wurde, an[257].

Eine häufig eingesetzte Darstellung zur Bewertung der Klassifikationsgüte ist die Receiver Operating Curve (ROC). In dieser wird auf der Ordinate die TPR und auf der Abszisse die Falsch-positiv-Rate (FPR) angetragen. Ein idealer Klassifikator erreicht 100% TPR und 0% FPR. In Abbildung 2-18 ist beispielhaft ein ROC-Diagramm dargestellt.

Der ideale Klassifikator würde dem Punkt TPR = 1 und FPR = 0 entsprechen. Ein nichtidealer Klassifikator ist somit umso besser, je näher er zu diesem Punkt liegt. Ein Klassifikator mit TPR = 1 und FPR = 1 liefert immer ein positives Ergebnis. Ein Klassifikator mit TPR = 0 und FPR = 0 liefert immer ein negatives Ergebnis. Ein Klassifikator mit TPR = 0 und FPR = 1 ergibt immer ein falsches Ergebnis und kann somit durch eine Invertierung des Ergebnisses in einen idealen Klassifikator überführt werden.

---

[252] Vgl. Gröger, C. (Advanced Manufacturing Analytics), 2015, S. 54
[253] Vgl. Han, J./Kamber, M. et al. (Data Mining), 2012, S. 263-264
[254] Vgl. Jackson, J. (Data Mining), 2002, S. 273
[255] Vgl. Runkler, T. A. (Data Mining), 2010,S. 86-87
[256] Vgl. Gröger, C. (Advanced Manufacturing Analytics), 2015, S. 54
[257] Vgl. Amin, R. K./Indwiarti, I. et al. (Implementation of Decision Tree), 2015, S. 77

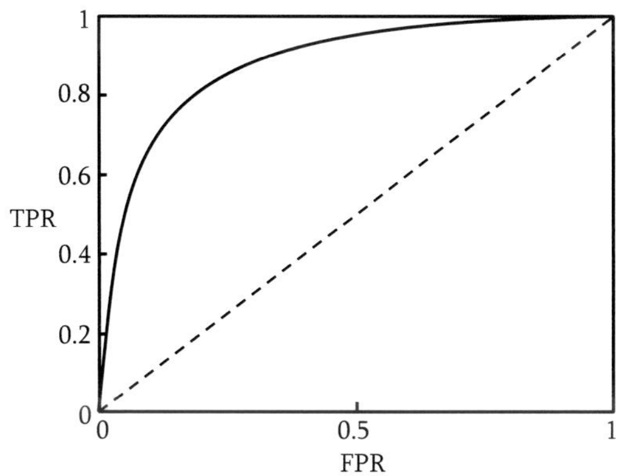

Abbildung 2-18: Darstellung eines beispielhaften ROC-Diagramms[258]

Im Rahmen von Data Analytics Anwendungsfällen eignen sich Klassifikationsalgorithmen zur Einteilung von Merkmalen in Klassen. Dies kann z. B. die Einteilung von Hochvoltspeichern in fehlerhafte und nicht fehlerhafte Teile darstellen. Um eine hohe Güte bei der Klassifikation zu erreichen, ist eine hinreichende Datenbasis für jede Klasse zum Trainieren und Testen des Algorithmus erforderlich. Dies erschwert den Einsatz von Klassifikationsalgorithmen im Rahmen von frühen Phasen der Entwicklung von Fertigungssystemen.

2.2.2.5 Cluster-Analysen

Cluster-Analysen identifizieren zuvor unbekannte Strukturen und fassen diese in zusammengehörigen Gruppen zusammen, vgl. Abbildung 2-14[259]. Dadurch sind Daten desselben Clusters ähnlich zueinander und unterscheiden sich von Daten anderer Cluster[260].

Durch unterschiedliche Cluster-Algorithmen kann es zu unterschiedlichen Einteilungen der Daten kommen. Die Cluster-Algorithmen lassen sich in die Kategorie der unüberwachten Data Mining Ansätze einordnen, da sie keine Informationen bezüglich bestehender Cluster erfordern, sondern diese durch ihren Algorithmus ermitteln[261].

[258] In Anlehnung an Runkler, T. A. (Data Mining), 2010, S. 88
[259] Vgl. Schmitt, R./Pfeiffer, T. (Qualitätsmanagement), 2015, S. 552
[260] Vgl. Han, J./Kamber, M. et al. (Data Mining), 2012, S. 444
[261] Vgl. Han, J./Kamber, M. et al. (Data Mining), 2012, S. 445

Die Anwendungsgebiete von Cluster-Analysen liegen in der Business Intelligence, der Mustererkennung in Bildern, der Internetsuche, der Biologie und der Sicherheit.[262]

Als Ansatz für Data Mining können Cluster-Analysen eingesetzt werden, um Zusammenhänge in verteilten Daten sowie Ausreißer zu erkennen. Außerdem können Charakteristiken der Cluster untersucht und bestimmte Cluster in weiterführenden Analysen näher betrachtet werden[263]. Alternativ kann eine Cluster-Analyse auch als Vorbereitung für nachfolgende Analyseschritte (z. B. Klassifikationsalgorithmen) dienen, indem es Cluster ermittelt, die als Bezeichner für überwachte Lernansätze eingesetzt werden.

Eine Reihe von Cluster-Analyse-Werkzeugen werden in Software-Anwendungen zur statistischen Datenanalyse, wie z. B. das Statistical Package for the Social Sciences (SPSS)[264] sowie der Software von Statistical Analysis Systems (SAS), eingesetzt.[265]

Bei wissenschaftlichen Betrachtungen von Clusteranalysen liegt der Schwerpunkt in[266]

- effizienten und effektiven Cluster-Analysen großer Datenbanken,
- der Skalierbarkeit der Ansätze sowie dem
- Clustering von komplexen Formen,
- unterschiedlichen Datentypen, z. B. Text und Grafiken,
- hochdimensionalen Objekten, z. B. tausende Features, und
- Methoden zur Clusteranalyse von gemischten numerischen und nominalen Daten.

Die bestehenden Cluster-Analyse-Methoden lassen sich in vier wesentliche Kategorien einteilen[267]. Auch Kombinationen dieser Kategorien sind möglich. Die Kategorien sind in Abbildung 2-19 aufgeführt und werden im Folgenden vorgestellt.

Eine **partitionierende Methode** erstellt k Partitionen aus n Datenobjekten. Darin repräsentiert jede Partition ein Cluster; es gilt $k \leq n$. Die grundlegenden Partitionierungsmethoden ordnen Datenobjekte genau einer Partition zu. Durch Techniken, wie z. B. das Fuzzy Clustering[268], lässt sich diese Anforderung aufweichen. Die meisten Partitionierungsmethoden sind abstandsbasiert. Anhand einer vorgegebenen Anzahl

[262] Vgl. Han, J./Kamber, M. et al. (Data Mining), 2012, S. 444
[263] Vgl. Han, J./Kamber, M. et al. (Data Mining), 2012, S. 445
[264] https://www.ibm.com/de-de/analytics/spss-statistics-software
[265] Vgl. Han, J./Kamber, M. et al. (Data Mining), 2012, S. 445
[266] Vgl. Han, J./Kamber, M. et al. (Data Mining), 2012, S. 445
[267] Vgl. Han, J./Kamber, M. et al. (Data Mining), 2012, S. 448-450
[268] Vgl. Runkler, T. A. (Data Mining), 2010, S. 111-117

an *k* Partitionen ermittelt der Algorithmus eine (lokal-)optimale Aufteilung der Partitionen. Typische Beispiele für partitionierende Methoden sind k-means und k-medioids.[269]

Methode	Eigenschaften
Partitionierende Methoden	• Abstandsbasierte Partitionierung der Daten • Identifizieren sich gegenseitig ausschließender Cluster • Verwendung z. B. von Mittelwert möglich, um Cluster-Mittelpunkt darzustellen • Effektiv für kleine bis mittlere Datenmengen
Hierarchische Methoden	• Ergebnis ist eine hierarchische Zerlegung auf zum Teil mehreren Ebenen • Fehlerhafte Aufteilungen können nicht korrigiert werden • Kann Verknüpfungen von Objekten berücksichtigen und andere Techniken wie Mikroclustering enthalten
Dichtheitsbasierte Methoden	• Cluster entsprechen Regionen hoher Dichte und werden durch Regionen geringer Dichte getrennt • Kann willkürliche Formen clustern • Ermöglicht das Herausfiltern von Ausreißern
Gitterbasierte Methoden	• Verwendet ein Gitter in mehreren Auflösungen, um die Daten zu strukturieren • Schnelle Verarbeitungszeiten, abhängig von der Größe des Gitters und nicht von der Anzahl der Daten

Abbildung 2-19: Überblick über Cluster-Analyse Methoden[270]

Hierarchische Methoden zerlegen ein gegebenes Set an Datenobjekten in eine Hierarchie. Der Aufbau dieser Hierarchie ist über bottom up und über top down Ansätze möglich. Beim bottom up Ansatz wird jedes Datenobjekt zunächst einem eigenen Cluster zugeordnet. Die daraus resultierenden Cluster werden solange zusammengefasst, bis eine Abbruchbedingung greift. Im top down Ansatz gehören zunächst alle Datenobjekte zu einem Cluster. In den folgenden Iterationen wird das Cluster in kleinere Cluster aufgeteilt, bis jedes Datenobjekt ein eigenes Cluster besitzt oder eine Abbruchbedingung erfüllt wird. Die Teilung bzw. Zusammenfassung der Daten kann dabei über z. B. distanz- oder dichtigkeitsbasierte Methoden erfolgen. Ein Nachteil hierarchischer

[269] Vgl. Han, J./Kamber, M. et al. (Data Mining), 2012, S. 448, 451 ff.

[270] In Anlehnung an Han, J./Kamber, M. et al. (Data Mining), 2012, S. 450

Methoden ist, dass abgeschlossene Zusammenfassungen und Teilungen nicht rückgängig gemacht werden können, um kombinatorische Problemstellungen und damit verbundene hohe Berechnungsanforderungen zu vermeiden.[271]

Dichtigkeitsbasierte Methoden fassen Datenobjekte, die eine hohe Dichtigkeit an Datenobjekten in ihrer „Nachbarschaft" besitzen, in Clustern zusammen. Dieser Ansatz eignet sich insbesondere zum Filtern von Rauschen oder Ausreißern und zum Identifizieren von Clustern mit willkürlichen Formen. Üblicherweise berücksichtigen dichtebasierte Methoden keine Fuzzy Cluster, können aber Datenobjekte in viele unabhängige Cluster oder in eine Hierarchie an Clustern aufteilen.[272]

Gitterbasierte Methoden (engl. grid based) quantifizieren die Datenobjekte im Raum in eine endliche Anzahl an Zellen in der Anordnung eines Gitters, auf dessen Basis sämtliche Clustering-Vorgänge durchgeführt werden. Der größte Vorteil dieses Ansatzes besteht in der kurzen Berechnungszeit, die üblicherweise nur von der Anzahl der Zellen und nicht von der Anzahl der Datenobjekte abhängt. Gitterbasierte Ansätze lassen sich mit dichtigkeitsbasierten und hierarchischen Ansätzen kombinieren.[273]

Cluster-Analysen eignen sich dazu, ähnliche Ausprägungen von Messungen zu identifizieren und zu gruppieren – ohne dass diese Gruppen zuvor vorgegeben sein müssen. Dadurch erhält der Anwender keine trennscharfe Klassifikation der Daten, sondern vielmehr eine Kategorisierung der Daten. Deren zugrundliegende Einteilungslogik muss in Expertengesprächen darauf geprüft werden, ob sie zu einem Erkenntnisgewinn beitragen kann.

2.2.2.6 Zeitreihenanalyse und Zeitreihenprognose

Eine Zeitreihenanalyse beschreibt und erklärt die zeitliche Entwicklung einer Variablen. Somit schafft sie die Grundlage, Zustände der Variablen zu zukünftigen Zeitpunkten zu schätzen und zu prognostizieren.[274]

Prognoseverfahren, die sich auf Zeitreihenanalysen stützen, werden als quantitative Prognoseverfahren[275] oder **Zeitreihenprognosen**, vgl. Abbildung 2-14, bezeichnet. Quantitative Prognoseverfahren ermitteln ein mathematisches Modell des Prozesses, basierend auf einer Zeitreihe. Sie lassen sich in Verfahren zur Zeitreihenextrapolation

[271] Vgl. Han, J./Kamber, M. et al. (Data Mining), 2012, S. 449, 457 ff.

[272] Vgl. Han, J./Kamber, M. et al. (Data Mining), 2012, S. 449, 471 ff.

[273] Vgl. Han, J./Kamber, M. et al. (Data Mining), 2012, S. 450, 479 ff.

[274] Vgl. Backhaus, K./Erichson, B. et al. (Multivariate Analysemethoden), 2016, S. 17

[275] Vgl. Backhaus, K./Erichson, B. et al. (Multivariate Analysemethoden), 2016, S .138

und zur kausalen Prognose unterteilen[276]. Bei der Zeitreihenextrapolation wird eine Zeitreihe auf Muster untersucht. Durch Extrapolation dieses Musters in die Zukunft lassen sich Prognosen ableiten. Kausale Prognoseverfahren analysieren die Beziehungen zwischen mehreren Zeitreihen. Dabei wird die Wirkung der Variablen aufeinander modelliert und darauf aufbauend eine Prognose erstellt.[277]

Folgende fünf Schritte werden bei der Zeitreihenprognose durchlaufen[278]:

1. Visualisierung der Zeitreihe
2. Formulierung eines Modells
3. Schätzung eines Modells
4. Erstellung von Prognosen
5. Prüfung der Prognosegüte

Bei der Formulierung eines Modells wird auf weitere Analyseansätze, häufig Regressionsanalysen, zurückgegriffen[279].

In weiteren Ansätzen werden Glättungsmethoden eingesetzt, wie z. B. der gleitende Durchschnitt[280,281]. Im Grundprinzip dieses Ansatzes wird aus einer überlappenden Teilmenge an Werten, die über die Menge aller Werte gleitet, ein Mittelwert gebildet. Durch dieses Vorgehen wird von dem Modell das Quadrat der Abstände zu den Beobachtungswerten minimiert. Für weitere Ansätze zur Bestimmung gleitender Durchschnitte wird auf MERTENS UND RÄSSLER[282] verwiesen. Weitere Ansätze befassen sich u. a. mit dem Erkennen von sequenziellen Mustern und Assoziationen, um z. B. das Kaufverhalten von Kunden vorherzusagen[283].

Allgemein lässt sich festhalten, dass die Zeitreihenprognose ein wertvolles Werkzeug bei der Vorbereitung und Unterstützung von Entscheidungen ist [284]. Ähnlich den anderen Data Analytics Algorithmen, vgl. Abbildung 2-14 erfordert auch die Zeitreihenprognose große Datenbasen und für den jeweiligen Algorithmus entsprechend vorbereitete Daten. Diese Einschränkung beeinträchtigt insbesondere den Einsatz von Data Analytics in frühen Phasen der Entwicklung von Fertigungssystemen.

---

[276] Vgl. Backhaus, K./Erichson, B. et al. (Multivariate Analysemethoden), 2016, S. 138
[277] Vgl. Backhaus, K./Erichson, B. et al. (Multivariate Analysemethoden), 2016, S. 138-139
[278] Vgl. Backhaus, K./Erichson, B. et al. (Multivariate Analysemethoden), 2016, S. 140
[279] Vgl. Backhaus, K./Erichson, B. et al. (Multivariate Analysemethoden), 2016, S. 17
[280] Vgl. Mertens, P./Rässler, S. , 2012, S. 22-23
[281] Vgl. Backhaus, K./Erichson, B. et al. (Multivariate Analysemethoden), 2016, S. 138
[282] Vgl. Mertens, P./Rässler, S. , 2012, S. 23 ff.
[283] Vgl. Chen, Y.-C./Lee, G. (Mining Sequential Association Rules), 2010, S. 274
[284] Vgl. Backhaus, K./Erichson, B. et al. (Multivariate Analysemethoden), 2016, S. 17

2.2.2.7 Softwareunterstützung für Data Analytics

Zur Durchführung von Data Analytics eignen sich unterschiedliche Softwarelösungen. Aus der Mathematik stammend, bietet das R-Projekt for Statistical Computing[285] eine Reihe von Funktionalitäten zur Datenverarbeitung und Datenanalyse an. Zusätzlich gibt es hier eine Reihe von Bibliotheken, die diese Funktionalitäten erweitern. Auch Hersteller großer Mathematik-Lösungen offerieren mittlerweile Data Analytics Pakete, wie z. B. Mathworks mit Matlab[286]. Diese Softwarelösungen eigenen sich insbesondere für Anwender mit einem mathematischen Ausbildungshintergrund. Sie geben viel Freiheit bei der Auswertung und Verarbeitung der Daten, weisen aber Nachteile bei der Umsetzung in Produktivlösungen in Big Data Umgebungen auf.

Von den gängigen Programmiersprachen eignet sich insbesondere Python[287] für Data Analytics. Durch eine Vielzahl an Paketen für Data Analytics und die Lauffähigkeit der Programme auf unterschiedlichen Systemen kann Python insbesondere für die Bereitstellung von produktiven Data Analytics Anwendungen eingesetzt werden. Aufgrund ihrer Entwicklungsnähe zu Java bietet sich die funktionale, objektorientierte Programmiersprache SCALA[288] insbesondere zur Datenverarbeitung und Auswertung großer Datenmengen in Produktivumgebungen an. Der größte Nachteil bei der Verwendung von Programmiersprachen für Data Analytics besteht in ihre Handhabung, da Kenntnis und Anwendung von Programmiersprachen erforderlich sind. Darüber hinaus sind für unterschiedliche Anwendungsfälle (z. B. Klassifikation gegenüber Zeitreihenanalysen) die Schritte der Datenaufbereitung individuell umzusetzen. Dies setzt voraus, dass das Personal in der entsprechenden Programmiersprache geschult ist. Dadurch ist die Hürde, diese Programmiersprachen im Qualitätsmanagement einzusetzen, sehr hoch im Vergleich zu anderen Analysewerkzeugen.

Neben diesen Anwendungen aus der Mathematik und den Programmiersprachen, die Erweiterungen für Datenverarbeitungen und Data Analytics enthalten, existieren Anwendungen, die den Fokus speziell auf die Datenverarbeitung und -auswertung legen. Der SPSS Modeler von IBM[289] bietet eine grafische Benutzeroberfläche, in der eine datenflussbasierte Datenverarbeitung vorgenommen werden kann. Damit lassen sich z. B. Blöcke zum Filtern der Eingangsdaten oder zum Modelltraining in den Datenfluss

---

[285] The R Project for Statistical Computing, siehe https://www.r-project.org/

[286] MathWorks Matlab, siehe https://www.mathworks.com/products/matlab.html

[287] Python, siehe https://www.python.org/

[288] SCALA, siehe https://www.scala-lang.org/

[289] SPSS Modeler, siehe https://www.ibm.com/de-de/products/spss-modeler

einbinden. Einen ähnlichen Ansatz verfolgt die Software Rapidminer[290]. Auch die Software Splunk[291] bietet aufgrund ihres Hintergrunds als Log-, Monitoring- und Reporting-Tool eine Reihe von Möglichkeiten zur Datenverarbeitung, -analyse und -visualisierung. Bei einem breiteren Spektrum von Anwendungen ermöglichen diese Programme, Daten Analysen mit geringem Einarbeitungsaufwand durchzuführen. Sie sind jedoch in ihrem Funktionsumfang vergleichsweise beschränkt. Außerdem sind sie aufgrund der angebotenen Lizenzmodelle sehr teuer in der industriellen Anwendung.

Zur Visualisierung von Ergebnissen der Datenauswertungen existiert eine Reihe von Softwarelösungen. Eine geeignete Lösung muss je nach den Anforderungen des Anwendungsfalls ausgewählt werden. Einige Beispiele sind Power BI[292] von Microsoft, Grafana[293] von Grafana Labs, Tableau[294] von Tableau Software, Shiny[295] von R Studio sowie die Produkte der Firma Qlik[296].

Zusammenfassend lässt sich festhalten, dass eine Anzahl von Softwarelösungen zur Unterstützung von Data Analytics zur Verfügung steht. Die Herausforderung für Unternehmen der Fertigungsindustrie besteht darin, die für den jeweiligen Anwendungsfall am besten geeignete Kombination von Softwarelösungen zu identifizieren. Dies setzt wiederum voraus, dass bereits während einer frühen Phase die umzusetzenden Anwendungsfälle bekannt und priorisiert sind. Durch die Defizite bei der Planung und dem Einsatz von Data Analytics während der frühen Phase der Entwicklung eines Fertigungssystems (vgl. Abschnitt 2.1.5) werden Softwarelösungen einzeln für den reaktiven Problemfall, den es zu lösen gilt, ausgewählt.

Neben den anwendungsfallspezifischen Anforderungen an die Softwarelösung für Data Analytics gilt es, die Kompatibilität zu den verwendeten Big Data Lösungen bzw. der IT-Infrastruktur sicherzustellen. Besteht keine einheitliche IT-Infrastruktur, die für die Verarbeitung von Data Analytics ausgelegt ist (vgl. heterogene Datenstrukturen in Abschnitt 2.1.5), führt dies dazu, dass verschiedene Softwarelösungen benötigt werden, um einzelne reaktive Problemfälle bearbeiten zu können. Die daraus resultierenden Systembrüche steigern die Komplexität der Data Analytics Anwendungsfälle und können ihre Bearbeitung unmöglich machen.

---

[290] Rapidminer, siehe https://rapidminer.com/
[291] Splunk, siehe https://www.splunk.com/
[292] Power BI, siehe https://powerbi.microsoft.com/de-de/
[293] Grafana, siehe https://grafana.com/
[294] Tableau, siehe https://www.tableau.com/de-de
[295] Shiny, siehe https://shiny.rstudio.com/
[296] QlikSense & QlikView, siehe https://www.qlik.com/de-de/

2.2.3 Datenmanagement im Kontext von Big Data

Da bei der produktiven Umsetzung von Data Analytics die Kompatibilität zu den verwendeten Big Data Lösungen und Datenverarbeitungsmechanismen eine erfolgskritische Rolle spielt, werden diese im Folgenden eingeführt.

2.2.3.1 Einordnung des Begriffs Big Data

Um Data Analytics einsetzen zu können, sind große Mengen an erfassbaren Daten, sogenanntes Big Data, erforderlich[297]. Das heißt im Kontext der Fertigung, dass die entsprechenden Informationen oder Messungen mit Hilfe geeigneter Sensorik erfasst, aufgezeichnet und durch eine geeignete Datenverarbeitungskette zur richtigen Zeit in der richtigen Auflösung und Frequenz dem Algorithmus zur Verfügung gestellt werden müssen. Die zunehmende Verbreitung IoT-fähiger Maschinen wird voraussichtlich zu einer höheren Datenverfügbarkeit führen.

Generell lässt sich Big Data über die drei „V“ definieren[298]:

1. Volumen (Volume)
2. Geschwindigkeit (Velocity)
3. Varianz (Variety)

Volumen betrachtet die Menge an erfassten Daten. Ab wann aus Sicht des Volumens von Big Data gesprochen wird, ist abhängig von der Branche, von den Datentypen sowie vom Erfassungszeitraum. Geschwindigkeit bezeichnet die Rate, mit der die Daten erzeugt werden sowie die Geschwindigkeit, in der diese Daten analysiert und darauf basierende Handlungen eingeleitet werden müssen. Die Varianz betrachtet den Grad der Datenheterogenität. Datenheterogenität lässt sich unterteilen in strukturierte, semistrukturierte und unstrukturierte Daten.

Strukturierte Daten umfassen z. B. tabellarisch erfasste Daten in relationalen Datenbanken. Unstrukturierte Daten sind z. B. Texte, Bilder, Audio- und Videomaterial, die keine strukturellen Informationen zur Auswertung beinhalten. Semistrukturierte Daten besitzen Strukturen, sind aber an keine festen Standards gebunden. Ein prominentes Beispiel für semistrukturierte Daten sind XML-Dokumente, erstellt mit der Extensible Markup Language, die ein typisches Datenübertragungsformat im Internet darstellen.[299]

Drei weitere „V“ definieren Big Data noch detaillierter[300,301]:

---

[297] Vgl. Tan, J. S. K./Ang, A. K. et al. (Quality Analytics), 2016, S. 3456

[298] Vgl. Gandomi, A./Haider, M. (Big data concepts), 2015, S. 138

[299] Vgl. Gandomi, A./Haider, M. (Big data concepts), 2015, S. 138

[300] Vgl. Gandomi, A./Haider, M. (Big data concepts), 2015, S. 139

[301] Vgl. Gadatsch, A. (Big Data), 2017, S. 3

4. Richtigkeit (Veracity)
5. Variabilität und Komplexität (Variablity and Complexity)
6. Wert (Value)

Der Begriff Richtigkeit wurde von der International Business Machines Corporation (IBM) als viertes „V" geprägt. Es drückt aus, dass Ungenauigkeiten (z. B. aufgrund menschlicher Einschätzungen) der erfassten Daten berücksichtigt werden müssen. Variabilität und Komplexität wurden von dem SAS Institute Inc. zur Beschreibung von Big Data eingesetzt, um Varianzen im Datendurchsatz zu berücksichtigen. Daten, die aus unterschiedlichen Quellen in unterschiedlichen Geschwindigkeiten anfallen, müssen verknüpft, gereinigt und transformiert werden. Die Betrachtung des Werts von Daten[302] wurde von der Oracle Corporation eingeführt und beschreibt die Tatsache, dass Rohdaten von Big Data einen geringeren Wert als aufbereitete Daten aufweisen. Der Wert der Daten lässt sich durch Data Analytics steigern.[303]

In der industriellen Anwendung stellt die Identifikation der auszutauschenden Daten sowie die Umsetzung der Anbindung von Datenquellen und deren Verknüpfung mit Interpretationssystemen den derzeit größten Aufwand dar[304]. In einer Studie wurden die bedeutendsten Herausforderungen für Datenmanagement ermittelt[305]. Demnach sind die fünf größten Herausforderungen die

1. Datenqualität,
2. Transparenz über Datennutzung,
3. redundante Datenpflege,
4. manuelle Datenpflege sowie die
5. Limitationen zentraler Datenarchitekturen (Inflexibilität, Bürokratie, etc.).

In einer weiteren Studie wurden fehlendes Know-How sowie hohe Kosten als wesentliche Barriere für den Einsatz von Big Data identifiziert, wobei der Nutzen von Data Analytics nicht in Frage gestellt wurde[306].

Im Kontext von IoT stellen Sicherheitsaspekte im Sinne von IT-Security bezüglich der Datenerfassung, Speicherung und Zugriffsberechtigung zunehmend eine ernste Herausforderung dar[307]. Im Rahmen der vorliegenden Arbeit werden ausschließlich in der

[302] Vgl. Ahituv, N. (Value of Information), 1989, S. 315-323
[303] Vgl. Gandomi, A./Haider, M. (Big data concepts), 2015, S. 139
[304] Vgl. Vogel-Heuser, B. (Handbuch Industrie 4.0), 2017, S. 26
[305] Vgl. Österle, H./Otto, B. (Datenzentriertes Unternehmen), 2014, S. 95
[306] Vgl. Fasel, D./Meier, A. (Big Data), 2016, S. 43
[307] Vgl. Ervural, B. C./Ervural, B. (Industry 4.0 Cyber Security), 2018, S. 273

IT etablierte Datenprotokolle und IoT-Lösungen eingesetzt. Da es sich bei IT-Security um ein eigenständiges Forschungsfeld handelt, wird auf Details bezüglich der IT-Security im Rahmen dieser Arbeit nicht näher eingegangen.

Zukünftig ist eine wesentliche Herausforderung für Big Data und Data Analytics in der Erschließung neuer Datenquellen sowie in der Aufbereitung und Nutzbarmachung der Daten zu sehen. Zusätzlich müssen geeignete Analyseverfahren sowie Steuerungs- und Entscheidungsmodelle entwickelt werden. Diese gilt es, auch unter betriebswirtschaftlichen Gesichtspunkten einzusetzen und mit Hilfe relevanter KPIs zu steuern. Um sinnvolle Datengrundlagen und Anwendungszwecke identifizieren zu können, ist ein sehr tiefes Verständnis des Geschäftsmodells, der Einflussgrößen innerhalb des Einsatzbereiches (z. B. Produktion) sowie Kenntnis der Potentiale fortschrittlicher Data Analytics Verfahren erforderlich.[308]

2.2.3.2 Datenverarbeitung und Datenmanagement von Big Data

Zur Umsetzung von Data Analytics ist vor allem eine hinreichende Datenqualität sowie Datenverfügbarkeit essenziell[309,310,311]. Um mit wachsenden Datenmengen umgehen zu können, existiert eine Reihe von Ansätzen und Technologien. Zentrale Bestandteile bei der Verarbeitung von Big Data sind Data Warehouses, Datenbanken, Cloudlösungen und Edge Computing.

Die Intention von Data Warehouses, die in den 1980er Jahren entwickelt wurden, ist, Datenbasen aufzubauen, die steuerungsrelevante Daten aus allen operativen Unternehmensquellen (z. B. ERP, CRM) zusammenführen. Die operativen Systeme unterstützen dabei das Tagesgeschäft, während das Data Warehouse die Daten analysiert und Berichte für die Unternehmenssteuerung bereitstellt. Die Daten werden dem Data Warehouse mittels Extraktions-, Transformations- und Ladeprozessen (ETL-Prozesse) aus den operativen Systemen bereitgestellt. Data Warehouses setzen relationale Datenbanksysteme zur Datenspeicherung und -verwaltung ein. Mit diesem bewährten Konzept bietet das Data Warehouse eine robuste Basis für Business Intelligence Systeme.[312]

Aufgrund unzureichender Leistungsfähigkeit von traditionellen Data Warehouses bei der Verarbeitung großer Datenmengen sowie wegen hoher Kosten wird zunehmend

---

[308] Vgl. Fasel, D./Meier, A. (Big Data), 2016, S. 52-53

[309] Vgl. Schuh, G./Blum, M. (Data Structure for Order Processing), 2016, S. 2164

[310] Vgl. Schuh, G./Maasem, C. et al. (Sensor Data Fit in Production), 2015, S. 1

[311] Vgl. Rettig, L./Khayati, M. et al. (Online Anomaly Detection), 2019, S. 289

[312] Vgl. Fasel, D./Meier, A. (Big Data), 2016, S. 141-143

auf Hadoop gesetzt[313]. Hadoop ist ein auf Java basierendes Open Source Framework für die Erfassung, die Organisation, das Speichern, das Finden und das Analysieren von strukturierten, teilweise strukturierten und unstrukturierten Daten. Hadoop bietet horizontale Skalierbarkeit durch verteilte Aufbereitung und Analyse der Daten auf einer Vielzahl an Rechenknoten, durch die eine adäquate Leistungsfähigkeit erreicht werden kann[314]. Um diese Leistungsfähigkeit zu erzielen, setzt Hadoop auf das verteilte Dateisystem Hadoop Distributed File System (HDFS), auf MapReduce zur parallelen Datenverarbeitung, auf Hive als Data Warehouse ähnliche Zugriffsmöglichkeit sowie auf Hbase als NoSQL-Datenbank.[315]

Hadoop bietet somit die folgenden Vorteile im Vergleich zu Data Warehouses[316]:

- schnelle und einfache Skalierbarkeit des Clusters
- hohe Verarbeitungs- und Analysegeschwindigkeit durch Parallelisierung
- gleichzeitige Verarbeitung mehrere Datentypen (unstrukturiert, teilweise strukturiert, strukturiert)
- hohe Flexibilität für die explorative Analyse von Big Data
- niedrige Kosten durch Open Source und Standard-Hardware

Aufgrund des Stands der Technik beim SQL-Zugriff auf Hadoop Daten eignet sich Hadoop nicht, um Data Warehouses vollständig zu ersetzen, sondern ist vielmehr als Möglichkeit zu sehen, bestehende Data Warehouses zu ergänzen[317].

Zunehmend wird Cloud Computing eingesetzt, da es für einzelne Unternehmen zumeist schwierig ist, die erforderlichen Rechenleistungen und Speicherkapazitäten für die sporadisch hohen Anforderungen durch Datenverarbeitung und -analyse in eigenen Rechenzentren vorzuhalten. Cloud Computing dient dem komfortablen, bedarfsweisen Netzzugang zu Anwendungen, Diensten und Speichermedien. Diese lassen sich mit minimaler Interaktion zwischen dem Nutzer und dem Anbieter erstellen[318,319]. Durch Anbieter des Cloud Computings werden den Unternehmen Rechen- und Speicherkapazität bereitgestellt, die vergleichsweise kostengünstig und gezielt mittels Pay-

313 Vgl. Fasel, D./Meier, A. (Big Data), 2016, S. 145
314 Vgl. Luckow, A./Kennedy, K. et al. (Automotive big data), 2015, S. 1203
315 Vgl. Fasel, D./Meier, A. (Big Data), 2016, S. 145
316 Vgl. Fasel, D./Meier, A. (Big Data), 2016, S. 145-147
317 Vgl. Fasel, D./Meier, A. (Big Data), 2016, S. 148
318 Vgl. Österle, H./Otto, B. (Datenzentriertes Unternehmen), 2014, S. 97
319 Vgl. Mell, P./Grance, T. (Cloud Computing), 2011, S. 2-3

as-you-go-Kostenmodellen abgerechnet werden. Auf diese Weise lassen sich hoch verfügbare, skalierbare und elastische Infrastrukturen realisieren.[320]

In der Cloud sind weiterhin die zuvor eingeführten Ansätze zur Analytik anwendbar. Darüber hinaus sind spezielle Analyselösungen und -umgebungen für die Cloud zu nennen, z. B. Databricks, Stream Analytics sowie Azure Machine Learning Studio der Microsoft Corporation. Diese Lösungen besitzen den Vorteil, dass sie innerhalb der Cloud besser hinsichtlich ihres Bedarfs an Speicherplatz und Rechenleistung skalierbar sind.

In Abbildung 2-20 sind die vier Ebenen des Cloud Computings, verglichen mit traditionellen Anwendungen, dargestellt. Die Ebene Data as a Service (DaaS) stellt Daten und deren Verarbeitungsmöglichkeiten basierend auf einem serviceorientierten Architekturmodell zur Verfügung. Dadurch werden die Datenhaltung und das Datenmodell entkoppelt. Dies stellt die Wiederverwendung der Datenzugangslogik sicher[321,322]. Um Daten semantisch zu integrieren, eignen sich z. B. automatische Texterschließungen und Ontologien[323].

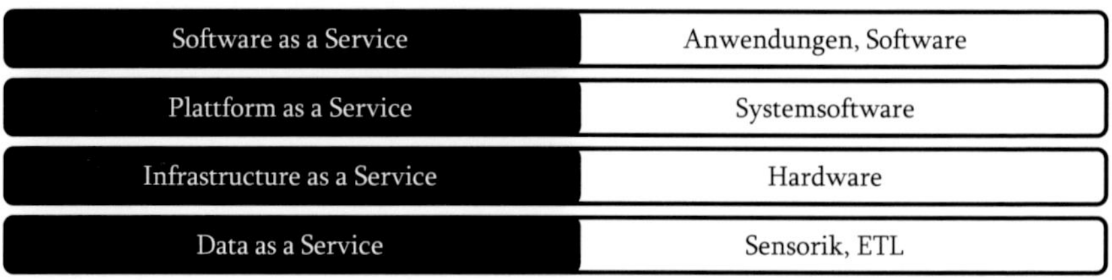

Abbildung 2-20: Die Ebenen des Cloud Computing und Anwendungen[324]

Infrastruktur as a Service (IaaS) bietet die Infrastruktur zur Datenspeicherung und -aufbewahrung. Durch Virtualisierung werden die Kapazitäten der Berechnung und Datenspeicherung skalierbar gestaltet. Durch den Ansatz Plattform as a Service (PaaS) werden Programmierschnittstellen (engl. Application Programming Interface), sogenannte APIs, zur Anbindung von Softwarelösungen auf der Software as a

[320] Vgl. Fasel, D./Meier, A. (Big Data), 2016, S. 180

[321] Vgl. Dan, A./Johnson, R. et al. (Information as a Service), 2007, S. 2

[322] Vgl. Truong, H.-L./Dustdar, S. (Concerns for Data as a Service), 2010, S. 87

[323] Vgl. Blumauer, A./Pellegrini, T. (Semantic Web), 2006, S. 12

[324] In Anlehnung an Lv, C./Li, Q. et al. (PaaS Revolution), 2010, S. 346 und an Österle, H./Otto, B. (Datenzentriertes Unternehmen), 2014, S.97

Service (SaaS) Ebene an die Infrastruktur bereitgestellt. Dadurch lassen sich serviceorientierte und skalierbare APIs realisieren.[325]

Um produktionsnahe Sensordaten zu erfassen, die nicht bereits über die operativen Systeme ermittelt werden, werden IoT Edge Geräte eingesetzt[326]. Dabei bieten Edge Geräte Gateway-Funktionalität, um Daten mehrerer Sensoren zu empfangen, aufzubereiten und an Cloudlösungen oder betriebsinterne IT-Systeme weiterzuleiten. Zusätzlich ist es durch Edge Geräte möglich, Berechnungen in der Nähe der Produktion durchzuführen. Dies erlaubt Echtzeitberechnungen in Produktionsnähe.[327]

Die Betrachtung der Datenverarbeitung und des Datenmanagements im Rahmen von Big Data hat gezeigt, dass eine Reihe von Technologien verfügbar ist, die die Anforderungen an die Erfassung großer Datenmengen für die Durchführung von Data Analytics Anwendungsfällen erfüllen. Allerdings gibt es nicht einen einzelnen Ansatz, der allen Anforderungen gerecht wird. Somit liegt die Herausforderung darin, eine geeignete IT-Architektur zu ermitteln, welche die Technologien verknüpft, die zur Umsetzung konkreter Data Analytics Anwendungsfälle erforderlich sind.

2.2.4 Übertragbarkeit von Data Analytics Ansätzen in die Serienfertigung

Die Fertigungsindustrie steht, wie in Kapitel 1 dargestellt, vor großen Herausforderungen bezüglich zunehmender Komplexität und wachsendem Wettbewerb in der Produktion. Derzeit angewendete Ansätze zum Qualitätsmanagement bieten keine hinreichenden Voraussetzungen, um komplexe, fertigungsprozessübergreifende Zusammenhänge zu identifizieren, dadurch den Wissensaufbau zu beschleunigen und letztlich Handlungsempfehlungen abzuleiten, vgl. Abschnitt 2.1.4.

In der IT haben sich zur Beschleunigung des Wissensaufbaus Ansätze aus dem Bereich Data Analytics bewährt. Falls überhaupt Data Analytics im Rahmen bestehender Fertigungssysteme angewendet wird, erfolgt die Umsetzung zumeist nur für einzelne Anwendungsfälle reaktiv, d. h. problemgetrieben.

Zur Umsetzung von Data Analytics innerhalb der Produktion ist vor allem eine hinreichende Datenqualität sowie Datenverfügbarkeit essenziell[328,329]. Da die erforderliche Datenqualität und -verfügbarkeit in bestehenden Produktionssystemen aufgrund der

[325] Vgl. Lv, C./Li, Q. et al. (PaaS Revolution), 2010, S. 346
[326] Vgl. Jain, R./Tata, S. (Cloud to Edge), 2017, S. 182
[327] Vgl. Jain, R./Tata, S. (Cloud to Edge), 2017, S. 182-183
[328] Schuh, G./Blum, M. (Data Structure for Order Processing), 2016, S. 2168
[329] Schuh, G./Maasem, C. et al. (Sensor Data Fit in Production), 2015, S. 1

vorhandenen heterogenen Datenstrukturen sowie des Minimumprinzips bei der Datenspeicherung in der Praxis nicht gegeben sind, können mit dieser Vorgehensweise die Möglichkeiten von Data Analytics nicht ausgeschöpft werden.

Dies hat zur Folge, dass selbst eine retrospektive Nachvollziehbarkeit bezüglich aller in der Produktion eingesetzten Betriebsmittel und Werkstücke sowie der zugehörigen Abläufe nicht lückenlos gewährleistet ist. Des Weiteren sind IT-Infrastrukturen bestehender Fertigungssysteme nicht dafür ausgelegt, große Datenmengen zu verarbeiten. Daher bleibt es in der Regel bei der reaktiven Analyse anhand vorhandener Daten. Aufgrund einer unzureichenden Datenbasis, die ursächlich in den verteilten Datenquellen und der mangelnden Rückverfolgbarkeit begründet ist, scheitert der Ansatz, Data Analytics systematisch und umfassend problemgetrieben einzusetzen.

Darüber hinaus bieten existierende Protokolle auf der Steuerungsebene keine Möglichkeit zum adaptiven Datenabgriff, da diese während der Inbetriebnahme statisch konfiguriert werden müssen. In Ausnahmen sind Änderungen in der Datenerfassung nur singulär durch manuelle Anpassungen möglich.

Die nachträgliche Datenerfassung in bestehenden Produktionslinien ist im Rahmen einer Brown-Field Bebauung in Form einer Nachrüstlösung aufgrund der bestehenden Kontroll- und IT-Infrastrukturen nur eingeschränkt und in vielen Fällen nicht möglich oder wirtschaftlich nicht darstellbar.

Die Übertragung von Data Analytics auf neue Fertigungslinien im Rahmen der Industrie 4.0 verspricht große Potentiale, ist aber ebenfalls nicht ohne Weiteres möglich. Dies liegt daran, dass trotz der Bandbreite an Technologien und anwendungsspezifischen Lösungen kein Anbieter eines geschlossenen Technologiestacks, d. h. eines Ökosystems zur Datenerfassung und -verarbeitung, in der Lage ist, den Anforderungen zur Verarbeitung von Big Data in der Automobilbranche gerecht zu werden[330,331].

Auch ist es mit den bestehenden Ansätzen nicht möglich beziehungsweise wirtschaftlich nicht sinnvoll, sämtliche in einer Fertigungslinie entstehenden Daten zu erfassen und auszuwerten. Daher kann nur ein Anteil der Daten erfasst werden. Die Herausforderung besteht darin, die relevanten Komponenten des Technologiestacks auszuwählen und in einer geeigneten IT-Architektur für den jeweils vorliegenden Anwendungsfall zu kombinieren.

[330] Vgl. Luckow, A./Kennedy, K. et al. (Automotive big data), 2015, S. 1209

[331] Vgl. Demchenko, Y./Turkmen, F. et al. (Big Data Infrastructure), 2016, S. 632

Hierbei kommt nachteilig zum Tragen, dass in bestehenden Anwendungen der Fokus hauptsächlich auf die Funktionalität und weniger auf die effiziente und kosteneffektive Umsetzung von Data Analytics gerichtet wird[332]. Darüber hinaus gestaltet sich bereits die Identifikation sinnvoller Pilotprojekte von intelligenten, vernetzten Lösungen im Rahmen der Produktions-IT anerkanntermaßen als schwierig[333].

Um die Gestaltung der IT-Architektur des Fertigungssystems und somit des individuellen Technologiestacks zu ermöglichen, ist Kenntnis der zu erfassenden Daten sowie der erforderlichen Datenqualität erforderlich. **Daher ist die Herausforderung in der Praxis, bereits in einer frühen Phase eine strategische Priorisierung der umzusetzenden Data Analytics Anwendungsfälle zu ermöglichen.** Als Grundlage für die Priorisierung müssen die Data Analytics Anwendungsfälle sowie die zugehörigen Datenerfordernisse bereits in einer frühen Phase identifiziert werden können.

2.3 Potentiale und Hürden von Data Analytics in der Serienfertigung

In den vorangegangenen Unterkapiteln wurden die Herausforderungen in der Praxis betrachtet, die bei der Entwicklung von Fertigungssystemen sowie bei der Übertragung von datenbasierten Analyseansätzen aus der Informatik auf die Fertigungssysteme bestehen.

Um diese identifizierten Herausforderungen zu konkretisieren, wurde im Rahmen dieser Arbeit eine Expertenstudie bezüglich der Potentiale und Hürden von Data Analytics in der Serienfertigung durchgeführt und im Journal Industrie 4.0 Management veröffentlicht[334]. Der Fokus dieser Studie lag auf den Bedürfnissen der Unternehmen in der Automobilbranche, insbesondere im Bereich der Antriebsfertigung von elektrifizierten Fahrzeugen. An der Studie haben 57 Experten aus der Automobilindustrie, Zulieferindustrie und Forschung teilgenommen. Im Folgenden werden die wichtigsten Ergebnisse dieser Studie in Bezug auf die vorliegende Arbeit vorgestellt.

Anhand der ausgewerteten Ergebnisse stimmen 93% der Experten zu, dass reaktive Data Analytics eine Verzögerung aufgrund nachträglicher Datenaufzeichnungen bewirken. Weiterhin sind sich 95% der Experten einig, dass Data Analytics bereits in die Prozesse der Technologieentwicklung integriert werden muss. Darüber hinaus sind

[332] Vgl. Xu, L. D./Duan, L. (Big Data for CPS), 2019, S. 161
[333] Vgl. Bauernhansl, T. (Studie Industrie 4.0), 2016, S. 31
[334] Vgl. Heimes, H./Kampker, A. et al. (Potenziale & Hürden Data Analytics), 2019, S. 57-60

95% der Experten der Meinung, dass eine proaktive Planung von Data Analytics eine Ausschöpfung von Synergieeffekten und damit eine Kostensenkung bei der Umsetzung von Data Analytics Projekten ermöglicht.

Die Verteilung der Aufwandschätzung ist in Abbildung 2-21 dargestellt. In Anlehnung an das CRISP-DM Vorgehen (vgl. Abschnitt 3.2.2, Abbildung 3-3) stufen die Experten die Phasen der Datenerfassung (Data Acquisition) sowie der Datenvorbereitung (Data Preparation) als die aufwandträchtigsten Phasen in Data Analytics Projekten ein. Dies unterstreicht die Relevanz der Datenerfassung für Data Analytics in der Serienfertigung. Dieses Ergebnis ist insbesondere deshalb interessant, da im ursprünglichen CRISP-DM Vorgehen keine eigene Phase für die Datenerfassung vorgesehen ist.

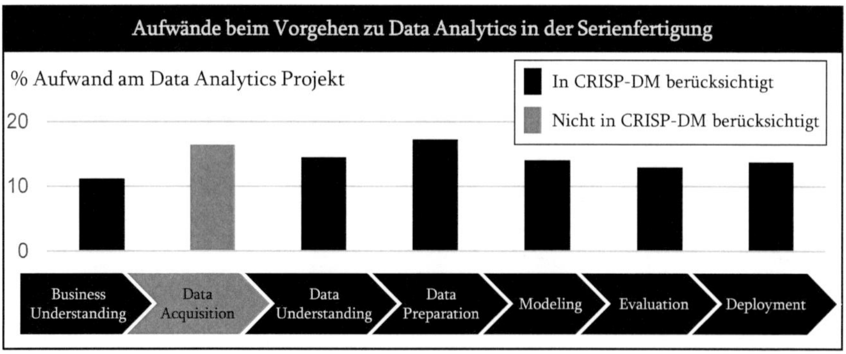

Abbildung 2-21: Aufwände bei der Umsetzung von Data Analytics

Bereits in frühen Phasen der Produkt- und Technologieentwicklung wird Data Analytics ein erheblicher Nutzen zugeschrieben. Der volle Nutzen von Data Analytics wird allerdings erst in den späteren Phasen, nämlich ab dem **Fertigungsbetrieb,** erwartet. Eine Aufstellung des Nutzens bezogen auf die jeweilige Phase des PEP ist in Abbildung 2-22 aufgeführt.

Die **Hürden für Data Analytics** Projekte in der Serienfertigung sind ebenfalls in Abbildung 2-22 (unten) dargestellt. Als die wesentliche Hürde für Data Analytics Projekte werden insbesondere unzureichende Datenbasen gesehen. Die dadurch möglicherweise notwendige, nachträgliche Datenerfassung bewirkt Zeitverzögerungen. Bereichsübergreifende Prozesse, die zur Beherrschung der hochgradigen Interdisziplinarität erforderlich wären, werden vermisst. Fehlende Entscheidungsstrukturen müssten aufgelöst werden. Transparente Berechnungsprozesse für den finanziellen Nutzen von Data Analytics Projekten wirken hierbei unterstützend.

Außerdem muss den Anwendern die Möglichkeit eingeräumt werden, Akzeptanz und Vertrauen in die Anwendung von Data Analytics zu gewinnen. Dies würde durch transparente Kommunikation der Modelle von Data Analytics und deren zu erwartendem Nutzen gefördert.

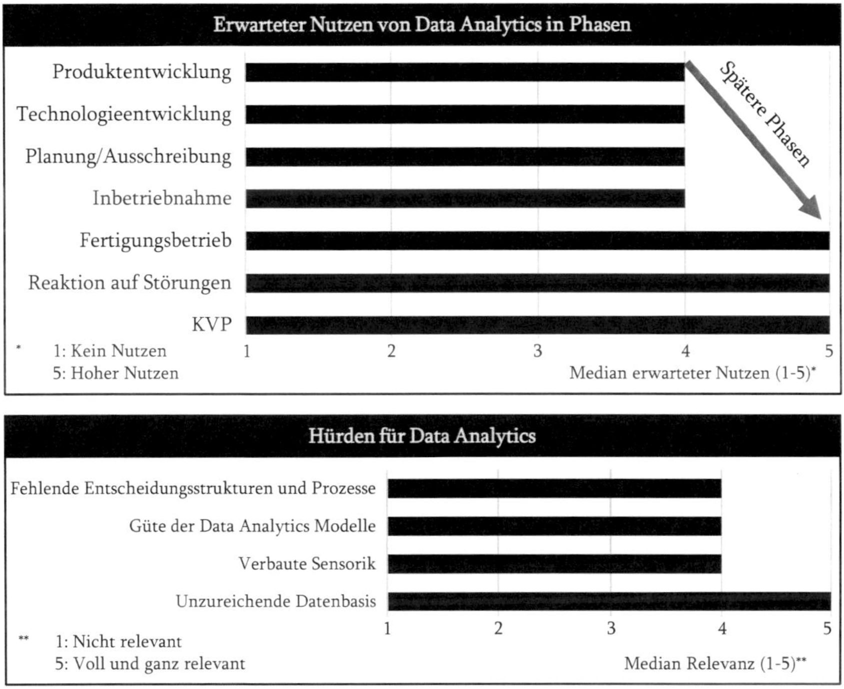

Abbildung 2-22: Studienergebnisse erwarteter Nutzen und Hürden

Aus den Beiträgen der Experten lassen sich für die Einführung von Data Analytics Projekten folgende Anforderungen ableiten, die hier nun detailliert werden.

- Proaktive Datenverfügbarkeit ist erforderlich. Damit werden Zeitverzögerungen bei der Durchführung von Data Analytics Projekten vermieden, da die erforderlichen Daten immer in hinreichender Qualität verfügbar sind und erforderliche Analysen umgehend starten können.

- Es muss ein transparenter Prozess zur strategischen Priorisierung für Data Analytics Anwendungsfälle eingeführt werden. Dadurch können Data Analytics Projekte in frühen Phasen proaktiv und unter Ausnutzung von Synergieeffekten nutzenorientiert geplant und initiiert werden.
- Die Implementierung von Data Analytics von der Technologieentwicklung und Prototypenfertigung in die Serienfertigung muss skalierbar sein. Erst dadurch kann der Nutzen von Data Analytics in allen Phasen von der Entwicklung des Fertigungssystems bis zur Serienfertigung erzielt und die Güte der Modelle sichergestellt werden.
- Beteiligten Mitarbeitern muss die Möglichkeit gegeben werden, Vertrauen in die Data Analytics Modelle und deren Ergebnisse zu entwickeln.

Um diese Anforderungen zu erfüllen, sind konkrete Methoden zur proaktiven Integration von Data Analytics in die Entwicklungsprozesse für die Fertigungssysteme sowie Methoden zu ihrer skalierbaren Umsetzung in die Serienfertigung erforderlich.

2.4 Zusammenfassung des Praxisdefizits

Wie in Kapitel 1 dargestellt, steht die Fertigungsindustrie vor großen Herausforderungen bezüglich zunehmender Komplexität und wachsendem Wettbewerb in der Produktion. Derzeit angewendete Ansätze zum Qualitätsmanagement bieten keine hinreichenden Voraussetzungen, um komplexe, fertigungsprozessübergreifende Zusammenhänge zu identifizieren, dadurch den Wissensaufbau zu beschleunigen und letztlich Handlungsempfehlungen abzuleiten, vgl. Abschnitt 2.1.4.

In der IT haben sich zur Beschleunigung des Wissensaufbaus Ansätze aus dem Bereich Data Analytics bewährt. Die Übertragung dieser Ansätze auf die Fertigung im Rahmen der Industrie 4.0 verspricht große Potentiale, ist aber nicht ohne Weiteres möglich.

Erfahrungen der Experten, ermittelt mit der im Rahmen dieser Arbeit durchgeführten Studie, bestätigen, dass in der heutigen Serienfertigung Datenanalysen vorwiegend dazu eingesetzt werden, aufgetretene Probleme einzeln reaktiv zu lösen. Die Datenverfügbarkeit und -qualität in bestehenden Fertigungssystemen sind aufgrund der vorhandenen, heterogenen Datenstrukturen sowie des Minimumprinzips bei der Datenspeicherung in der Praxis nicht hinreichend. Allerdings ist zur Umsetzung von Data Analytics innerhalb der Produktion vor allem eine hinreichende Datenqualität sowie

Datenverfügbarkeit essenziell[335,336]. Aufgrund der unzureichenden Datenbasis, die ursächlich in den verteilten Datenquellen und der mangelnden Rückverfolgbarkeit begründet ist, scheitert der Ansatz, Data Analytics systematisch und umfassend problemgetrieben einzusetzen.

Zusammenfassend lassen sich die nachfolgend aufgeführten Defizite beim reaktiven Einsatz von Data Analytics feststellen:

- unzureichende IT-Infrastrukturen
- unzureichende Datenqualität und Datenverfügbarkeit
- unzureichende Rückverfolgbarkeit

Die nachträgliche Datenerfassung in bestehenden Produktionslinien ist im Rahmen einer Brown-Field Bebauung in Form einer Nachrüstlösung aufgrund der bestehenden Kontroll- und IT-Infrastrukturen nur eingeschränkt und in vielen Fällen nicht möglich oder wirtschaftlich nicht sinnvoll. Nachrüstlösungen sind wegen der erforderlichen Investitionen in neue Hard- und Software kostenintensiv und mit hohem manuellem Integrationsaufwand verbunden. Dies verhindert die prozessübergreifende Umsetzung von Data Analytics. Im günstigen Fall, in dem die nachträgliche Datenerfassung möglich ist, muss aufgrund der reaktiven Vorgehensweise zunächst eine hinreichende Datenbasis geschaffen werden. Dies führt zu großen zeitlichen Verzögerungen im Problemlösungsprozess. Selbst dann ist die Anwendung von Data Analytics nur in einem stark eingeschränkten Bereich, in dem die Datenbasis hinreichend ist, möglich. Daher sind die Defizite bei einer solchen Nachrüstung von Datenaufzeichnungslösungen die

- Unwirtschaftlichkeit bei der Nachrüstung und die
- unvermeidlichen Zeitverluste.

Auch für die Auslegung neuer Fertigungssysteme besteht die Problematik, dass Data Analytics derzeit nicht Teil der Betrachtung bestehender Technologieentwicklungsprozesse sowie QMS ist. Somit wird Data Analytics nicht in frühen Phasen der Entwicklung von Fertigungssystemen berücksichtigt. Dadurch ist es nicht vorgesehen, proaktiv relevante Data Analytics Anwendungsfälle in einer frühen Phase zu ermitteln und eine priorisierte Auswahl dieser Anwendungsfälle zur Entwicklung einer geeigneten IT-Architektur heranzuziehen.

Zusammenfassend lässt sich das Praxisdefizit folgendermaßen formulieren:

Das problemgetriebene Vorgehen führt dazu, dass die Potentiale von Data Analytics in der Serienfertigung nicht ausgeschöpft werden können.

[335] Schuh, G./Blum, M. (Data Structure for Order Processing), 2016, S. 2168

[336] Schuh, G./Maasem, C. et al. (Sensor Data Fit in Production), 2015, S. 1

2.5 Handlungsbedarf aus der Praxis

Basierend auf dem in diesem Kapitel dargestellten, aus der Praxis abgeleiteten Praxisdefizit ergeben sich die in Abbildung 2-23 dargestellten Handlungsbedarfe aus der Praxis sowie die abgeleiteten Anforderungen an die Theorie.

Data Analytics in der Serienfertigung	
Handlungsbedarf aus der Praxis	Anforderungen an die Theorie
Unterstützung bei der Umsetzung von Data Analytics in die Serienfertigung (vgl. Kapitel 1) (vgl. Abschnitt 2.1.4)	1. Nutzung von Methoden zu Data Analytics aus der IT
Bereitstellen der für Data Analytics erforderlichen Daten in hinreichender Qualität zur richtigen Zeit (vgl. Abschnitte 2.1.5) (vgl. Unterkapitel 2.3)	2. Proaktive Identifikation von prozess- und qualitätsrelevanten Daten
Proaktive Identifikation relevanter Data Analytics Anwendungsfälle (vgl. Abschnitt 2.1.4) (vgl. Unterkapitel 2.3)	3. Einbinden und Verknüpfen von Expertenwissen, Unternehmensstrategien und bekannten Lösungen
Strategische Priorisierung der identifizierten Anwendungsfälle (vgl. Abschnitt 2.2.4) (vgl. Unterkapitel 2.3)	4. Gesamtheitliche Priorisierung von Data Analytics Vorhaben
Nutzung von Data Analytics in frühen Phasen zur Unterstützung von Entwicklungsprozessen (vgl. Abschnitt 2.1.5) (vgl. Unterkapitel 2.3)	5. Ermöglichen einer skalierbaren Umsetzung von Data Analytics

Abbildung 2-23: Ableitung der Anforderungen an die Theorie

Um die Potentiale von Data Analytics von der frühen Phase der Entwicklung des Fertigungssystems bis zur Serienfertigung ausschöpfen zu können, müssen Methoden entwickelt werden, die die proaktive Integration von Data Analytics in die Serienfertigung unterstützen. Daraus leitet sich im Kontext der vorliegenden Arbeit die Anforderung an die Theorie zur **Nutzung von Methoden zu Data Analytics aus der IT** ab.

Das größte Defizit aus der Praxis zur Anwendung von Data Analytics stellt die mangelhafte Datenqualität und Datenverfügbarkeit dar. Dazu sind die Entwicklung und Einbindung von Methoden zur proaktiven Identifikation und Selektion von relevanten Daten für Data Analytics in der Serienfertigung in frühen Phasen der Entwicklung des Fertigungssystems erforderlich. Somit ergibt sich als Anforderung an die Theorie die **proaktive Identifikation von prozess- und qualitätsrelevanten Daten**.

Um die Relevanz der zu erfassenden Daten bestimmen zu können, müssen diese bewertet werden. Zu diesem Zweck müssen durch **Einbindung und Verknüpfung von Expertenwissen, Unternehmensstrategie und bekannter Lösungen** relevante Data Analytics Anwendungsfälle identifiziert, mit den zugehörigen Daten verknüpft und auf Basis von Wirtschaftlichkeitsbetrachtungen bewertet werden.

Damit der größtmögliche Nutzen gewährleistet werden kann, muss anhand der identifizierten Anwendungsfälle und den zugehörigen Wirtschaftlichkeitsbetrachtungen ein ganzheitlicher Ansatz zur Entwicklung und Einbindung von nutzengetriebenen Methoden zur gesamtheitlichen Auswahl von Data Analytics Vorhaben für die Serienfertigung entwickelt werden. Daher lautet die Anforderung an die Theorie, eine **gesamtheitliche Priorisierung von Data Analytics Vorhaben** zu ermöglichen.

Um zu gewährleisten, dass die priorisierten Anwendungsfälle in der Serienfertigung umsetzbar sind und der erwartete Nutzen gewährleistet wird, müssen bereits in frühen Phasen der Entwicklung des Fertigungssystems Methoden zur skalierbaren Umsetzung von Data Analytics entwickelt und eingebunden werden. Somit ergibt sich als Anforderung an die Theorie, **die skalierbare Umsetzung von Data Analytics zu ermöglichen.**

3 Herausforderungen aus der Theorie

In diesem Kapitel werden die problemrelevanten Methoden und Ansätze aus der Theorie untersucht und diskutiert. Dies erfolgt mit Bezug auf die in Kapitel 2 herausgearbeiteten Handlungsbedarfe aus der Praxis. Im Unterkapitel 3.1 werden dazu die inhaltlichen sowie formalen Anforderungen an die Methodik zur proaktiven Integration von Data Analytics in die Serienfertigung hergeleitet.

Um bestehende Methoden und Ansätze bezüglich ihrer Eignung zur Lösung der in Unterkapitel 3.1 dargestellten Anforderung bewerten zu können, werden zunächst in Unterkapitel 3.2 die wesentlichen verfügbaren Methoden für Data Analytics aus der IT sowie Ansätze zu deren Übertragung auf Fertigungssysteme vorgestellt. In Unterkapitel 3.3 folgt eine Einführung in bestehende Methoden zur Priorisierung von Projektvorhaben.

Schließlich werden die beschriebenen Methoden und Ansätze zum Einsatz von Data Analytics in der Serienfertigung sowie zur Projektpriorisierung anhand der Anforderungen an die Methodik bewertet. Auf Basis dieser Bewertung werden der Handlungsbedarf aus der Theorie abgeleitet und Anforderungen an die Methodik postuliert (s. Unterkapitel 3.5).

3.1 Anforderungen an die Methodik

Um eine Methodik zu entwickeln, die die proaktive Integration von Data Analytics in die Serienfertigung ermöglicht, müssen zunächst die inhaltlichen und formalen Anforderungen an diese Methode definiert werden.

Im Folgenden werden diese Anforderungen aus dem in den Unterkapiteln 2.4 und 2.5 ausgeführten Praxisdefizit abgeleitet. Durch Erfüllung dieser Anforderungen wird ein effizienter und praxisgerechter Einsatz der Methodik sichergestellt. Die inhaltlichen Anforderungen sowie die formalen Anforderungen sind in Abbildung 3-1 zusammenfassend dargestellt und werden in den folgenden Abschnitten eingeführt.

Inhaltliche Anforderungen	Formale Anforderungen
Nutzung von Methoden zu Data Analytics aus der IT	Handhabbarkeit
Proaktive Identifikation von prozess- und qualitätsrelevanten Daten	Nachvollziehbarkeit
Einbinden und Verknüpfen von Expertenwissen, Unternehmensstrategien und bekannten Lösungen	Wiederverwendbarkeit
Gesamtheitliche Priorisierung von Data Analytics Vorhaben	Allgemeingültigkeit
Ermöglichen einer skalierbaren Umsetzung von Data Analytics	Übertragbarkeit/Anwendbarkeit im Themenfeld der Serienfertigung

Abbildung 3-1: Anforderungen an die Methodik

3.1.1 Inhaltliche Anforderungen

Die Entwicklung einer Methodik zur proaktiven und kosteneffizienten Einbindung von Data Analytics in der Serienfertigung erfordert die Erfüllung inhaltlicher Anforderungen, die im Folgenden abgeleitet werden, basierend auf dem in Kapitel 2 hergeleiteten Praxisdefizit.

Aufgrund zunehmenden Wettbewerbes in der Fertigungsindustrie sowie steigender Komplexität in der Produktion durch einen steigenden Variantenreichtum besteht der Bedarf, die Fertigungsprozesse effizienter zu gestalten und dabei die Produktqualität zu erhalten oder gar zu verbessern[337]. Dies trifft insbesondere für den Bereich der Elektromobilproduktion zu. Der disruptive Wandel zum elektrifizierten Antriebsstrang stellt in Unternehmen der Automobilindustrie eine große Herausforderung dar, da mangelndes Erfahrungswissen in der Produktion vorherrscht[338]. Es gilt daher, den Wissens- und Erfahrungsaufbau zu beschleunigen.

[337] Vgl. Busogi, M./Song, D. et al. (Manufacturing Complexity), 2019, S. 22096

[338] Vgl. Heimes, H. H. (Auswahl von Fertigungsressourcen), 2014, S. 381

Zur Identifikation von Wirkzusammenhängen und damit zum Wissensaufbau wird Data Analytics in der IT eingesetzt[339]. In der Entwicklung neuer Fertigungssysteme kommen üblicherweise Methoden aus dem Bereich der Qualitätssicherung zum Einsatz, um bisher nicht erkannte Zusammenhänge zu identifizieren. Die bestehenden Methoden eignen sich nur bedingt, um Wissen aus großen Datenmengen zu extrahieren (vgl. Abschnitt 2.1.4). Zur Beschleunigung des Wissensaufbaus in der fertigenden Industrie ist es somit zwingend erforderlich, dass die zu entwickelnde Methodik die Übertragbarkeit der **Data Analytics Ansätze aus der IT** auf die Fertigung gewährleistet.

Die Anwendung von Data Analytics in der Fertigung wird allerdings durch unzureichende Datenbasen, z. B. durch heterogene Datenstrukturen, fehlende Daten, fehlende Rückverfolgbarkeit sowie durch fehlende Verarbeitungsstrukturen für die Auswertung von Big Data eingeschränkt. Daher scheitern zwischen 60%-85% der Big Data Projekte[340,341]. Die nachträgliche Aufzeichnung von zusätzlichen Daten erfordert in jedem Fall einen hohen finanziellen und manuellen Aufwand. Dass die erforderlichen Datenmengen erst aufgezeichnet werden müssen, führt zu Verzögerungen bei der Bearbeitung eines Data Analytics Projekts. Um dies zu vermeiden, müssen die erforderlichen Daten sowie Verarbeitungsstrukturen frühzeitig definiert werden. Dazu ist Kenntnis über die erforderlichen Daten und Datenmengen nötig. Deshalb muss die zu entwickelnde Methodik die **proaktive Identifikation von prozess- und qualitätsrelevanten Daten** in frühen Phasen der Entwicklung des Fertigungssystems ermöglichen.

Bestehende Methoden aus dem Bereich des Qualitätsmanagements bieten Werkzeuge zur Identifikation von qualitätsrelevanten Daten. Allerdings verfügen sie nicht über die Möglichkeiten, die die Ansätze aus dem Bereich Data Analytics bieten, um entsprechende Anwendungsfälle zu identifizieren. Daher muss die zu entwickelnde Methodik die **Einbindung und Verknüpfung von Expertenwissen, Unternehmensstrategie und bekannten Lösungen** ermöglichen. Dadurch werden Data Analytics Ansätze aus der Forschung und IT mit Unternehmenszielen und -strategien sowie mit Expertenwissen und Diagnoseansätzen verbunden.

Da die wesentlichen Aufwände von Data Analytics in der Serienfertigung aus der erforderlichen IT-Architektur sowie der Erfassung und Speicherung der großen Datenmengen herrühren, muss eine Priorisierung der identifizierten Data Analytics Projekte erfolgen. Dabei gilt es zu berücksichtigen, dass dieselbe Datenbasis und IT-Architektur für eine *Vielzahl an unterschiedlichen Data Analytics Projekten* verwendet werden

339 Vgl. Luckow, A./Kennedy, K. et al. (Automotive big data), 2015, S.1203

340 Vgl. Goasduff, L. (Data Analytics Mindset and Culture), 2015, S. 1

341 Vgl. Henrion, M. (Why Data Analytics Projects Fail), 2019, S. 1-2

kann. Die zu entwickelnde Methodik muss, um diese aus der Mehrfachverwendung der Daten herrührenden Synergien zu berücksichtigen, eine **gesamtheitliche Priorisierung von Data Analytics Vorhaben** ermöglichen.

Nicht nur in einer Serienfertigung bietet eine erhöhte Datenverfügbarkeit und -transparenz Vorteile, sondern bereits bei der Entwicklung von Fertigungssystemen: Die Entwicklungsprozesse können datengetrieben optimiert und dadurch beschleunigt werden. Des Weiteren gilt es zu vermeiden, dass erst nach Errichtung eines neuen Fertigungssystems mit dem Aufbau der Data Analytics Werkzeugkette und der IT-Infrastruktur begonnen wird. Dadurch würde wertvolle Zeit verloren gehen. Zusätzliche Schwierigkeiten bei der Inbetriebnahme der IT-Infrastruktur könnten auftreten, z. B. durch Engpässe in der IT-Infrastruktur oder wegen fehlender Daten für einen Anwendungsfall. Daher müssen die in der frühen Phase identifizierten und priorisierten Anwendungsfälle bereits prototypisch auf Basis geringer Datenmengen umgesetzt werden. Eine **skalierbare Umsetzung von Data Analytics** von frühen Phasen der Entwicklung des Fertigungssystems in die Serienfertigung muss durchführbar sein.

3.1.2 Formale Anforderungen

Die zu entwickelnde Methodik muss zusätzlich zu den inhaltlichen Anforderungen, die sich aus dem Praxisdefizit ergeben, formalen Anforderungen genügen. Durch diese formalen Anforderungen wird die Funktionalität der Methodik sichergestellt. Für die zu entwickelnde Methodik werden als formale Anforderungen die **Handhabbarkeit**, **Wiederverwendbarkeit, Nachvollziehbarkeit, Allgemeingültigkeit** und die **Übertragbarkeit/Anwendbarkeit** im Themenfeld der Serienfertigung eingeführt, siehe Abbildung 3-1.[342]

Durch die formale Anforderung **Handhabbarkeit** wird eine effiziente Gestaltung der Methodik gewährleistet. In diesem Zusammenhang ist Effizienz vor allem unter einem zeitlichen Aspekt zu betrachten. Somit soll ein verhältnismäßiges Aufwand- zu Nutzen-Verhältnis bei der Anwendung der Methode bestehen.

Handhabbarkeit unterstützt auch die **Wiederverwendbarkeit** der Methodik. Durch eine handhabbare Methodik wird die Akzeptanz seitens der Anwender gestärkt, die Methodik als Ganzes oder in Teilen wiederholt einzusetzen. Dies schließt neben der

[342] Vgl. Die formalen Anforderungen sind an die Rahmenbedingungen dieser Arbeit angepasst und orientieren sich an wissenschaftlichen Arbeiten, für deren wissenschaftstheoretische Einordnung ebenfalls die Arbeiten von ULRICH die Grundlage bilden. Siehe beispielsweise Heimes, H. H. (Auswahl von Fertigungsressourcen), 2014, S. 67.

freiwilligen Anwendung durch den Nutzer auch die wiederholte oder regelmäßige Anwendung der Methodik unter veränderten Rahmenbedingungen, die ggf. durch die Methodik selbst herbeigeführt worden sind, ein. Somit unterstützt die Wiederverwendbarkeit auch die Skalierbarkeit der Methodik.

Eine weitere Grundvoraussetzung für die Akzeptanz der Methodik stellt ihre **Nachvollziehbarkeit** dar. Dazu muss die Methodik einen systematischen und logischen Ablauf besitzen. Dies gilt in gleichem Maß für die einzelnen Methoden und Hilfsmittel der einzelnen Phasen innerhalb der Methodik. Aus Anwendersicht müssen die Bausteine der Methodik somit verständlich, leicht erlernbar und einfach anwendbar sein.

Aus wissenschaftstheoretischer Sicht muss die Methodik die formale Anforderung der **Allgemeingültigkeit** erfüllen. Dazu muss die Methodik, bzw. deren zugrundeliegende Struktur und Ablauf, auf verwandte Themenfelder übertragbar sein. Dies schließt z. B. die Skalierbarkeit sowie die Übertragung auf andere Branchen oder Problemstellungen ein, die das gleiche Praxisdefizit aufweisen. Um diese Übertragung darzustellen, kann eine Anpassung der Methoden und Hilfsmittel erforderlich sein.

Durch den im Rahmen dieser Arbeit betrachteten Anwendungsfall im Themenfeld der Serienfertigung wird die formale Anforderung der **Übertragbarkeit** der Methodik verifiziert. Somit werden die Methoden und Hilfsmittel an das Themenfeld der Serienfertigung – im Speziellen die Fertigung von Batteriesystemen für Elektrofahrzeuge – angepasst.

In den nachfolgenden Unterkapiteln 3.2 bis 3.3 werden die existierenden Ansätze im Rahmen des spezifizierten Gestaltungsbereichs dargestellt und anhand ihres Beitrags zur Methodik auf Basis der inhaltlichen sowie formalen Kriterien untersucht und bewertet.

3.2 Methoden für Data Analytics zur Identifikation unbekannter Wirkzusammenhänge

In den vorangegangenen Unterkapiteln wurde die Notwendigkeit der Identifikation unbekannter Wirkzusammenhänge in der Serienfertigung durch die Anwendung von Data Analytics abgeleitet. Die daraus resultierenden, inhaltlichen Anforderungen an die zu entwickelnde Methodik bedingen eine Betrachtung der bestehenden Methoden für Data Analytics.

Ausgangspunkt für diese Betrachtung sind die kanonischen Ansätze für Data Analytics und Data Mining *Knowledge Discovery in Databases* (KDD) und *CRISP-DM*. Diese

Ansätze eignen sich als Ausgangsbasis für die Betrachtung, da sie den de facto Standard für Data Mining darstellen[343] und auch die Grundlage für neuere Data Analytics Ansätze bilden[344].

Im Rahmen der vorliegenden Betrachtung werden diese Methoden und ihre moderneren Erweiterungen aus dem Bereich der IT sowie Data Analytics Ansätze im Kontext von Produktionssystemen untersucht und bewertet. Die Bewertung dieser Methoden und Ansätze erfolgt anhand der inhaltlichen und formalen Anforderungen an die Methodik (vgl. Unterkapitel 3.1).

3.2.1 Knowledge Discovery in Databases (KDD)

Ein zentraler Ansatz, um Wissen aus Datenbanken abzuleiten, trägt den Namen Knowledge Discovery in Databases (KDD). Dieser wurde von FAYYAD, PIATETSKY-SHAPIRO UND SMYTH[345] bereits 1994 definiert. KDD ist ein nichttrivialer Prozess zur Identifizierung valider, neuartiger, potentiell nützlicher und verständlicher Muster in Daten[346]. Von BRACHMAN UND ANAND[347] wurde dieser interaktive und durch Entscheidungen des Nutzers geprägte Ansatz in eine Methode überführt, die sich als ein neun Schritte umfassender Prozess darstellen lässt. Diese Schritte sind der Abbildung 3-2 zu entnehmen und werden im Folgenden eingeführt[348].

Im ersten Schritt des KDD Prozesses geht es um die *Zieldefinition und Erfassung des Vorwissens*. Dabei wird das Umfeld der Anwendung ebenfalls betrachtet. Der zweite Schritt fokussiert auf die *Erzeugung des Zieldatensatzes durch Variablenselektion*. Dafür wird der Datensatz oder ein Teil des Datensatzes ausgewählt, auf dessen Basis die Analyse erfolgen soll. Es geht dabei um die Ermittlung und Aufbereitung einer Teilmenge eines vorhandenen Datensets und nicht um die Erfassung neuer Daten. Im dritten Schritt erfolgen die *Datenbereinigung und Datenvorverarbeitung*. Die wesentlichen Operationen dieses Schrittes umfassen die Entfernung bzw. die Modellierung von Rauschen und anderen Störungen hinsichtlich der Datenqualität. Zusätzlich umfasst er Strategien, wie mit fehlenden Datenfeldern und Zeitsequenz-Informationen sowie mit Änderungen an den Daten umgegangen werden soll. Im vierten Schritt werden die *Datenreduktion und Projektion* durchgeführt. Hierzu werden je nach Anwendungsfall nützliche Features, die die Daten repräsentieren, ausgewählt bzw. auf Basis der vorliegenden Daten erzeugt.

---

[343] Vgl. Grady, N. W. (KDD meets Big Data), 2016, S. 1603

[344] Vgl. Martinez-Plumed, F./Contreras-Ochando, L. et al. (CRISP-DM to DST), 2020, S. 4

[345] Vgl. Fayyad, U./Piatetsky-Shapiro, G. et al. (Data Mining to KDD), 1996, S. 37-51

[346] Vgl. Fayyad, U./Piatetsky-Shapiro, G. et al. (Data Mining to KDD), 1996, S. 41-41

[347] Vgl. Brachman, R. J./Anand, T. (KDD: A First Sketch), 1994, S. 4-8

[348] Vgl. Fayyad, U./Piatetsky-Shapiro, G. et al. (Data Mining to KDD), 1996, S. 42

Abbildung 3-2: Schritte des KDD Prozesses[349]

Durch Dimensionsreduktion oder Transformation können die effektive Anzahl an zu betrachtenden Variablen reduziert sowie invariante Darstellungen der Daten gefunden werden.[350]

Im fünften Schritt erfolgt die *Zielorientierte Bestimmung der Data Mining Klasse.* Basierend auf den im ersten Schritt festgelegten Zielen wird eine Data Mining Klasse ausgewählt. Dabei handelt es sich um die bereits in Abschnitt 2.2.2 eingeführten Data Mining Methoden, wie z. B. Regressionen oder Clusteransätze. In Schritt sechs wird eine *explorative Analyse und Hypothesenbildung sowie eine Modellauswahl* durchgeführt. Dazu werden konkrete Data Mining Algorithmen zur Suche nach Mustern in den Daten selektiert. Dies beinhaltet die Auswahl passender Modelle und Parameter für die vorliegende Zielstellung, den gegebenen Datensatz sowie die Nutzererwartung. Letztere kann deutliche Einschränkungen für die Auswahl des Data Mining Algorithmus nach

[349] In Anlehnung an Fayyad, U./Piatetsky-Shapiro, G. et al. (Data Mining to KDD), 1996, S. 42
[350] Vgl. Fayyad, U./Piatetsky-Shapiro, G. et al. (Data Mining to KDD), 1996, S. 42

sich ziehen, wenn z. B. das gefundene Modell durch den Nutzer interpretierbar sein muss.[351]

Die *Wissensgenerierung durch Data Mining* wird im siebten Schritt durchgeführt. Um Muster in den Daten identifizieren zu können, werden die zuvor bestimmten Data Mining Algorithmen angewendet, z. B. Regressionen und Entscheidungsbäume. Das Ergebnis des Data Minings hängt stark von der korrekten Durchführung der vorangegangenen Schritte ab. Im achten Schritt erfolgt die *Interpretation der identifizierten Zusammenhänge*. Je nach Ergebnis des Data Minings kann es erforderlich sein, vorangegangene Schritte mit anderen Parametern zu wiederholen, um eine bessere Modellierung zu erreichen. Zur Veranschaulichung und Unterstützung der Interpretierbarkeit der Ergebnisse eignen sich insbesondere grafische Darstellungen, wie z. B. ein Baumdiagramm, falls ein Entscheidungsbaum modelliert wurde.

Im neunten und letzten Schritt werden anhand der interpretierten Ergebnisse Handlungen abgeleitet. Ziel ist die *Einbettung des erfassten Wissens in die Produktivumgebung und Dokumentation*. In diesem Schritt ist es erforderlich, das Wissen für Beteiligte oder Kunden zu dokumentieren. Darüber hinaus ist es erforderlich, dass bereits potentielle Konflikte durch abweichende Meinungen oder historische Erfahrungen aufgelöst werden.

Der KDD Prozess unterstützt insbesondere Projekte, in denen der Fokus auf der Wissensextraktion aus existierenden Daten liegt. Er eignet sich somit insbesondere für Anwendungen aus den Bereichen des Marketings, der Finanzbranche, Betrugserkennung, Telekommunikation, Internetagenten und der Fertigung[352]. Bei der Fertigung wurde der Ansatz vor allem zur Anomalieerkennung und Fehlervorhersage eingesetzt[353].

Bekannte Schwierigkeiten bei der Umsetzung von KDD sind typisch für Vorgehensmodelle aus dem Data Mining Kontext[354]:

- Große Datenbanken erfordern hohe Effizienz der Datenverarbeitung und der Data Mining Algorithmen
- Neben der reinen Datenmenge führt eine große Anzahl an Datenfeldern zu hoher Dimensionalität
- Einseitiges Trainieren der Data Mining Algorithmen kann zu Überanpassung (engl. Overfitting) führen, wodurch die Übertragbarkeit der Modelle von Trainingsdaten auf neue, reale Systeme stark eingeschränkt ist

[351] Vgl. Fayyad, U./Piatetsky-Shapiro, G. et al. (Data Mining to KDD), 1996, S. 42
[352] Vgl. Fayyad, U./Piatetsky-Shapiro, G. et al. (Data Mining to KDD), 1996, S. 38
[353] Vgl. Fayyad, U./Piatetsky-Shapiro, G. et al. (Data Mining to KDD), 1996, S. 38-39
[354] Vgl. Fayyad, U./Piatetsky-Shapiro, G. et al. (Data Mining to KDD), 1996, S. 49-50

- Die Beurteilung der statistischen Signifikanz identifizierter Modelle wird in vielen Fällen vernachlässigt
- Sich verändernde Daten und Wissen können dazu führen, dass auf Basis historischer Daten identifizierte Modelle ihre Gültigkeit verlieren oder nicht mehr anwendbar sind
- Fehlende und verrauschte Daten können zu schlechter Modellperformanz führen oder die Modellierung verhindern
- Komplexe Zusammenhänge in großen Datenmengen sind schwer zu modellieren und zu pflegen
- Die gefundenen Muster sind je nach eingesetztem Data Mining Verfahren nur bedingt nachvollziehbar
- Die Einbindung von Vorwissen wird nicht unterstützt
- Nach der explorativen Datenanalyse wird die Integration in andere Systeme zur Herausforderung

Neben technologischen Schwierigkeiten spielen auch rechtliche Themen eine Rolle, da insbesondere die Verarbeitung personenbezogener Daten häufig reglementiert ist[355] und ethische Fragen aufwirft[356,357]. Diese ethischen Fragestellungen werden im Rahmen dieser Arbeit nicht näher betrachtet.

Aus den vorgestellten Eigenschaften des KDD Ansatzes lässt sich die Erfüllung der inhaltlichen und formalen Anforderungen an die Methodik bewerten, vgl. Abbildung 3-16. Durch diesen Ansatz wird die inhaltliche Anforderung **Nutzung von Data Analytics** auf Basis bestehender Datenbanken erfüllt. Es ist ein hohes Maß an **Nachvollziehbarkeit, Wiederverwendbarkeit** und **Allgemeingültigkeit** gegeben. Da die Erfassung der Daten aus Fertigungssystemen nicht Gegenstand der Betrachtung ist, ist von ungeplanten Verzögerungen bei der Anwendung der Methode durch die zusätzlich erforderliche Datenerfassung auszugehen. Somit ist die formale Anforderung der **Handhabbarkeit** nur teilweise und die Anforderung an die **Übertragbarkeit/Anwendbarkeit im Themenfeld der Serienfertigung** nicht erfüllt.

Im Rahmen von KDD werden ausschließlich einzelne, isolierte Anwendungsfälle betrachtet. Somit sind die inhaltlichen Anforderungen der **proaktiven Identifikation von prozess- und qualitätsrelevanten Daten** sowie der **gesamtheitlichen Priorisierung von Data Analytics Vorhaben** nicht erfüllt. Des Weiteren ist das **Einbinden von Expertenwissen, Unternehmensstrategien und bekannten Lösungen** nur auf das Betrachten des

355 Vgl. Fayyad, U./Piatetsky-Shapiro, G. et al. (Data Mining to KDD), 1996, S. 49
356 Vgl. Wahlstrom, K./Roddick, J. F. et al. (Privacy Preservation in DM), 2009, S. 3
357 Vgl. Barocas, S./Nissenbaum, H. (Big Data Privacy Protection), 2014, S. 31

Umfelds im Rahmen des Vorwissens reduziert. Die zugehörige inhaltliche Anforderung ist somit kaum erfüllt. Die Skalierbarkeit des KDD Ansatzes beschränkt sich auf die Skalierbarkeit der eingesetzten Technologien (z. B. der eingesetzten Datenbanken und Algorithmen), vgl. Abbildung 3-16. Daher ist die inhaltliche Anforderung **Ermöglichen einer skalierbaren Umsetzung von Data Analytics** im Kontext dieser Arbeit nicht erfüllt.

3.2.2 CRISP-DM

Die am weitesten verbreitete Methode zur Durchführung von Data Analytics Projekten ist der Cross-Industry Standard Process for Data Mining (CRISP-DM)[358,359]. CRISP-DM wurde seit 1996 von einem Konsortium der Unternehmen IBM (als einem Anbieter von Data Mining Lösungen), National Cash Register Corporation (NCR, ein Datenbankanbieter), Daimler Chrysler AG und OHRA (eine Versicherungsgesellschaft) mit Unterstützung der Europäischen Kommission entwickelt und offiziell im Jahr 2000 veröffentlicht[360].

Diese Methode beschreibt einen **iterativen** und **zirkulären Prozess**. Er besteht aus den Phasen Geschäftsverständnis (engl. Business Understanding), Datenverständnis (engl. Data Understanding), Datenaufbereitung (engl. Data Preparation), Modellierung (engl. Modeling), Evaluation und Bereitstellung (engl. Deployment), siehe Abbildung 3-3. Da CRISP-DM die am weitesten verbreitete Methode zur Durchführung von Data Analytics Projekten ist, müssen sich alle anderen Methoden an diesem Ansatz messen lassen. Im Folgenden werden die einzelnen Phasen der CRISP-DM Methode vorgestellt.

Während der Phase **Geschäftsverständnis** werden die Geschäftsziele für die Durchführung des Data Mining Projekts betrachtet, die zum Unternehmenserfolg beitragen. Dies beinhaltet die Untersuchung der Unternehmenssituation und die Identifikation verfügbarer Ressourcen. Dazu werden Anforderungen, Annahmen und Randbedingungen sowie Kosten, Nutzen und Risiken für das gegebene Projekt geklärt. Von dieser Basis ausgehend werden Ziele für das Data Mining abgeleitet, anhand derer der Erfolg des Projekts verfolgt werden kann. Ein Projektplan und eine Erstbewertung der verfügbaren und erforderlichen Werkzeuge und Techniken sind Ergebnisse dieser Phase.[361]

Die Phase **Datenverständnis** zielt darauf ab, anhand eines initialen Datensets die Daten zu untersuchen sowie eine Erstbewertung und Beschreibung der Daten durchzuführen.

[358] Vgl. Shearer, C. (CRISP-DM Model), 2000, S. 13-14
[359] Vgl. Kuragan, L. A./Musilek, P. (Survey: Knowledge Discovery & Data Mining), 2006, S. 5
[360] Vgl. Kuragan, L. A./Musilek, P. (Survey: Knowledge Discovery & Data Mining), 2006, S. 5
[361] Vgl. Shearer, C. (CRISP-DM Model), 2000, S. 14-15

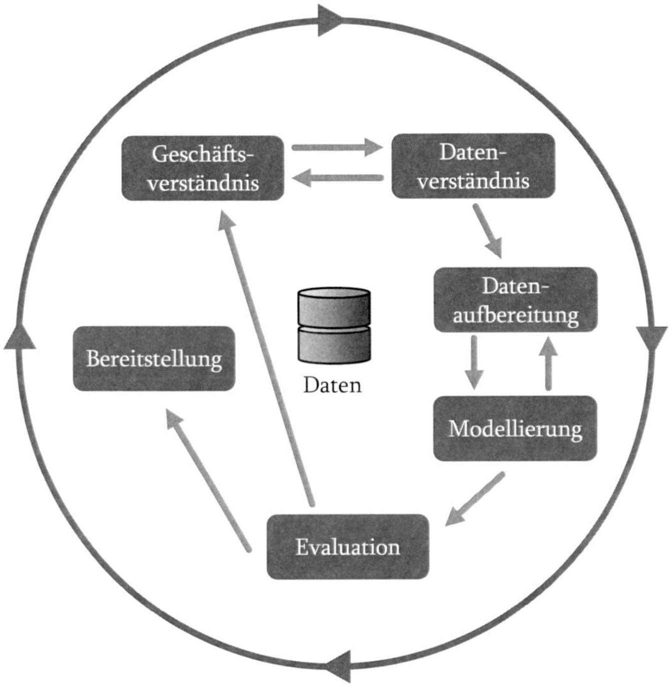

Abbildung 3-3: Das Vorgehensmodell nach CRISP-DM[362]

Auf dieser Basis wird die Qualität der vorliegenden Daten bewertet. In dieser Phase muss regelmäßig auf das Geschäftsverständnis referenziert werden.[363]

Während der **Datenaufbereitung** werden die Daten für die Analyse vorbereitet. Dazu werden die Daten ausgewählt, gesäubert, transformiert, zusammengefasst und gefiltert.[364]

Ziel der **Modellierung** ist es, ein statistisches Modell zu erstellen, das Zusammenhänge innerhalb der Daten beschreibt. Hierzu werden zunächst Annahmen bzgl. der Zusammenhänge in Form von Hypothesen getroffen und Testkriterien bestimmt. Auf Basis dieser Hypothesen und der vorhandenen Datengrundlage findet eine Auswahl geeigneter Data Mining Modellierungstechniken und Algorithmen statt, vgl. Unterkapitel 2.2.

---

[362] In Anlehnung an Shearer, C. (CRISP-DM Model), 2000, S. 14

[363] Vgl. Shearer, C. (CRISP-DM Model), 2000, S. 14-15

[364] Vgl. Shearer, C. (CRISP-DM Model), 2000, S. 14, 16

Während der eigentlichen Modellierung werden die ausgewählten Data Mining Modelle auf den Datensatz angewandt und mit einem hohen Maß an Erfahrungswissen parametriert, um das resultierende Modell zu optimieren. Abschließend erfolgt eine Bewertung der identifizierten Modelle anhand typischer Data Mining Kriterien, wie z. B. Precision, Accuracy und ROC-Kurven (vgl. Abschnitt 2.2.2). Ein Ergebnis dieser Bewertung kann ebenfalls sein, dass eine neue Modellierung mit angepassten Parametern erforderlich ist. Die Modellierungsphase ist eng mit der Phase der **Datenaufbereitung** verknüpft, da die **Modellerstellung** als iterativer Prozess von den dem Algorithmus zur Verfügung gestellten Daten und deren Form abhängt. Daher ist es erforderlich, die Daten für den gewählten Data Mining Algorithmus anzupassen.[365]

In der Phase der **Evaluation** wird sichergestellt, dass die Resultate der **Modellierungsphase** das Erreichen der Geschäftsziele unterstützt. Dazu findet eine Validierung der erzeugten Modelle anhand der während der Phase des Geschäftsverständnisses festgelegten Ziele statt. Auf dieser Basis wird entschieden, wie die Data Mining Ergebnisse verwendet werden sollen. Außerdem werden die nächsten Schritte definiert.[366]

Damit aus den erzeugten Modellen ein nachhaltiger Nutzen geschaffen wird, werden diese für den Kunden als „live" Modell **bereitgestellt** und können in den Entscheidungsprozess innerhalb des Unternehmens eingebettet werden. Je nach Kundenanforderungen kann es sich dabei z. B. um einen automatisierten Berichte-Prozess oder Echtzeitanpassungen innerhalb eines Kundensystems handeln. Die wesentlichen Schritte in dieser Phase sind die Planung der Bereitstellung, Überwachung und Wartung sowie die Erstellung eines Abschlussberichts und eines Projektreviews.

Aus den vorgestellten Eigenschaften der CRISP-DM-Methode lässt sich die Erfüllung der inhaltlichen und formalen Anforderungen an die Methodik bewerten, vgl. Abbildung 3-16. Die CRISP-DM Methode ist übertragbar auf industrielle Data Analytics Projekte mit dem Fokus, Wissen aus bestehenden Systemen und Datenbasen abzuleiten[367]. Somit erfüllt CRISP-DM die inhaltliche Anforderung bezüglich der **Nutzung von Data Analytics**. Aufgrund des methodischen, etablierten Vorgehens sind die formalen Anforderungen **Nachvollziehbarkeit**, **Wiederverwendbarkeit** und **Allgemeingültigkeit** voll erfüllt. Die **Handhabbarkeit** des Vorgehens leidet unter der hohen Flexibilität des Ansatzes, da u. a. nicht klar ist, wie viele Iterationen der jeweiligen Phasen erforderlich sind und inwiefern bestehende Zwischenergebnisse weiterverwendet werden können.

---

[365] Vgl. Shearer, C. (CRISP-DM Model), 2000, S. 14, 17

[366] Vgl. Shearer, C. (CRISP-DM Model), 2000, S. 14, 17-18

[367] Vgl. Kuragan, L. A./Musilek, P. (Survey: Knowledge Discovery & Data Mining), 2006, S. 5

Expertenwissen und Unternehmensstrategien werden in der Phase Business Understanding eingesetzt, um Informationen über ein einzelnes Data Mining Projekt zu sammeln. Eine Betrachtung über den vorliegenden Anwendungsfall hinaus findet nicht statt. Daher ist die inhaltliche Anforderung **Einbinden und Verknüpfen von Expertenwissen, Unternehmensstrategien und bekannten Lösungen** teilweise erfüllt. Somit steht auch die **gesamtheitliche Priorisierung von Data Analytics Vorhaben** bei CRISP-DM nicht im Fokus und die zugehörige inhaltliche Anforderung ist nicht erfüllt. Aufgrund des problemgetriebenen Ansatzes der CRISP-DM Methode ist die inhaltliche Anforderung **proaktive Identifikation von prozess- und qualitätsrelevanten Daten** für mehrere Anwendungsfälle nicht erfüllt. CRISP-DM lässt sich nur für einzelne Betrachtungen in der Serienfertigung anwenden. Aufgrund dieser Einschränkung ist die inhaltliche Anforderung **Ermöglichen einer skalierbaren Umsetzung von Data Analytics** nur teilweise erfüllt. Die **Übertragbarkeit im Themenfeld der Serienfertigung** ist nur teilweise gegeben, da sie durch die problemgetriebene Einzelbetrachtung der Anwendungsfälle sowie der fehlenden Berücksichtigung der notwendigen Datenerfassung aus Fertigungssystemen eingeschränkt wird. Somit wird die zugehörige formale Anforderung nur teilweise erfüllt, vgl. Abbildung 3-16.

3.2.3 Weiterentwicklungen der Data Analytics Methoden

Basierend auf KDD und CRISP-DM wurden eine Reihe weiterer Data Analytics Methoden entwickelt. Im Folgenden werden die wesentlichen Methoden, die einen Beitrag zu den Anforderungen an die Methodik der vorliegenden Arbeit leisten könnten, eingeführt und anhand der Anforderungen bewertet.

3.2.3.1 Iteratives Data Mining nach BÜCHNER

BÜCHNER[368] hat einen iterativen Data Mining Prozess vorgeschlagen, der immer mit einer Fragestellung aus Sicht des Managements startet und sich dann auf folgende Punkte konzentriert:

- Identifikation von erforderlichen Rollen und benötigtem Personal
- Problemspezifikation
- Bewertung der bestehenden Datenqualität und -verfügbarkeit
- Methodenidentifikation
- Erhebung von Domänenwissen
- Datenvorverarbeitung
- Mustererkennung
- Aufbereitung des identifizierten Wissens

[368] Vgl. Büchner, A. G./Anand, S. S. et al. (DM in Manufacturing Environments), 1997, S. 2

Bei diesem Ansatz bildet die Wissenskonsolidierung den Kern der Betrachtung. Anders als bei anderen Data Mining Methoden ist das Ziel dieses Ansatzes nicht, eine unter Echtzeitbedingungen lauffähige Data Mining Lösung in einem Unternehmen zu etablieren. Vielmehr steht die Unterstützung von Entscheidungsprozessen auf Managementebene im Vordergrund.

Aus den vorgestellten Eigenschaften des iterativen Data Minings nach BÜCHNER lässt sich die Erfüllung der inhaltlichen und formalen Anforderungen an die Methodik bewerten, vgl. Abbildung 3-16. Der Ansatz von BÜCHNER kann als Weiterentwicklung des KDD Prozesses angesehen werden[369]. Daher ist der Beitrag zu den inhaltlichen und formalen Anforderungen mit dem des KDD Prozesses vergleichbar. Durch die Identifikation von benötigten Rollen und erforderlichem Personal sowie durch die Erhebung von Domänenwissen findet zusätzlich ein Einbinden von Expertenwissen statt. Durch den Managementfokus erfolgt zusätzlich ein Einbinden der Unternehmensstrategien – wenn auch nur für das jeweilige Managementproblem. Dadurch wird die inhaltliche Anforderung **Einbinden und Verknüpfen von Expertenwissen, Unternehmensstrategien und bekannten Lösungen** teilweise erfüllt. Da die für die Analyse ursächlichen Managementprobleme bereits in der frühen Phase der Entwicklung des Fertigungssystems aufgetreten sein und eine Auswirkung auf die Serienfertigung besitzen können, erfüllt dieser Ansatz zumindest teilweise die inhaltliche Anforderung nach dem **Ermöglichen einer skalierbaren Umsetzung von Data Analytics**. Dies wirkt sich auch auf die Anwendbarkeit des Ansatzes auf die Serienfertigung aus. Die wesentliche Einschränkung besteht allerdings weiterhin in der reaktiven Einzelbetrachtung von Problemen, die eine gesamtheitliche Anwendung von Data Analytics in der Serienfertigung verhindert. Somit ist die formale Anforderung nach der **Übertragbarkeit/Anwendbarkeit im Themenfeld der Serienfertigung** für den Ansatz von BÜCHNER nur teilweise erfüllt, vgl. Abbildung 3-16.

3.2.3.2 Datenmanagement und Analytik nach GANDOMI

GANDOMI ET AL.[370] gliedern Big Data Prozesse in die Teilprozesse Datenmanagement und Analytics, siehe Abbildung 3-4.

Das Datenmanagement umfasst die drei Phasen:

1. Erfassung und Aufzeichnung
2. Extraktion, Reinigung und Annotation
3. Integration, Aggregation und Darstellung

[369] Vgl. Martinez-Plumed, F./Contreras-Ochando, L. et al. (CRISP-DM to DST), 2020, S. 4

[370] Vgl. Gandomi, A./Haider, M. (Big data concepts), 2015, S. 141

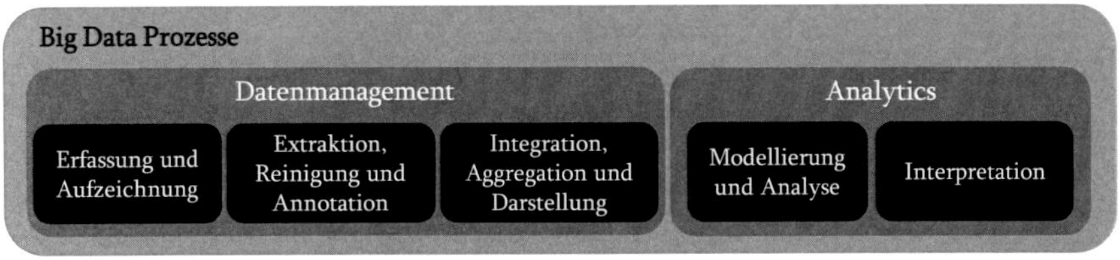

Abbildung 3-4: Vorgehen nach GANDOMI[371]

Die beiden Phasen von Analytics lauten:

1. Modellierung und Analyse
2. Interpretation

Aus den vorgestellten Eigenschaften des Vorgehens nach GANDOMI lässt sich die Erfüllung der inhaltlichen und formalen Anforderungen an die Methodik bewerten, vgl. Abbildung 3-16. Grundsätzlich lässt sich dieses Vorgehen als Erweiterung des KDD Prozesses mit einem starken Fokus auf die Wissensextraktion sowie den Einsatz neuartiger Big Data Technologien ansehen. In diesem Vorgehen umfasst die Datenanalyse den Anteil der Wissensextraktion. Die Betrachtung zielt auf geeignete Analysetechniken für unterschiedliche Datenarten (strukturiert, semistrukturiert und unstrukturiert) ab. Dadurch ist dieser Ansatz zwar flexibler als der KDD Prozess, allerdings ist er auch weniger strukturiert. Dies wirkt sich im Vergleich zum KDD Prozess nachteilig auf die inhaltlichen Anforderungen **Nachvollziehbarkeit**, **Wiederverwendbarkeit** und **Allgemeingültigkeit** aus, die nach dem Ansatz von GANDOMI nur teilweise erfüllt werden. Eine Vorgehensweise zum Einsatz von Data Analytics in der Serienfertigung ist nicht Gegenstand dieses Ansatzes. Damit einhergehende Problemstellungen werden nicht betrachtet. Aus diesen Gründen verhält sich der Ansatz von GANDOMI bezüglich des Erfüllungsgrads der weiteren Anforderungen vergleichbar zum KDD Prozess, vgl. Abbildung 3-16.

3.2.3.3 Data Mining nach CABENA

Eine weitere Methode für Data Mining ist das Vorgehen nach CABENA[372]. Bei dieser Methode handelt es sich um ein geschäftsorientiertes Modell, das auf dem KDD Prozess aufbaut und auf den Bereich Marketing und Sales ausgerichtet ist[373]. Die Phasen dieses iterativen Vorgehens sind in Abbildung 3-5 dargestellt.

---

[371] In Anlehnung an Gandomi, A./Haider, M. (Big data concepts), 2015, S. 141

[372] Vgl. Cabena, P. (Discovering Data Mining), 1997, S. 45-46

[373] Vgl. Martinez-Plumed, F./Contreras-Ochando, L. et al. (CRISP-DM to DST), 2020, S. 4

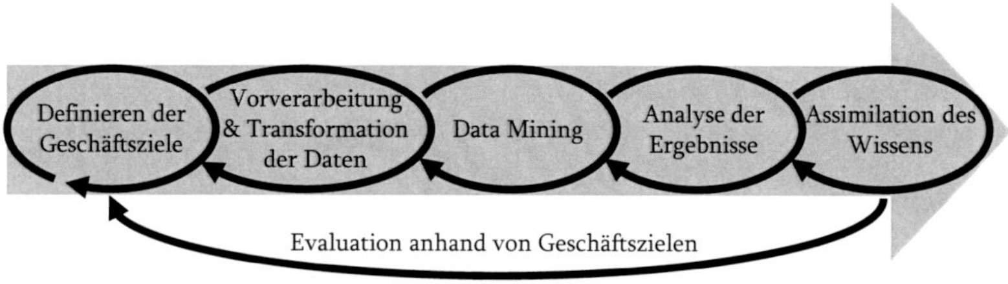

Abbildung 3-5: Vorgehen nach CABENA[374]

In der Phase **Definieren der Geschäftsziele** werden für das Data Mining die Geschäftsziele festgelegt, um das Analysevorhaben danach zu lenken. Die **Vorverarbeitung und Transformation der Daten** haben das Ziel, die relevanten Daten- und Informationsquellen auszuwählen und diese für die weitere Analyse vorzubereiten. In der **Data Mining** Phase wird eine automatisierte Anwendung einer Kombination von Data Mining Algorithmen zur Modellierung angewandt. Während der **Analyse der Ergebnisse** werden diese grafisch aufbereitet und individuell anhand der eingesetzten Algorithmen analysiert. In der Phase **Assimilation des Wissens** werden die gewonnenen Erkenntnisse in die Organisation und die zugehörigen IT-Systeme übertragen. Durch die **Evaluation anhand der Geschäftsziele** wird untersucht, inwiefern die eingangs formulierten Geschäftsziele erreicht wurden.

Aus den vorgestellten Eigenschaften des Data Minings nach CABENA lässt sich die Erfüllung der inhaltlichen und formalen Anforderungen an die Methodik bewerten, vgl. Abbildung 3-16. Im Vergleich zu dem diesem Ansatz zugrundeliegenden KDD Prozess wird nach CABENA ein starker Fokus auf das Geschäftsverständnis gelegt. Allerdings werden nur einzelne Anwendungsfälle betrachtet. Daher erfüllt dieses Vorgehen die inhaltliche Anforderung **Einbinden und Verknüpfen von Expertenwissen, Unternehmensstrategien und bekannten Lösungen** teilweise – anders als der KDD Prozess. Ein weiterer Unterschied zum KDD Prozess besteht darin, dass auf Phasen zum Erzielen von Datenverständnis verzichtet wird. Das Vorgehen ist zwar leicht nachvollziehbar, bietet aber bei der Auswahl und Anwendung von Ansätzen zur Datenvorverarbeitung und dem Einsatz von Data Mining Algorithmen wenig Unterstützung. Daher ist die formale Anforderung der **Handhabbarkeit** nur teilweise erfüllt. Ansonsten weist der Ansatz nach CABENA grundsätzlich vergleichbare Eigenschaften wie der KDD Prozess bzgl. der Erfüllung der Anforderungen im Kontext dieser Arbeit auf, vgl. Abbildung 3-16.

[374] In Anlehnung an Cabena, P. (Discovering Data Mining), 1997, S. 42-45

3.2.3.4 Analytics Solutions Unified Method for Data Mining (ASUM-DM)

In 2015 wurde von IBM die Methode *Analytics Solutions Unified Method for Data Mining* (ASUM-DM) eingeführt[375]. Diese Methode stellt eine Erweiterung und Verfeinerung von CRISP-DM dar. Die Phasen des ASUM-DM Vorgehens sind in Abbildung 3-6 dargestellt und werden im Folgenden eingeführt[376].

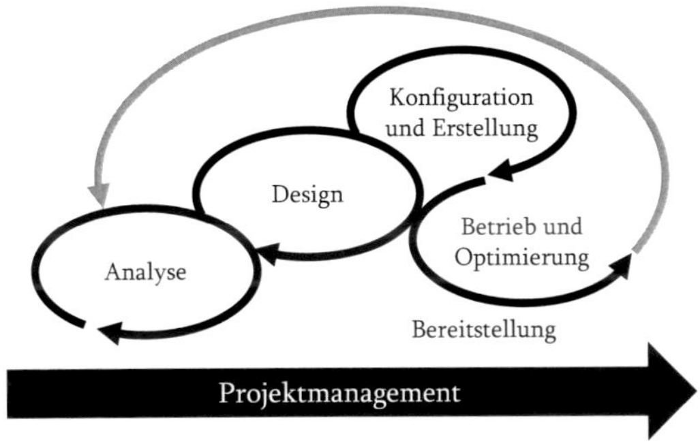

Abbildung 3-6: Überblick ASUM-DM Vorgehen[377]

Während der **Analyse** wird das Ziel des Data Mining Vorhabens definiert. Dies gilt für die Festlegung funktionaler und nicht-funktionaler Attribute, z. B. bezüglich der erforderlichen Performanz. In dieser Phase soll Einvernehmen zwischen den am Prozess beteiligten Parteien hergestellt werden.

In der Phase **Design** werden alle für die Lösung erforderlichen Komponenten sowie deren Abhängigkeiten untereinander definiert. Dazu müssen alle relevanten Ressourcen identifiziert und die Entwicklungsumgebung eingerichtet werden.

Während der Phase **Konfiguration und Erstellung** werden die wesentlichen Lösungskomponenten auf Basis eines iterativen Ansatzes erstellt und konfiguriert.

Während der **Bereitstellung** wird ein Plan zur Ausführung und Wartung der Lösung entwickelt. Hierzu gehört die Migration der Lösungskomponenten in eine Produktivumgebung und eine Kommunikation an die Anwender.

In der Phase **Betrieb und Optimierung** erfolgt die Anwendung der entwickelten Analytics Lösung. Dazu werden Wartungsaufgaben erstellt und Checkpunkte nach dem „roll out“ definiert, um einen erfolgreichen Einsatz der Lösung sicherzustellen.

---

375 Vgl. International Business Machines, C. (Analytics Solutions Unified Method), 2016, S. 2

376 Vgl. International Business Machines, C. (Analytics Solutions Unified Method), 2016, S. 2

377 In Anlehnung an International Business Machines, C. (Analytics Solutions Unified Method), 2016, S. 2

In dem übergreifenden **Projektmanagement** sind Tätigkeiten angesiedelt, die das Management sowie das Überwachen des Projektfortschritts und dessen Wartung umfassen.

Aus den vorgestellten Eigenschaften der ASUM-DM Methode lässt sich die Erfüllung der inhaltlichen und formalen Anforderungen an die Methodik bewerten, vgl. Abbildung 3-16. Im Vergleich zu CRISP-DM werden in ASUM-DM Themen der IT-Infrastruktur, Bereitstellung der erforderlichen Ressourcen, Betrieb der entwickelten Lösung sowie Projektmanagement und Richtlinien für die Anwendung der IBM-Lösung eingeführt[378]. Bezüglich des Beitrags zu den inhaltlichen sowie formalen Anforderungen an die Methodik folgt ASUM-DM weitestgehend dem CRISP-DM Ansatz, vgl. Abbildung 3-16.

Aufgrund des iterativen Vorgehens bei der Erstellung einer Produktivlösung weist ASUM-DM Vorteile hinsichtlich der Skalierbarkeit auf. Somit wird die inhaltliche Anforderung **Ermöglichung einer skalierbaren Umsetzung von Data Analytics** erfüllt. Der gesteigerte Fokus auf den Betrieb der resultierenden Data Analytics Lösung wird die formale Anforderung an die **Übertragbarkeit/Anwendbarkeit im Themenfeld der Serienfertigung**, anders als bei CRISP-DM, erfüllt.

3.2.3.5 Das Data Science Trajectory Model (DST)

Das Data Science Trajectory Model (DST) stellt ebenfalls eine Erweiterung des CRISP-DM Ansatzes dar[379]. DST wurde hauptsächlich entwickelt, um

- auf die Limitierungen von CRISP-DM zu reagieren,
- moderne Erkenntnisse und Methoden einfließen zu lassen und
- flexibleres, exploratives Vorgehen zu unterstützen.

In Abbildung 3-7 ist die DST-Karte dargestellt. In der DST-Karte sind die Aktivitäten des DST aufgeführt, unterteilt in explorative Aktivitäten (äußerer Bereich) und zielorientierte Aktivitäten (innerer Bereich). Diese zielorientierten Aktivitäten entsprechen dabei weitestgehend den Aktivitäten des CRISP-DM Vorgehens, vgl. Abbildung 3-3.

Zusätzlich zum CRISP-DM Vorgehen sind folgende Aktivitäten hinzugekommen[380]: Die **Zielexploration** betrachtet die Identifikation der Geschäftsziele, die über einen datengetriebenen Ansatz erreicht werden können. Die **Exploration der Datenquelle** hat die Suche neuer und wertiger Datenquellen zum Ziel. Die **Exploration des Wertes der Daten** beschäftigt sich mit der Ermittlung des Wertes der Erkenntnisse, der aus den

[378] Vgl. Martinez-Plumed, F./Contreras-Ochando, L. et al. (CRISP-DM to DST), 2020, S. 3
[379] Vgl. Martinez-Plumed, F./Contreras-Ochando, L. et al. (CRISP-DM to DST), 2020, S. 2
[380] Vgl. Martinez-Plumed, F./Contreras-Ochando, L. et al. (CRISP-DM to DST), 2020, S. 4

Daten gewonnen werden kann. Mit der **Exploration des Resultats** sollen die Ergebnisse der Modellierung mit den identifizierten Geschäftszielen in Zusammenhang gebracht werden. Durch die **Exploration des Narrativs** werden wertige „Geschichten", z. B. visuell oder textuell, aus den Daten abgeleitet. Während der **Produkt-Exploration** werden Wege ermittelt, wie der aus den Daten gewonnene Wert in die Herstellung eines Produkts umgesetzt werden kann.

Der im Vergleich zu CRISP-DM gesteigerte Fokussierung des DST auf die Daten zeigt sich auch in der Betrachtung der datenzentrierten Tätigkeiten[381]. Diese Tätigkeiten sind im Zentrum von Abbildung 3-7 aufgeführt.

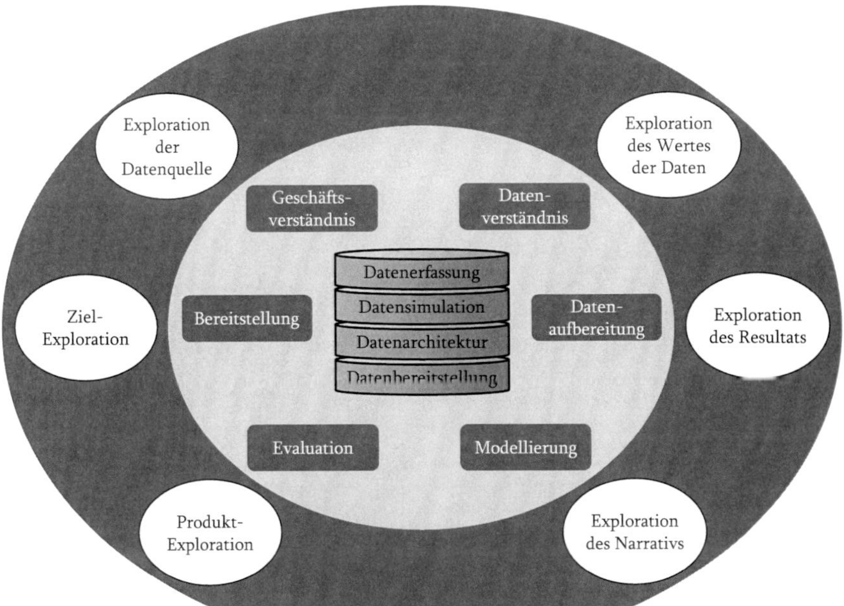

Abbildung 3-7: DST-Karte

Die **Datenerfassung** hat das Ziel, relevante Daten zu erstellen oder zu erfassen, z. B. durch die Installation von Sensoren oder Applikationen. Die **Datensimulation** dient

[381] Vgl. Martinez-Plumed, F./Contreras-Ochando, L. et al. (CRISP-DM to DST), 2020, S. 6

dazu, komplexe Systeme zu betrachten, Daten zu generieren und kausale Fragestellungen zu untersuchen. Innerhalb der **Datenarchitektur** wird die logische und physikalische Datenstruktur sowie die Art der Integration unterschiedlicher Datenquellen festgelegt. Für Nutzer erforderliche Schnittstellen und Visualisierungen werden in der **Datenbereitstellung** geschaffen.

Der Ablauf eines DST Projekts ist nicht fest vorgegeben. Die namensgebenden Trajektorien stellen den Weg eines Data Science Projekts anhand individueller Aktivitäten dar. Eine Beispieltrajektorie ist der Abbildung 3-8 zu entnehmen. Für jedes DST Projekt ist somit eine individuelle Trajektorie zu entwerfen, die den entsprechenden Projektanforderungen gerecht wird.

Abbildung 3-8: Beispiel für eine DST

Aus den vorgestellten Eigenschaften des DST lässt sich die Erfüllung der inhaltlichen und formalen Anforderungen an die Methodik beurteilen, vgl. Abbildung 3-16. Die Bewertung des DST hinsichtlich der inhaltlichen und formalen Anforderungen an die Methodik der vorliegenden Arbeit entspricht weitestgehend der von CRISP-DM, vgl. Abschnitt 3.2.2 und Abbildung 3-16.

Durch den Fokus auf die Erfassung relevanter Daten des DST gegenüber CRISP-DM kann die inhaltliche Anforderung an die Methodik bezüglich der **proaktiven Identifikation von prozess- und qualitätsrelevanten Daten** teilweise erfüllt werden. Diese Anforderung wird nicht vollständig erfüllt, da das DST einem reaktiven Ansatz folgt und somit die proaktive Identifikation der relevanten Daten in einer frühen Phase der Entwicklung des Fertigungssystems nicht vollständig gegeben ist. Aufgrund der deutlich gesteigerten Flexibilität des Ansatzes ist die formale Anforderung der **Wiederverwendbarkeit** nur teilweise gewährleistet, weil unterschiedliche Trajektorien zu abweichenden Projektergebnissen führen können.

3.2.3.6 Zwischenfazit zu den eingeführten Data Analytics Methoden aus der IT

Die eingeführten Methoden weisen grundsätzlich folgende Einschränkungen auf:

- sie stellen eine **reaktive Implementierung** einzelner Data Analytics Anwendungsfälle oder Projekte dar
- sie greifen auf **verfügbare** historische **Daten** zu

- sie nutzen **bestehende IT-Systeme**
- sie **betrachten nicht die Erfassung neuer Datenquellen in einer frühen Phase der Entwicklung des Fertigungssystems**

Obwohl sich Teile der vorgestellten Ansätze von Data Analytics in der Fertigung anwenden lassen, reichen diese Ansätze nicht aus, um sie in den Lebenszyklus von Fertigungssystemen integrieren zu können[382]. Daher werden nachfolgend Ansätze, die einen Fokus auf den Einsatz in Fertigungssystemen besitzen, näher beleuchtet.

Für einen tiefergehenden Einblick in Big Data und Data Analytics Ansätze wird auf OUSSOUS ET AL. verwiesen[383]. Ein Überblick über die Data Mining Methoden wurde von KURAGAN UND MUSILEK sowie von MARTINEZ-PLUMED und CONTRERAS-OCHANDO veröffentlicht[384,385]. Diese Surveys stellen den aktuellen Stand der Forschung in den genannten Feldern dar.

3.2.4 Data Analytics Ansätze für Fertigungssysteme

In der jüngeren Zeit wurden vermehrt Ansätze entwickelt, die das Ziel haben, Data Analytics in der Produktion zu etablieren. Zu nennen ist hierbei insbesondere die Advanced Manufacturing Analytics Platform (AMAP) von GRÖGER[386] sowie die Industrial Analytics Methodology (IAM) von O'DONOVAN ET AL.[387]. Im Kontext der Industrie 4.0 ist außerdem das Referenzarchitekturmodell Industrie 4.0 (RAMI 4.0)[388,389] zu erwähnen. Diese Ansätze werden nachfolgend eingeführt.

3.2.4.1 Die Advanced Manufacturing Analytics Platform nach GRÖGER

Die Advanced Manufacturing Analytics Platform (AMAP) wurde von GRÖGER entwickelt und veröffentlicht[390,391]. Die AMAP bildet die Grundlage für die Industry 4.0 Analytics Platform der Firma Bosch[392]. Die Architektur des AMAP Ansatzes basiert auf den drei Schichten Datenbereitstellung, Prozessanalyse und Prozessoptimierung, siehe Abbildung 3-9. Auch der Benutzerzugriff wird berücksichtigt. Dazu integriert AMAP Komponenten zur datengetriebenen Optimierung, insbesondere ein Wissensdepot

---

382 Vgl. O'Donovan, P./Bruton, K. et al. (Data-driven Industrial Analytics), 2016, S. 3
383 Vgl. Oussous, A./Benjelloun, F.-Z. et al. (Big Data technologies), 2018, S. 432-447
384 Vgl. Kuragan, L. A./Musilek, P. (Survey: Knowledge Discovery & Data Mining), 2006, S. 1-21
385 Vgl. Martinez-Plumed, F./Contreras-Ochando, L. et al. (CRISP-DM to DST), 2020, S. 1-6
386 Vgl. Gröger, C. (Advanced Manufacturing Analytics), 2015, S. 74
387 Vgl. O'Donovan, P./Bruton, K. et al. (Data-driven Industrial Analytics), 2016, S. 1-22
388 Vgl. BITKOM, VDMA, ZVEI (Umsetzungsstrategie I4.0), 2015, S. 1-100
389 Vgl. Koschnick, G. (RAMI 4.0), 2015, S. 1-2
390 Vgl. Gröger, C./Niedermann, F. et al. (Manufacturing Design by Analytics), 2012, S. 793–799
391 Vgl. Gröger, C./Stach, C. (Mobile Manufacturing Dashboard), 2014, S. 138-140
392 Vgl. Gröger, C. (I4.0 Analytics Platform), 2018, S. 1-9

(engl. knowledge repository), Analysedienste und ein mobiles Prozess-Dashboard. Der Ansatz ist allgemeingültig für unterschiedliche Typen von Fertigungsprozessen konzipiert.[393]

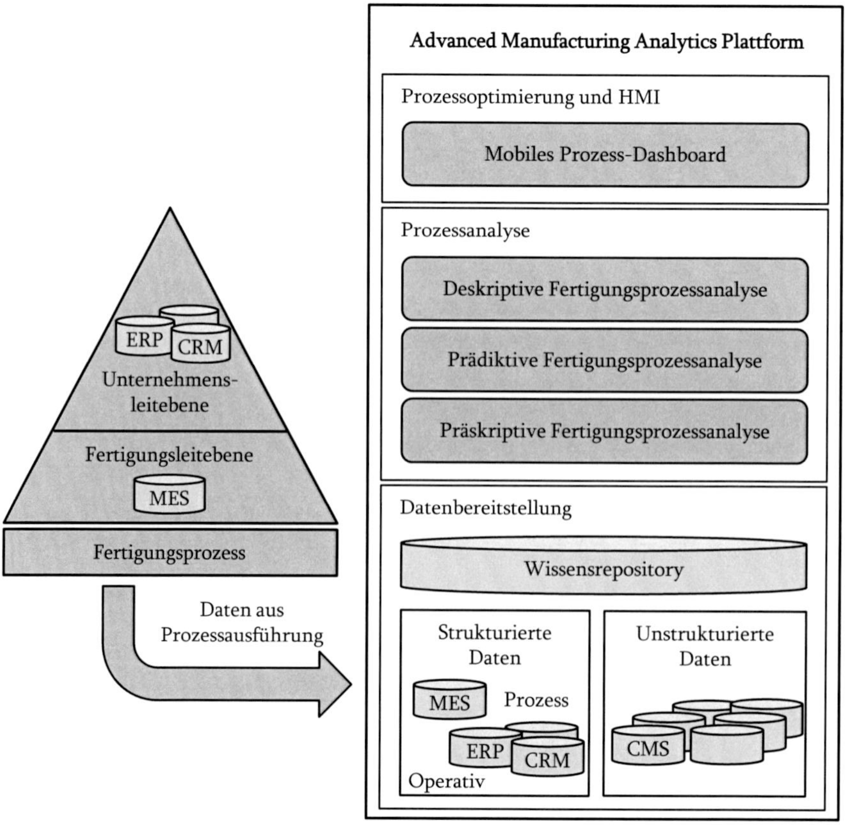

Abbildung 3-9: Advanced Manufacturing Analytics Platform (AMAP)[394]

Der Schwerpunkt von AMAP liegt in der Schaffung einer Business-Intelligence-Plattform zur datengetriebenen Optimierung von Fertigungsprozessen. Die Zielstellung für diesen Ansatz ist insbesondere der Umgang mit Heterogenität der für die Optimierung

[393] Vgl. Gröger, C. (Advanced Manufacturing Analytics), 2015, S. 242

[394] In Anlehnung an Gröger, C. (Advanced Manufacturing Analytics), 2015, S. 74 und an Gröger, C. (I4.0 Analytics Platform), 2018, S. 2

erforderlichen Daten sowie der Einsatz von deskriptiven und reaktiven Analysen. Dabei liegt der Fokus auf der Fertigungsleitebene und dem Einzelfallbezug der bestehenden Business-Intelligence Lösung. Die AMAP beherrscht diese Herausforderungen durch die oben genannte dreischichtige Architektur.[395]

Das Einbinden zusätzlicher Daten auf der Fertigungsebene ist nicht Gegenstand des AMAP-Ansatzes. Es wird davon ausgegangen, dass das MES-System die erforderliche Datenintegration aus der Fertigung bewerkstelligt. Somit wird eine weitere Datenerfassung aus der Fertigungsebene, z. B. durch Erfassen zusätzlicher Daten aus der SPS, nicht betrachtet.[396]

Aus den vorgestellten Eigenschaften der AMAP lässt sich die Erfüllung der inhaltlichen und formalen Anforderungen an die Methodik bewerten, vgl. Abbildung 3-16. AMAP erfüllt die inhaltliche Anforderung der **Nutzung von Data Analytics**. Die Anwendung des AMAP ist allerdings auf bestehende Fertigungsprozesse begrenzt[397] und wird somit reaktiv eingesetzt. Die frühe Phase der Entwicklung des Fertigungssystems wird nicht einbezogen. Daher findet keine frühzeitige, gesamtheitliche Priorisierung möglicher Data Analytics Vorhaben statt. Daraus folgt, dass die inhaltliche Anforderung bezüglich der **proaktiven Identifikation von prozess- und qualitätsrelevanten Daten** nur teilweise und die Anforderung bezüglich einer **gesamtheitlichen Priorisierung von Data Analytics Vorhaben** nicht erfüllt wird. Darüber hinaus betrachtet die AMAP ausschließlich die proaktive Prozessoptimierung und die visuelle Darstellung der Ergebnisse für den Benutzer[398]. Somit unterstützt dieser Ansatz keine Analysen anderer Kategorien wie z. B. Ansätze aus dem Bereich predictive Quality. Dies schränkt die Erfüllung der inhaltlichen Anforderung bezüglich des **Einbindens und Verknüpfens von Expertenwissen, Unternehmensstrategien und bekannten Lösungen** ein. Es kann nur eine teilweise Erfüllung dieser Anforderung festgestellt werden. Ebenso findet keine skalierbare Umsetzung weiterer Data Analytics Vorhaben, die über die Prozessoptimierung hinausgehen, statt. Somit wird die inhaltliche Anforderung zum **Ermöglichen einer skalierbaren Umsetzung von Data Analytics** nur teilweise erfüllt.

Aufgrund des Fokus auf Prozessoptimierung ist der Beitrag zur Erfüllung der formalen Anforderung der **Allgemeingültigkeit** reduziert und nur teilweise erfüllt. Die weiteren formalen Anforderungen hinsichtlich der **Handhabbarkeit**, **Nachvollziehbarkeit**, **Wiederverwendbarkeit** und **Übertragbarkeit/Anwendbarkeit im Themenfeld der Serienfertigung** werden hingegen voll erfüllt, vgl. Abbildung 3-16.

[395] Vgl. Gröger, C. (Advanced Manufacturing Analytics), 2015, S. 241
[396] Vgl. Gröger, C. (Advanced Manufacturing Analytics), 2015, S. 77
[397] Vgl. Gröger, C. (Advanced Manufacturing Analytics), 2015, S. 75
[398] Vgl. Gröger, C. (Advanced Manufacturing Analytics), 2015, S. 241

3.2.4.2 Die Methode für industrielle Analytics (IAM)

Die Methode für industrielle Analytics (engl. Industrial Analytics Methodology, IAM)[399] bietet einen ganzheitlichen Ansatz, um die Entwicklung von Data Analytics im industriellen Umfeld zu ermöglichen. Der Lebenszyklus der IAM ist in Abbildung 3-10 dargestellt.

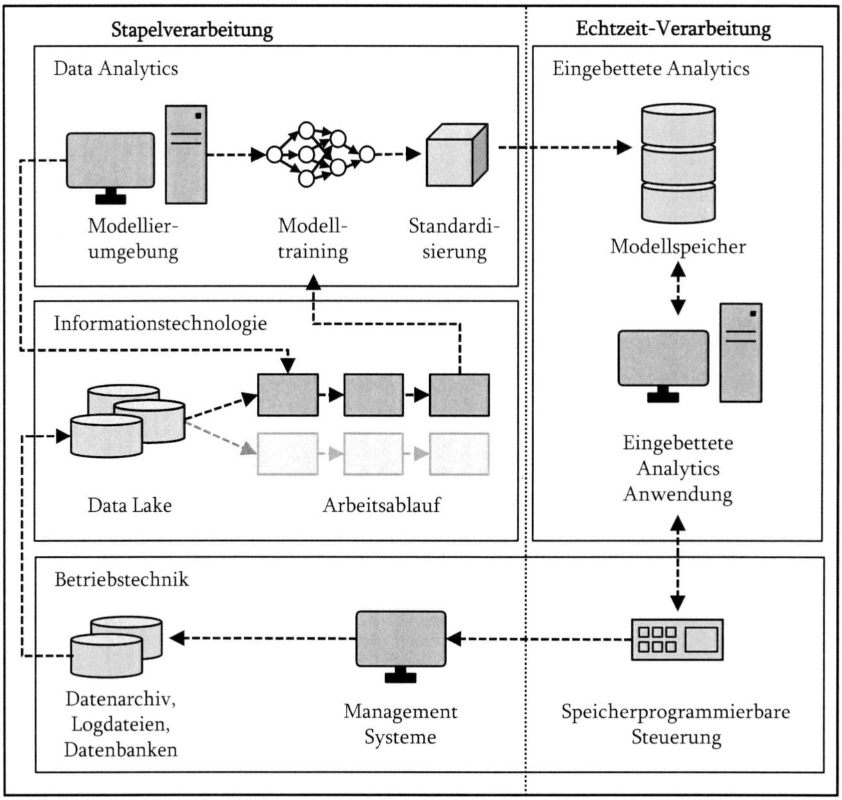

Abbildung 3-10: Lebenszyklus der IAM[400]

[399] Vgl. O'Donovan, P./Bruton, K. et al. (Data-driven Industrial Analytics), 2016, S. 3 ff.

[400] In Anlehnung an O'Donovan, P./Bruton, K. et al. (Data-driven Industrial Analytics), 2016, S. 6

Dieser Ansatz besteht aus den **drei Phasen**[401]

1. Teams und Rollen identifizieren,
2. Implementieren der IT-Architektur und
3. Anwenden der Analytics Prozesse.

In der **ersten Phase** werden die erforderlichen *Personen und Teams* anhand des Lebenszyklus der industriellen Analytics Lösung ausgewählt. Nach diesem Ansatz werden vier Teams erstellt, welche sich in Betriebstechnik, Informationstechnik, Data Analytics und eingebettete Analytics einteilen lassen[402].

In der **zweiten Phase** wird die *IT-Architektur definiert und implementiert*. Hierbei wird Wert darauf gelegt, dass die IT-Architektur Data Analytics unterstützt und nicht einschränkt. Zudem soll sie technologieunabhängig definiert und dabei erweiterbar sein[403]. Die wesentlichen Komponenten der IT-Architektur sind im Lebenszyklus der industriellen Analytics (vgl. Abbildung 3-10) veranschaulicht. Die zuvor identifizierten Teams werden mit technischen Komponenten, industriellen Datenflüssen und Anforderungen an die Berechnungszeiten (z. B. Echtzeitanforderungen) vertraut gemacht[404].

Der Datenfluss geht von der **speicherprogrammierbaren Steuerung** über die Fertigungs-, Wartungs- und Energie-**Managementsysteme** zu **Datenarchiven**, wie z. B. Logdateien oder Datenbanken. Von dort werden die Daten in einen **Data Lake** transferiert. Sie können je nach **Arbeitsablauf** mit unterschiedlichen Werkzeugen und Modellierumgebungen ausgewertet und der **Modellierungsumgebung** zur Verfügung gestellt werden.

Das **Modelltraining** erfolgt dabei offline in Form einer Stapelverarbeitung auf Basis historischer Daten. Erst nach einer **Standardisierung** der Modelle werden diese im **Modellspeicher** für die **eingebetteten Analytics Anwendungen** abgelegt. Dann können sie in Echtzeit ausgeführt werden.[405]

In der **dritten Phase** *Anwenden der Analytics Prozesse* wird der sequentielle Prozess des Data Analytics Vorgehens beschrieben. Dieser stellt explizit dar, wann welche Teams benötigt werden. Das Vorgehen setzt sich aus den folgenden Schritten zusammen[406]:

1. Ermittlung der operationalen Fragestellung zur Identifizierung des Zieles
2. Bewertung der Verfügbarkeit historischer Daten

---

[401] Vgl. O'Donovan, P./Bruton, K. et al. (Data-driven Industrial Analytics), 2016, S. 3-4
[402] Vgl. O'Donovan, P./Bruton, K. et al. (Data-driven Industrial Analytics), 2016, S. 4
[403] Vgl. O'Donovan, P./Bruton, K. et al. (Data-driven Industrial Analytics), 2016, S. 5
[404] Vgl. O'Donovan, P./Bruton, K. et al. (Data-driven Industrial Analytics), 2016, S. 5
[405] Vgl. O'Donovan, P./Bruton, K. et al. (Data-driven Industrial Analytics), 2016, S. 5-8
[406] Vgl. O'Donovan, P./Bruton, K. et al. (Data-driven Industrial Analytics), 2016, S. 9

3. Dateneinspeisung (engl. Ingest) zur Anbindung der Speicherorte in der Fabrik an den Data Lake
4. Datenvorverarbeitung
5. Erstellen eines Modells zur Beantwortung der Fragestellung
6. Operationalisierung des validierten Modells

Dieser Ansatz ist dazu gedacht, ein bestehendes Fertigungssystem um einen Data Analytics Ansatz zu erweitern. Dazu wird auf gesammelte historische Daten zurückgegriffen. Durch Analyse der historischen Daten werden Modelle identifiziert, die innerhalb einer echtzeitfähigen Umgebung ausgeführt werden können. Daher ist dieser Ansatz abhängig von der Fähigkeit des Fertigungssystems, Daten in hinreichender Qualität bereitzustellen. Ansonsten kann die Modellierung auf Basis einer gegebenen Fragestellung nicht oder nur mit sehr hohem Aufwand und Zeitverzug durchgeführt werden. Aus diesem Grund setzen die Entwickler der IAM auf zunehmende Standardisierung, die eine Interoperabilität und Integration der Data Analytics Ansätze mit dem Fertigungssystem ermöglicht[407].

Aus den vorgestellten Eigenschaften der IAM lässt sich die Erfüllung der inhaltlichen und formalen Anforderungen an die Methodik bewerten, vgl. Abbildung 3-16. Aufgrund dieser Eigenschaften erfüllt die IAM die inhaltliche Anforderung bezüglich der **Nutzung von Data Analytics**. IAM betrachtet ausschließlich bestehende Fertigungssysteme. Das iterative Vorgehen, das auf Basis historischer Daten ein initiales Modell identifiziert, stellt eine skalierbare Umsetzung in Bezug auf den einzelnen Anwendungsfall, nicht aber bezüglich der gesamten Architektur und Implementierung sämtlicher Anwendungsfälle dar. Somit ist die inhaltliche Anforderung **Ermöglichen einer skalierbaren Umsetzung von Data Analytics** nur teilweise erfüllt. In der zweiten Phase des Vorgehens wird eine geeignete IT-Architektur definiert und implementiert. Somit ist die inhaltliche Anforderung bezüglich der **proaktiven Identifikation von prozess- und qualitätsrelevanten Daten** teilweise erfüllt. Während der ersten Phase des Vorgehens, werden Experten der unterschiedlichen Bereiche, die für die Durchführung von Data Analytics erforderlich sind, in Teams zusammengeführt. In Kombination mit der in der dritten Phase durchzuführenden operationalen Fragestellung ist die inhaltliche Anforderung **Einbinden von Expertenwissen und der Unternehmensstrategie** erfüllt. Nicht betrachtet wird darüber hinaus die **gesamtheitliche Priorisierung der Data Analytics Vorhaben** in der frühen Phase. Daher wird die zugehörige inhaltliche Anforderung nicht erfüllt.

[407] Vgl. O'Donovan, P./Bruton, K. et al. (Data-driven Industrial Analytics), 2016, S. 19

Durch die Konzentration auf bestehende Fertigungssysteme ist die formale Anforderung der **Allgemeingültigkeit** in dem betrachteten Umfang nur teilweise erfüllt. Dagegen werden durch IAM die formalen Anforderungen der **Handhabbarkeit**, der **Nachvollziehbarkeit**, der **Wiederverwendbarkeit** sowie der **Übertragbarkeit/Anwendbarkeit im Themenfeld der Serienfertigung** erfüllt, vgl. Abbildung 3-16.

3.2.4.3 Referenzarchitekturmodell Industrie 4.0 (RAMI 4.0)

Als weiterer Ansatz wurde im Rahmen des Arbeitskreises „Referenzarchitektur, Standards, Normung" der Plattform Industrie 4.0 das Referenzarchitekturmodell Industrie 4.0 (RAMI 4.0) entwickelt. Ziel dieses Ansatzes ist es, Aufgaben und Abläufe so anschaulich darzulegen, dass eine zielgerichtete Diskussion zur Identifikation von Standardisierungslücken führt. Dies wiederum soll nachfolgend die Standardisierung und Normung für fehlende Bausteine der Industrie 4.0 Architektur ermöglichen[408]. RAMI 4.0 verknüpft den Lebenszyklus des Produktionssystems mit der Steuerungshierarchie und den für die Produktion relevanten Wertströmen, siehe Abbildung 3-11.

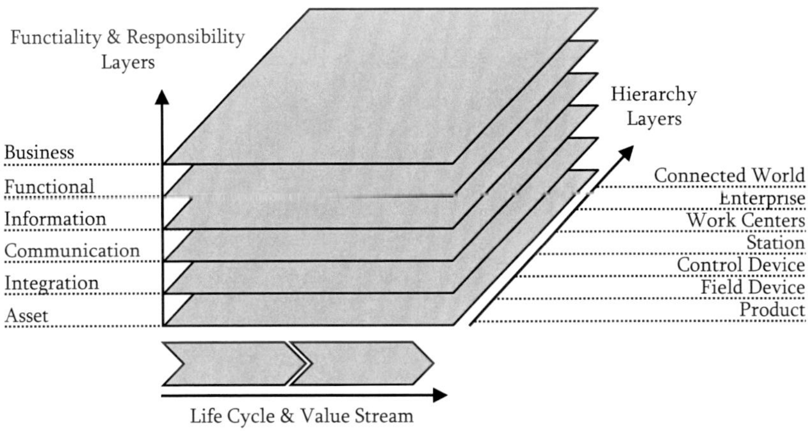

Abbildung 3-11: Referenzarchitekturmodell RAMI 4.0[409]

Bei RAMI 4.0 handelt es sich um eine Erweiterung des international anerkannten Smart Grid Architecture Models[410] der europäischen Smart Grid Coodination Group um Erfordernisse für die Umsetzung der Industrie 4.0. RAMI 4.0 beschreibt den Industrie 4.0

[408] Vgl. BITKOM, VDMA, ZVEI (Umsetzungsstrategie I4.0), 2015, S. 41

[409] In Anlehnung an BITKOM, VDMA, ZVEI (Umsetzungsstrategie I4.0), 2015, S. 43

[410] Vgl. Smart Grid Coordination Group (Smart Grids Methodology), 2014, S. 23

Raum durch die folgenden drei Dimensionen[411]:

- Hierarchieebenen (engl. Hierarchy Layers)
- Lebenszyklus und Wertschöpfungskette (engl. Life Cycle & Value Stream)
- Verantwortlichkeits- und Funktionalitätsebenen (engl. Functionality & Responsibility Layers)

In den **Hierarchieebenen** werden die unterschiedlichen Aspekte, wie z. B. Datenabbild, Kommunikationsverhalten, Hardwarekomponenten oder Geschäftsprozesse betrachtet. Diese Sichtweise orientiert sich an der IT-Denkweise bei der Gestaltung von komplexen Projekten.[412]

In der zweiten Dimension werden der **Lebenszyklus und die Wertschöpfungskette** für Produkte, Maschinen und Fabriken unter die Lupe genommen. Diese Dimension dient der Darstellung von Abhängigkeiten, wie z. B. die durchgängige Datenerfassung im gesamten Lebenszyklus.[413]

Die dritte Dimension fokussiert auf die Verortung von **Verantwortlichkeits- und Funktionalitätsebenen** und Verantwortlichkeiten innerhalb der Fabriken. Im Gegensatz zur klassischen Automatisierungspyramide (vgl. Abschnitt 2.1.5) geht es hierbei nicht um Geräteklassen oder Hierarchieebenen, sondern um eine funktionale Hierarchie.[414]

Ein Kernbestandteil von RAMI 4.0 ist die **Industrie 4.0 Komponente**. Strukturelle und funktionale Anforderungen an diese Komponenten wurden vom Verein Deutscher Ingenieure (VDI) sowie vom Verband der Elektrotechnik, Elektronik und Informationstechnik (VDE) zusammengestellt[415]. Die Industrie 4.0 Komponente kombiniert Objekte der physischen Welt und der virtuellen Welt. Dies zielt darauf ab, spezielle Funktionalitäten innerhalb beider Welten bereitzustellen. Somit muss die Industrie 4.0 Komponente eine Reihe von Fähigkeiten besitzen: Sie muss von der Umwelt erkennbar, kommunikationsfähig und administrierbar sein. Außerdem muss sie Industrie 4.0 konforme Dienste bereitstellen können. Auch muss sie in der Lage sein, ihren Zustand kontrollieren zu können[416].

Basierend auf der Zielstellung von RAMI 4.0 steht somit das Schaffen eines gemeinsamen Verständnisses der geforderten Industrie 4.0 Komponenten und offener Standardisierungsfelder im Vordergrund. Dieser Ansatz eignet sich insbesondere zu einer Verortung verschiedener Mechanismen des Industrie 4.0 Kontexts und der Darstellung einer

[411] Vgl. BITKOM, VDMA, ZVEI (Umsetzungsstrategie I4.0), 2015, S. 42
[412] Vgl. BITKOM, VDMA, ZVEI (Umsetzungsstrategie I4.0), 2015, S. 42
[413] Vgl. BITKOM, VDMA, ZVEI (Umsetzungsstrategie I4.0), 2015, S. 42
[414] Vgl. BITKOM, VDMA, ZVEI (Umsetzungsstrategie I4.0), 2015, S. 42
[415] Vgl. Adolphs, P./Bedenbender, H. et al. (Status RAMI 4.0), 2015, S. 6-23
[416] Vgl. Hell, K./Hillmann, R. et al. (Physical Industrie 4.0 Components), 2016, S. 1

expliziten und verständlichen Zukunftsvision. Allerdings bietet dieser Ansatz kein konkretes Vorgehen und keine Architektur zur proaktiven Umsetzung von Data Analytics in einer Serienfertigung an.

Aus den vorgestellten Eigenschaften von RAMI 4.0 lässt sich die Erfüllung der inhaltlichen und formalen Anforderungen an die Methodik bewerten, vgl. Abbildung 3-16. Dieser ganzheitliche Ansatz von RAMI 4.0 bedeutet, dass die **Nutzung von Data Analytics** und deren **skalierbare Umsetzung** erfüllt ist. Bei der **gesamtheitlichen Priorisierung von Data Analytics Vorhaben** sowie der **Einbindung und Verknüpfung von Expertenwissen, Unternehmensstrategien und bekannten Strategien** müssen allerdings Abstriche gemacht werden. Hier lässt sich nur eine teilweise Erfüllung der korrespondierenden Anforderungen feststellen. Generell findet keine **proaktive Identifikation relevanter Prozess- und Qualitätsdaten** statt, wodurch die zugehörige inhaltliche Anforderung nicht erfüllt wird.

Der ganzheitliche RAMI 4.0 Ansatz und das Fehlen eines konkreten Vorgehens für die Umsetzung von Data Analytics führen dazu, dass die formale Anforderung der **Handhabbarkeit** nur teilweise erfüllt wird. Dagegen werden die formalen Anforderungen hinsichtlich **Nachvollziehbarkeit**, **Wiederverwendbarkeit** und **Allgemeingültigkeit** sowie die **Übertragbarkeit/Anwendbarkeit im Themenfeld der Serienfertigung** erfüllt, vgl. Abbildung 3-16.

3.2.5 Anwendungen von Data Analytics in der Produktion

Neben den zuvor beschriebenen Methoden für Data Analytics existieren eine Reihe von Einzelanwendungen in der Fertigung. Big Data und Data Analytics in der Produktion werden am häufigsten im Bereich der Qualitätssicherung angewendet. Weitere Beispiele für Anwendungsfelder sind Predictive Maintenance, Fehlererkennung[417] und Smart Sensors[418,419]. Außerdem wird Data Analytics mit dem Ziel der Reduktion von Testzeiten und bei Kalibriervorgängen zur Reduktion von Gewährleistungskosten sowie zur Steigerung des Produktionsertrags eingesetzt[420,421]. Weitere Anwendungsfälle umfassen Mensch-Maschine-Schnittstellen (HMI), z. B. Spracherkennung oder das Erlernen von Prozessen[422]. Im Folgenden werden einzelne Anwendungen beispielhaft vorgestellt.

---

[417] Vgl. Lei, Y./Jia, F. et al. (Intelligent Fault Diagnosis), 2016, S. 3137-3146
[418] Vgl. Bai V, R./C A, A. et al. (Predictive Analysis), 2016, S. 1-5
[419] Vgl. Susto, G. A./Schirru, A. et al. (ML for Predictive Maintenance), 2015, S. 812-820
[420] Vgl. Lade, P./Ghosh, R. et al. (Manufacturing Analytics), 2017, S. 75
[421] Vgl. Park, D. (Quality of Things), 2016, S. 35-37
[422] Vgl. Diedrich, A./Bunte, A. et al. (Konzeptlernen), 2015, S. 3 ff.

LADE ET AL. sehen die Notwendigkeit für Data Analytics in der Produktion in fünf Anwendungsfall-Kategorien[423]. Diese sind die **Reduktion von Testzeiten und Kalibrierungsvorgängen**, **Verbesserung der Qualität**, **Reduktion von Gewährleistungskosten**, **Verbesserung von Erträgen** und **Durchführung von vorausschauenden Instandhaltungsmaßnahmen**. Eine Zusammenstellung dieser Anwendungsfall-Kategorien einschließlich entsprechender Beispiele für Anwendungsfälle enthält Abbildung 3-12.

Anwendungsfall-Kategorie	Beispiele für Anwendungsfälle
Reduktion von Testzeiten und Kalibrierungsvorgängen	• Vorhersage von Testergebnissen • Vorhersage von Kalibrierungsparametern
Verbesserung der Qualität	• Beschreibende Analytik für Ursache-Wirkungs-Analysen • Frühe Vorhersage von Prozessparametern • Selbstoptimierendes Fließband
Reduktion von Gewährleistungskosten	• Vorhersage von Produktversagen beim Kunden o Test- und Prozessdaten bilden die Ausgangsbasis o Wertstromübergreifende Analyse
Verbesserung von Erträgen	• Lokalisieren von möglichen Ursachen für Leistungsengpässe
Durchführung von vorausschauenden Instandhaltungsmaßnahmen	• Identifikation von Hauptfehlerursachen • Vorhersage von Komponentenfehlern zur Vermeidung von ungeplanten Maschinenstillstandzeiten

Abbildung 3-12: Data Analytics Anwendungsfälle in der Produktion[424]

Als mögliche Bereiche für nutzenbringende Data Analytics werden die folgenden Zielgrößen aufgeführt[425]:

1. Qualität
2. Energie
3. Rohmaterialien
4. Zykluszeiten

[423] Vgl. Lade, P./Ghosh, R. et al. (Manufacturing Analytics), 2017, S. 75
[424] In Anlehnung an Lade, P./Ghosh, R. et al. (Manufacturing Analytics), 2017, S. 75
[425] Vgl. Lade, P./Ghosh, R. et al. (Manufacturing Analytics), 2017, S. 75

5. Kapitalausgaben
6. Analyse von Wirkzusammenhängen
7. effizienter Einsatz von Equipment

Um einen Data Analytics Anwendungsfall durchführen zu können, müssen die erforderlichen Daten verfügbar sein. Im Anschluss an die Analyse ist es erforderlich, die Ergebnisse zu visualisieren und dem Prozessverantwortlichen in geeigneter Form zu vermitteln. Dazu sollte ein IoT-Softwarestack zur Durchführung der Analysen eingesetzt werden, da dieser unterstützende Dienste zur Datensammlung, Datenanalyse und auch Visualisierung anbietet.[426]

Um eine hohe Datenqualität sicherzustellen, entwickelte BRAMBING[427] eine Methode, die zum Ziel hat, die Datenintegrität von Bewegungsdaten in der Produktion zu steigern. Zu diesem Zweck setzt er Werkzeuge des Data Minings ein. Er konnte die Anwendbarkeit dieser Methode an einem Anwendungsfall nachweisen. Weitere Data Analytics Anwendungen oder die proaktive Auswahl von Anwendungsfällen sind im Rahmen dieses Anwendungsfalls nicht beschrieben.

In der Untersuchung von SHARP ET AL.[428] wurden unterschiedliche Ansätze für die Anwendung von Machine Learning in der Fertigung untersucht. Dabei stellte sich heraus, dass sich Machine Learning, neben der zunehmenden Automatisierung, als ein geeignetes und vielversprechendes Werkzeug entwickelt, um Fertigungssysteme agil und effizienter zu machen. Aufgrund von bestehenden Informationssilos sowie ausschließlicher Datenverwendung innerhalb einer Domäne wird das Potential von Machine Learning nur eingeschränkt genutzt. Daher wird die Empfehlung ausgesprochen, einen unternehmensweiten Fokus oder eine Betrachtung des Produktlebenszyklus beim Aufbau der Datenverwaltung in Betracht zu ziehen. Dadurch soll ermöglicht werden, domänenübergreifende Datenverwendung zu unterstützen und einen unternehmensweiten Nutzen durch Wissensgenerierung mittels Machine Learning zu erreichen.[429] Der Fokus dieser Anwendung liegt auf dem gesamten Produktlebenszyklus. Die Entwicklung des Produktionssystems wird nicht näher betrachtet. Somit können auftretende Probleme während der Produktion nur reaktiv gelöst werden.

Aufgrund der Bedeutung des CRISP-DM Modells starten die Mehrheit der Data Analytics Anwendungen mit den Phasen zur Schaffung des Geschäfts- und Datenverständnisses.

---

426 Vgl. Lade, P./Ghosh, R. et al. (Manufacturing Analytics), 2017, S. 77

427 Vgl. Brambring, F. (Steigerung der Datenintegrität), 2017, S. 233-235

428 Vgl. Sharp, M./Ak, R. et al. (Machine Learning in Manufacturing), 2018, S. 1-27

429 Vgl. Sharp, M./Ak, R. et al. (Machine Learning in Manufacturing), 2018, S. 26

Darauf aufbauend gehen sie direkt in die Datenaufbereitung über[430]. Obwohl es Erweiterungen zu CRISP-DM gibt, z. B. mit der Ergänzung um Stream Analytics[431], wird die Datenerfassung in den meisten Fällen vernachlässigt oder darauf reduziert, eine Schnittstelle zu bestehenden Datenquellen zu schaffen. In dieser Phase müssen die Herausforderungen der Datenintegration gelöst werden, die insbesondere durch die Einschränkungen der vorhandenen IT-Infrastrukturen bestehen[432]. Im Bereich von Fertigungssystemen ist die Zusammenführung und Aufzeichnung aller erzeugten Daten aus finanziellen sowie Komplexitätsgründen nicht durchführbar[433]. Auch aufgrund dieser Einschränkungen bei der Datenerfassung von Prozessdaten aus Produktionssystemen stellen Daten im Bereich der Fertigung zum Umsetzen von Data Analytics einen wertvollen Rohstoff dar[434,435].

In der aktuellen Forschung wird die Erzeugung von Wissen aus frühen Phasen der Entwicklung des Produktionssystems, den Prototypenphasen, dazu genutzt, die Technologieentwicklung voranzutreiben und implizites Wissen sichtbar zu machen[436]. Allerdings wird Data Analytics in diesen Fällen ausschließlich reaktiv eingesetzt, um Probleme innerhalb der Prototypenfertigung sichtbar zu machen und zu lösen[437]. Es ist kein Verfahren zur umfassenden Entwicklung eines integrierten Data Analytics Ansatzes und dessen Übertragbarkeit auf die Serienfertigung beschrieben.

MITTAL ET AL.[438] zeigen in ihrer Untersuchung, dass dem Erreichen der Industrie 4.0 eine Reihe von Forschungslücken entgegenstehen. Eine zentrale Aussage ihrer Arbeit ist, dass an vielen Stellen die Schritte zur Erreichung von Industrie 4.0 noch unklar sind und der Weg dorthin nicht evaluierbar ist. Forschungsseitig existieren bereits Ansätze, um eine Rückverfolgbarkeit der (Zwischen-)Produkte innerhalb der Wertschöpfungskette sicherzustellen[439]. Im Allgemeinen wird der Bewältigung der unzureichenden Datenqualität die größte Herausforderung in der Umsetzung von Data Analytics zugeschrieben[440]. Dies deckt sich mit den Ergebnissen der im Rahmen dieser Arbeit durchgeführten Studie und untermauert das Erfordernis nach einer Methode zur Sicherstellung proaktiver Datenverfügbarkeit, vgl. Unterkapitel 2.3.

---

[430] Vgl. Shearer, C. (CRISP-DM Model), 2000, S. 14-17

[431] Vgl. Kalgotra, P./Sharda, R. (CRISP-DM Stream Analytics), 2016, S. 2880-2884

[432] Vgl. Jirkovsky, V./Obitko, M. et al. (Understanding Data Heterogeneity), 2017, S. 661-662

[433] Vgl. Kampker, A./Heimes, H. et al. (Enabling Data Analytics), 2018, S. 122

[434] Vgl. Tan, J. S. K./Ang, A. K. et al. (Quality Analytics), 2016, S. 3455

[435] Vgl. Gadatsch, A. (Big Data), 2017, S. 3

[436] Vgl. Erichsen, J. A. B./Pedersen, A. L. et al. (Leveraging Knowledge), 2016, S. 1-6

[437] Vgl. Erichsen, J. A. B./Pedersen, A. L. et al. (Prototyping for Learning), 2016, S. 237

[438] Vgl. Mittal, S./Khan, M. A. et al. (A critical review of Industry 4.0), 2018, S. 28-30

[439] Vgl. Budak, A./Ustundag, A. et al. (Digital Traceability), 2018, S. 263

[440] Vgl. Österle, H./Otto, B. (Datenzentriertes Unternehmen), 2014, S. 95

3.2.6 Einordnung: Stand der Forschung und Technik von Data Analytics in der Fertigung

Zusammenfassend lässt sich Folgendes festhalten: Es wird erwartet, dass die Industrie 4.0 die Fertigungsindustrie revolutionieren wird. In diesem Kontext soll Data Analytics helfen, den Wissensaufbau bezüglich Wirkzusammenhängen innerhalb der Fertigung sowie deren Auswirkung auf die Qualität der Produkte zu beschleunigen[441]. Damit sollen die Engineering Prozesse unterstützt[442], die Produktion effizienter gestaltet und die Qualität abgesichert werden[443]. Es existiert bereits eine Reihe von Vorgehensmodellen für die Anwendung von Data Analytics und eine nennenswerte Anzahl an möglichen Analysemodellen. Dennoch stellen die Analyse von großen Datenmengen sowie der Aufbau der dazu erforderlichen Werkzeugketten nach wie vor wesentliche Forschungsschwerpunkte dar[444].

Für die Fertigung existieren einzelne spezialisierte Umsetzungen von Data Analytics[445]. Diese Anwendungsfälle sind meist lokal, d. h. sie arbeiten mit Daten von nur wenigen Maschinen beziehungsweise innerhalb eines Produktionsprozesses. Bestehende Data Analytics Methoden erfordern, dass auf hinreichende Datenbasen zurückgegriffen werden kann. Die Anwendung dieser Methoden findet ausschließlich an bestehenden Systemen (z. B. IT- oder Fertigungssystemen) statt. In diesen Fällen wird Data Analytics im Wesentlichen zur Lösung einzelner, konkreter Problemstellungen eingesetzt. Dadurch erfolgt die Anwendung von Data Analytics reaktiv auf Basis verfügbarer, historischer Daten.

Diese Rahmenbedingungen stellen erhebliche Einschränkungen bei der Anwendung von Data Analytics in der Fertigung dar und nutzen das Potential von Data Analytics nicht annähernd aus. Die Anwendung erfolgt nicht systematisch, sondern auf den Einzelfall zugeschnitten. Eine anforderungsgerechte Datenbasis und Verarbeitungskette müsste bereits vorliegen, damit Data Analytics wirksam eingesetzt werden kann. In der Praxis sind diese Voraussetzungen oft nicht gegeben, da zum Zeitpunkt der Errichtung der Produktionsanlagen derartige Anforderungen an die Datenverfügbarkeit nicht betrachtet wurden.

Die Defizite bei der Verfügbarkeit von prozess- und qualitätsrelevanten Daten decken sich mit der im Rahmen dieser Arbeit durchgeführten Studie[446]: Laut dieser Studie stellen die Datenerfassung und Datenaufbereitung die größten Aufwandstreiber bei

[441] Vgl. Kampker, A./Heimes, H. et al. (Enabling Data Analytics), 2018, S. 122
[442] Vgl. Lade, P./Ghosh, R. et al. (Manufacturing Analytics), 2017, S. 78
[443] Vgl. Heimes, H./Kampker, A. et al. (Scalable Data Analytics), 2019, S. 1
[444] Vgl. Kampker, A./Heimes, H. et al. (Enabling Data Analytics), 2018, S. 121-122
[445] Vgl. Heimes, H./Kampker, A. et al. (Potenziale & Hürden Data Analytics), 2019, S. 57
[446] Vgl. Heimes, H./Kampker, A. et al. (Potenziale & Hürden Data Analytics), 2019, S. 57-60

der Umsetzung von Data Analytics in der Serienfertigung dar. Data Analytics Vorgehensmodelle aus dem IT-Bereich vernachlässigen allerdings die Datenerfassung oder reduzieren sie auf eine Herstellung von Schnittstellen zu bestehenden IT-Systemen[447]. Dies liegt darin begründet, dass bestehende Data Analytics Methoden aus dem IT-Bereich an die (Prozess)-Leitebene bzw. an die Steuerungsebene, nicht aber an die Feld- und Prozessebene anknüpfen.

Diese Diskrepanz zwischen der Sicht der IT und der Realität in den Fertigungssystemen ist in Abbildung 3-13 veranschaulicht.

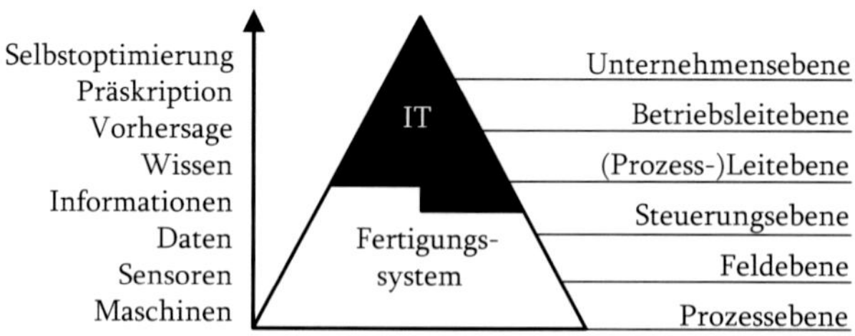

Abbildung 3-13: Wertschöpfung von Data Analytics

Auf der linken Seite der Abbildung ist zugehörig zur Automatisierungspyramide die Wertschöpfung von Data Analytics von den Maschinen und Sensoren bis hin zur Vorhersage und Selbstoptimierung dargestellt[448]. Demgegenüber stehen die für die Umsetzung von Data Analytics erforderlichen Ressourcen zur Datenerfassung aus den unterschiedlichen Ebenen (rechte Seite der Darstellung). Für die Wertschöpfung von Data Analytics bildet demnach die Datenerfassung aus dem Fertigungssystem die grundlegende Basis und das wesentliche Unterscheidungsmerkmal gegenüber bestehenden Ansätzen aus der IT zur Umsetzung von Data Analytics in einer Serienfertigung.

Im Bereich von Fertigungssystemen wird die Aufzeichnung und Zusammenführung aller erzeugten Daten aus finanziellen sowie Komplexitätsgründen derzeit nicht durchgeführt[449,450,451]. Daher und aufgrund des reaktiven Vorgehens müssen die für Data Analytics erforderlichen Daten im zu untersuchenden Einzelfall erst zeit- und kostenintensiv beschafft werden. Dies hat zur Folge, dass die in Data Analytics gesteckten Erwartungen bisher nicht erfüllt wurden. Es scheitern 60% bis hin zu 85% der Data Analytics

447 Vgl. Shearer, C. (CRISP-DM Model), 2000, S. 5-15
448 Vgl. Meudt, T./Pohl, M. et al. (Die Automatisierungspyramide), 2017, S. 6
449 Vgl. Heimes, H./Kampker, A. et al. (Scalable Data Analytics), 2019, S. 122
450 Vgl. Tan, J. S. K./Ang, A. K. et al. (Quality Analytics), 2016, S. 3455
451 Vgl. Gadatsch, A. (Big Data), 2017, S. 5

Projekte bereits früh in der Umsetzung[452,453]. Aus diesen Gründen existieren keine geeigneten Methoden zur umfassenden, systematischen Umsetzung von Data Analytics in der Serienfertigung.

3.3 Projektpriorisierung

Es ist nicht möglich, alle in der Serienfertigung anfallenden Daten zu erfassen und langfristig zu speichern[454]. Dies liegt an der hohen Komplexität der Systeme sowie an dem zu hohen Aufwand und den damit einhergehenden Kosten. Daher ist es notwendig, die für die Analyse in Frage kommende Datenmenge auf das nötige Maß zu reduzieren. Um den größten zu erwartenden Nutzen durch die Umsetzung von Data Analytics Anwendungsfällen zu erzielen, müssen diese Anwendungsfälle unter Berücksichtigung der zu erwartenden Aufwände priorisiert werden.

Eine solche Priorisierung befähigt die proaktive Integration von Data Analytics in die Serienfertigung. Denn durch eine definierte Auswahl umzusetzender Anwendungsfälle werden die Auslegung sowohl der Steuerungsinfrastruktur als auch der überlagerten IT-Infrastruktur sowie die langfristige Datenarchivierung planbar. Dieses systematische Vorgehen und die damit erzielbare Planbarkeit stellen für ein Unternehmen einen entscheidenden Wettbewerbsvorteil dar[455].

Da Datenquellen für unterschiedliche Data Analytics Anwendungsfälle wie z. B. für Trendanalysen, vorbeugende Instandhaltung oder Qualitätsvorhersagen mehrfach verwendbar sein können, dürfen sie nicht ausschließlich isoliert auf einen Anwendungsfall betrachtet werden. Vielmehr müssen bei der Priorisierung Synergien identifiziert und berücksichtigt werden.[456]

Durch Nutzung dieser Synergien kann eine belastbare Priorisierung erreicht werden, die den Erfordernissen eines gesamtheitlichen Data Analytics Ansatzes genügt und eine Überbewertung von Einzelanwendungsfällen vermeidet.

3.3.1 Projektpriorisierung und multikriterielle Analyse

Die Priorisierung von Data Analytics Anwendungsfällen stellt ein Optimierungsproblem dar. Typische Optimierungsprobleme im Bereich der Fertigung beschäftigen sich

[452] Vgl. Goasduff, L. (Data Analytics Mindset and Culture), 2015, S. 1
[453] Vgl. Henrion, M. (Why Data Analytics Projects Fail), 2019, S. 1-2
[454] Vgl. Kampker, A./Heimes, H. et al. (Enabling Data Analytics), 2018, S. 122
[455] Vgl. Heimes, H./Kampker, A. et al. (Prioritizing Digitalization Use Cases), 2019, S. 2
[456] Vgl. Heimes, H./Kampker, A. et al. (Prioritizing Digitalization Use Cases), 2019, S. 2

mit der Prozessoptimierung[457,458,459,460]. Durch die Prozessoptimierung wird ein Fertigungsprozess anhand von alternativen Fertigungsschritten optimiert. Dazu ist ein beschränktes Problem zu lösen, da Prozessschritte oder Prozessschritthierarchien ausgewechselt werden. Die Nutzen verschiedener Projekte innerhalb eines Fertigungssystems müssen für eine Priorisierung miteinander vergleichbar gemacht werden. Damit ein ermittelter Nutzen in bestehende Priorisierungsmethoden integriert werden kann, muss er in den vorherrschenden Metriken ausgewiesen werden können, z. B. Nutzen pro produzierte Einheit oder Gewinn pro Stunde[461].

Bei der Priorisierung von Data Analytics Anwendungsfällen sind bei den Aufwandsabschätzungen gegebenenfalls Synergieeffekte zu berücksichtigen[462]. Diese Synergien beruhen auf der Mehrfach- und Wiederverwendbarkeit von Datenquellen und Verarbeitungsketten sowie den Modellparametrierungen für mehrere Anwendungsfälle. Dadurch ergibt sich ein großer Lösungsraum, der die Priorisierung erschwert. Im Endeffekt gilt es, in der Gesamtbetrachtung einer Vielzahl von Anwendungsfällen eine realistische Abschätzung von Aufwand und Nutzen durchzuführen. Bisher werden diese Synergieeffekte bei der Priorisierung von Data Analytics Anwendungsfällen nicht betrachtet[463].

Bei der Planung und Optimierung von Fertigungssystemen werden Ansätze zur Modellierung und Optimierung hierarchischer Systeme diskutiert[464]. Die Optimierung hierarchischer Systeme zielt auf die Optimierung der Projektselektion[465] sowie auf die Optimierung des Fertigungsprozesses oder der Prozessketten ab[466,467]. Ein Überblick über gängige Projektselektionsmethoden wurde von VERBANO UND NOSELLA zusammengestellt[468]. Grundsätzlich werden die Methoden in die Klassen **qualitative Methoden**, **quantitative Methoden** sowie **hybride Methoden** unterteilt. Vertiefende Darstellungen zu Projektselektionsmethoden finden sich bei DUTRA ET AL[469].

---

457 Vgl. Biermann, D./Gausemeier, J. et al. (Planning of Manufacturing Processes), 2013, S. 657–664
458 Vgl. Dannenberg, M./Georgiadis, A. et al. (Optimization of Process Chains), 2014, S. 533–538
459 Vgl. Denkena, B./Behrens, B.-A. et al. (Process Chain Optimization Using GA), 2012, S. 29–37
460 Vgl. Wagner, T./Biermann, D. (Multi-level Modeling and Optimization), 2016, S. 159–164
461 Vgl. Hammer, M./Somers, K. et al. (Profit Per Hour as a Target), 2017, S. 715-720
462 Vgl. Heimes, H./Kampker, A. et al. (Prioritizing Digitalization Use Cases), 2019, S. 38
463 Vgl. Heimes, H./Kampker, A. et al. (Prioritizing Digitalization Use Cases), 2019, S. 39
464 Vgl. Wagner, T./Biermann, D. (Multi-level Modeling and Optimization), 2016, S. 159-164
465 Vgl. Bolat, B./Çebi, F. et al. (Fuzzy Project Selection), 2014, S. 247-260
466 Vgl. Biermann, D./Gausemeier, J. et al. (Planning of Manufacturing Processes), 2013, S. 657-664
467 Vgl. Dannenberg, M./Georgiadis, A. et al. (Optimization of Process Chains), 2014, S. 533-538
468 Vgl. Verbano, C./Nosella, A. (Project Selection Methods), 2010, S. 355-379
469 Vgl. Dutra, C. C./Ribeiro, J. L. D. et al. (Project Selection and Prioritization), 2014, S. 1042–1055

Qualitative Methoden verwenden ausschließlich qualitative Eingangsdaten. Bei diesen Methoden werden Projekte innerhalb des Entscheidungsfindungsprozesses ausgewählt, welcher im Wesentlichen auf der personenbezogenen Erfahrung eines oder mehrerer Experten und Entscheidungsträger aufbaut. Im Gegensatz dazu verwenden **quantitative Methoden** numerische Eingangsdaten. Auf diese werden mathematische Modelle und Algorithmen angewendet. Das Ergebnis quantitativer Methoden ist ebenfalls numerisch. **Hybride Methoden** bilden eine Kombination aus qualitativen und quantitativen Methoden.[470]

Operations Research[471] ist ein Oberbegriff für die mathematische Unterstützung der Projektpriorisierung und Entscheidungsfindung in Wissenschaft und Wirtschaft. Operations Research untersucht die Entwicklung und Anwendung quantitativer Modelle und Methoden zur Entscheidungsunterstützung mit Hilfe von Methoden aus der Mathematik und der Wirtschaftswissenschaften[472]. Ausgangspunkt für diese Untersuchungen sind die mathematische Optimierung und die Entscheidungsfindung anhand mehrerer Kriterien. Alternative Bezeichnungen dieses Ansatzes sind multikriterielle Entscheidungsanalysen und multikriterielle Optimierung.

Die grundlegende Theorie der multikriteriellen Optimierung wurde von EHRGOTT[473] beschrieben. Für das Verständnis dieser Theorie sind fundierte mathematische Kenntnisse erforderlich. Der entscheidende Aspekt ist die Übersetzung eines realen Problems in ein mathematisches Modell. Das mathematische Modell wird dann mit numerischen Methoden untersucht, um Lösungen bzw. Optima zu ermitteln[474]. Im Rahmen der **multikriteriellen Optimierung** wird zwischen kontinuierlicher und **diskreter** bzw. **kombinatorischer Optimierung** unterschieden[475].

Variablen können bei der **kontinuierlichen Optimierung** Werte in einer zusammenhängenden Domäne annehmen. Dabei sind die Zielfunktionen, d. h. ein zu optimierender Vektor von Funktionen, in der Regel differenzierbar. Dadurch wird die Wahrscheinlichkeit, einen geeigneten Lösungsalgorithmus zu finden, generell erhöht. Folglich existieren für diese Art der multikriteriellen Optimierung zahlreiche Lösungsmethoden[476].

---

[470] Vgl. Verbano, C./Nosella, A. (Project Selection Methods), 2010, S. 355-379

[471] Vgl. Winston, W. L./Goldberg, J. B. (Operations research), 2004, S. 1

[472] Vgl. Winston, W. L./Goldberg, J. B. (Operations research), 2004, S. 1

[473] Vgl. Ehrgott, M. (Multicriteria optimization), 2005, S. 1 ff.

[474] Vgl. Allaire, G. (Numerical Optimization), 2009, S. 2

[475] Vgl. Heimes, H./Kampker, A. et al. (Prioritizing Digitalization Use Cases), 2019, S. 2

[476] Vgl. Deb, K. (Multi-Objective Optimization), 2005, S. 286-287

Im Gegensatz dazu befasst sich die **kombinatorische** oder **diskrete Optimierung** mit inkohärenten Domänen, die oft nur eine endliche Anzahl von Werten besitzen[477]. Aufgrund der endlichen Anzahl von Werten scheinen diskrete Optimierungsprobleme einfacher lösbar zu sein. Tatsächlich besteht ein negativer Einfluss auf die Laufzeiten der Lösungsalgorithmen und die Komplexität des Problems[478,479]. Daher wird ein derartiges Problem in der Regel mit Hilfe von Heuristiken angegangen, was keine genaue Lösung, sondern eine Annäherung liefert[480]. Darüber hinaus sind die meisten verfügbaren Algorithmen für Funktionen mit linearen Zielvorgaben[481] ausgelegt.

Nachfolgend werden basierend auf den inhaltlichen sowie formalen Anforderungen an die Methodik (vgl. Unterkapitel 3.1) relevante Ansätze aus der Fachliteratur eingeführt und hinsichtlich ihres Beitrags zur Anforderungserfüllung bewertet. Als relevant werden Ansätze erachtet, bei denen eine methodische Priorisierung auf Basis eines multikriteriellen Optimierungsproblems durchgeführt wird. Hierbei werden sowohl qualitative, quantitative sowie hybride Methoden der Projektpriorisierung und -selektion betrachtet.[482]

3.3.1.1 Projektevaluierung in der IT nach ASOSHEH

Zwei qualitative Methoden zur Priorisierung von IT-Projekten wurden von ASHOSHEH entwickelt[483]. In der ersten Methode wird basierend auf einer Balanced Scorecard[484] ein Konzept zur Steuerung, Messung und Dokumentation der Strategie des Unternehmens erstellt. Basierend auf dieser Methode werden die relevanten Evaluationskriterien für die Priorisierung ermittelt.

Zur eigentlichen Priorisierung wird die Data Envelopment Analysis[485] eingesetzt. Diese Analyse führt eine vergleichende Messung der Effizienz von Entscheidungseinheiten durch, auf deren Basis die besten Projekte ausgewählt werden können[486].

Auf Basis der Eigenschaften der Projektevaluierung nach ASOSHEH lässt sich die Erfüllung der inhaltlichen und formalen Anforderungen an die Methodik bewerten, vgl. Ab-

[477] Vgl. Heimes, H./Kampker, A. et al. (Prioritizing Digitalization Use Cases), 2019, S. 2
[478] Vgl. Papadimitriou, C. H./Steiglitz, K. (Combinatorial optimization), 2014, S. 307-309, S. 315
[479] Vgl. Ulungu, E. L./Teghem, J. (MOCO Survey), 1994, S. 83
[480] Vgl. Schroth, P./Bührer, U. T. et al. (Priorisierung in der Digitalisierung), 2018, S. 9
[481] Vgl. Ehrgott, M. (Multicriteria optimization), 2005, S. 146-147
[482] Vgl. Schroth, P./Bührer, U. T. et al. (Priorisierung in der Digitalisierung), 2018, S. 8-12
[483] Vgl. Asosheh, A./Nalchigar, S. et al. (IT Project Evaluation), 2010, S. 5931-5938
[484] Vgl. Niven, P. R. (Balanced Scorecard), 2012, S. 31-70
[485] Vgl. Cooper, W. W./Seiford, L. M. et al. (Data Envelopment Analysis), 2011, S. 1-39
[486] Vgl. Cooper, W. W./Seiford, L. M. et al. (Data Envelopment Analysis), 2011, S. 1-39

bildung 3-16. Nicht betrachtet wird der Einsatz von Data Analytics. Daher sind die Anforderungen **Nutzung von Data Analytics** und **Ermöglichen einer skalierbaren Umsetzung von Data Analytics** nicht erfüllt. Diese Methode wurde erfolgreich bei der Priorisierung von IT-Projekten auf Basis von Expertenwissen eingesetzt. Grundsätzlich ist eine Priorisierung von Data Analytics Vorhaben unter Einbindung von Expertenwissen sowie Unternehmensstrategie denkbar. Daher wird die inhaltliche Anforderung **Einbinden und Verknüpfen von Expertenwissen, Unternehmensstrategien und bekannten Lösungsansätzen** erfüllt. Es werden allerdings keine Synergieeffekte berücksichtigt. Dadurch wird die inhaltliche Anforderung an die **gesamtheitliche Priorisierung von Data Analytics Vorhaben** nur teilweise erfüllt. Die übrigen inhaltlichen Anforderungen bleiben unbetrachtet und werden somit nicht erfüllt. Bezüglich der formalen Anforderungen ist **Handhabbarkeit**, **Nachvollziehbarkeit**, **Wiederverwendbarkeit** und **Allgemeingültigkeit** bei diesem Ansatz erfüllt. Die **Übertragbarkeit auf die Serienfertigung** wurde nicht näher betrachtet, ist für IT-Projekte in der Fertigung aber denkbar. Somit ist die korrespondierende Anforderung teilweise erfüllt.

3.3.1.2 Projektselektion nach BOLAT

Bei der Projektselektion nach BOLAT[487] handelt es sich um eine quantitative Methode zur Priorisierung von Projekten. Das Ziel bei dieser Methode ist die systematische Erstellung eines Projektselektionsmodells, welches mit unklaren Urteilen des Entscheidungsträgers umgehen kann.

Die Methode greift auf einen analytisch hierarchischen Prozess (AHP) zurück. Der AHP ist ein systematisches Verfahren zum Strukturieren, Vereinfachen und Lösen von Entscheidungsprozessen. Der Aufbau sowie die Kernkomponenten dieser hierarchischen Struktur sind in Abbildung 3-14 veranschaulicht. Als Vorbereitung für die Projektevaluation werden die Einzelprojekte hierbei jeweils anhand der unterschiedlichen dargestellten Kriterien gewichtet.

Nachfolgend wird eine multikriterielle lineare Optimierung eingesetzt, um Optimallösungen des aus mehreren linearen Zielfunktionen bestehenden Systems zu finden. Abschließend wird eine Sensitivitätsanalyse durchgeführt, um die Robustheit des vorgeschlagenen Modells zu untersuchen.

Aus den vorgestellten Eigenschaften der Projektauswahl nach BOLAT lässt sich die Erfüllung der inhaltlichen und formalen Anforderungen an die Methodik bewerten, vgl. Abbildung 3-16.

[487] Vgl. Bolat, B./Çebi, F. et al. (Fuzzy Project Selection), 2014, S. 247-260

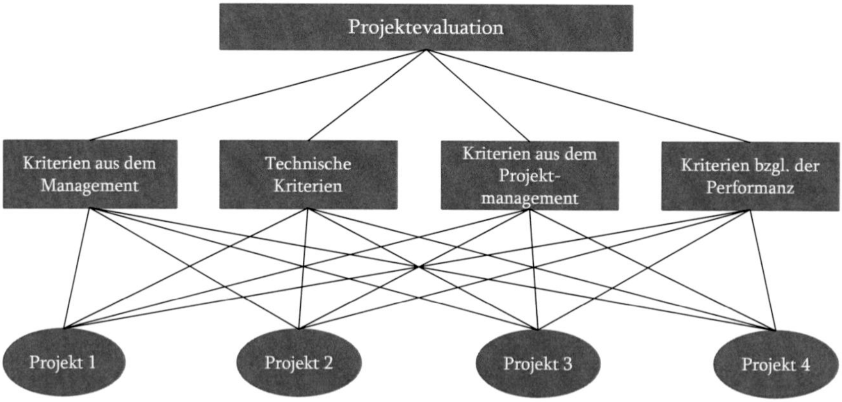

Abbildung 3-14: Hierarchische Struktur der Projektauswahl nach BOLAT[488]

Durch diesen Ansatz ist es möglich, einzelne IT-Projekte mit Hilfe von Expertenwissen und Unternehmensstrategien zu priorisieren. Daher ist die inhaltliche Anforderung **Einbinden und Verknüpfen von Expertenwissen, Unternehmensstrategien und bekannten Lösungen** erfüllt. Da die Projekte als voneinander unabhängig betrachtet werden und somit eine Bewertung der Synergien nicht möglich ist, lässt sich dieser Ansatz nur teilweise auf die **gesamtheitliche Priorisierung von Data Analytics Vorhaben übertragen**. Der Einsatz von Data Analytics wird nicht näher betrachtet. Daher leistet der Ansatz nach BOLAT keinen Beitrag bezüglich der weiteren **inhaltlichen Anforderungen** an die Methodik dieser Arbeit und erfüllt diese nicht. Die **formalen Anforderungen** werden vollständig, die der **Übertragbarkeit auf die Serienfertigung** nur teilweise, erfüllt. Letzteres liegt daran, dass eine Umsetzung als Softwareapplikation denkbar ist, die damit einhergehende Integration in Unternehmensprozesse allerdings unberücksichtigt bleibt.

3.3.1.3 Projektportfolio Selektion nach CARAZO

Bei dem Priorisierungsverfahren nach CARAZO[489] handelt es sich um eine quantitative Methode. Ziel ist die Auswahl eines effizienten Portfolios und dessen Zeitplanung. Den Kern hierfür bildet ein mathematisches Modell auf Basis einer multikriteriellen Opti-

[488] In Anlehnung an Bolat, B./Çebi, F. et al. (Fuzzy Project Selection), 2014, S. 252
[489] Vgl. Carazo, A. F./Gómez, T. et al. (Project Portfolio Selection), 2010, S. 630-639

mierung zur Erzeugung einer optimalen Projektselektion. Ausgegangen wird von zufällig erzeugten Daten und einer anschließenden Evaluation durch Abgleich mit einem Strength Pareto Evolutionary Algorithmus[490]. Das Modell betrachtet u. a. ungleich verteilte Verfügbarkeit und Verbrauch von Ressourcen, deren Transfer auf spätere Zeiten sowie Beziehungen, wie z. B. Unvereinbarkeit und Synergien zwischen den Projekten.

Aus mathematischer Sicht kommt zum einen eine multikriterielle kombinatorische Optimierung mehrerer Zielfunktionen zum Einsatz. Zum anderen wird der Tabu Search Algorithmus[491] verwendet, um eine Startlösung zu initiieren. Diese wird anschließend durch einen Scatter Search Algorithmus[492] verbessert, bis die Lösung den Evaluationskriterien genügt.

Aus den Eigenschaften des Priorisierungsverfahrens nach CARAZO lässt sich die Erfüllung der inhaltlichen und formalen Anforderungen an die Methodik bewerten, vgl. Abbildung 3-16. Da dieses Priorisierungsmodell eine Berücksichtigung von Synergien innerhalb der Projekte zulässt, ermöglicht es eine **gesamtheitliche Priorisierung von Data Analytics Anwendungsfällen**. Somit wird die zugehörige inhaltliche Anforderung erfüllt. Aufgrund des strukturierten Vorgehens werden die **formalen Anforderungen** bis auf die **Übertragbarkeit auf die Serienfertigung** erfüllt. Letztere wurde nicht von CARAZO untersucht, und es liegt auch keine softwaretechnische Umsetzung vor. Eine solche Umsetzung wäre allerdings denkbar. Die übrigen **inhaltlichen Anforderungen** an die Methodik werden nicht adressiert und werden somit nicht erfüllt.

3.3.1.4 Projektselektion zur Unterstützung von Investitionsentscheidungen nach AMIRI

Das Verfahren zur Projektselektion nach AMIRI hat das Ziel, alternative Projekte zu bewerten, um den Entscheidungsträger bei wirtschaftlichen Entscheidungen zu unterstützen[493]. Anwendung findet dieses Verfahren in der Ölindustrie bei der Auswahl neuer Öl-Förderprojekte. Methodisch handelt es sich bei diesem Verfahren um einen hybriden Ansatz. Der Lösungsprozess verwendet einerseits einen analytisch hierarchischen Prozess (AHP)[494] und andererseits die Fuzzy Technique for Order Preference by Similarity to Ideal Situation (TOPSIS)[495].

[490] Vgl. Zitzler, E./Thiele, L. (Multiobjective Evolutionary Algorithms Case Study), 1999, S. 257-271
[491] Vgl. Glover, F./Laguna, M. (Tabu Search), 1997, S. 2093-2229
[492] Vgl. Martí, R./Laguna, M. et al. (Scatter Search), 2006, S. 359-372
[493] Vgl. Amiri, M. P. (Project Selection for Oil-Fields), 2010, S. 6218-6224
[494] Vgl. Saaty, T. L. (Analytic Hierarchy Process), 2008, S. 83-97
[495] Vgl. Wang, Y.-M./Elhag, T. M. (TOPSIS Method), 2006, S. 309-319

Das AHP wird verwendet, um die Wichtigkeit der Projekte zu errechnen, die untereinander durch Gewichte in Relation stehen. Das Fuzzy TOPSIS wird zur Lösung von Entscheidungsproblemen herangezogen. Mögliche Projekte werden auf Grundlage des AHP bezüglich ihrer Vorteilhaftigkeit bewertet, indem jeweils die Abstände einer Variante zur besten und zur schlechtesten Variante berechnet werden. Auf diese Weise lässt sich dann eine Priorisierung ableiten.

Durch den AHP wird die inhaltliche Anforderung **Einbinden und Verknüpfen von Expertenwissen, Unternehmensstrategien und bekannten Lösungen** erfüllt. Eine Berücksichtigung von Synergien ist durch diesen Ansatz nicht möglich. Dadurch wird die inhaltliche Anforderung **gesamtheitliche Priorisierung von Data Analytics Vorhaben** nur teilweise erfüllt. Es ist auch keine Umsetzung des Verfahrens in Form einer Softwarelösung beschrieben. Eine solche Umsetzung als Softwarelösung ist aber denkbar. Eine direkte Integration in die Unternehmensprozesse ist somit nicht gegeben. Daher wird die formale Anforderung an die **Übertragbarkeit auf die Serienfertigung** nur teilweise erfüllt. Der Ansatz nach AMIRI leistet keinen Beitrag bezüglich der weiteren inhaltlichen Anforderungen an die Methodik dieser Arbeit. Die formalen Anforderungen werden mit Ausnahme der Übertragbarkeit auf die Serienfertigung unterstützt, vgl. Abbildung 3-16.

3.3.1.5 Projektselektion in Organisationen nach BAI

Der Ansatz zur Projektselektion in Organisationen nach BAI basiert auf multikriteriellen Evaluationsmethoden und neuronalen Netzen[496]. Er ist den hybriden Methoden zuzuordnen. Ein Überblick des Vorgehens ist in Abbildung 3-15 dargestellt.

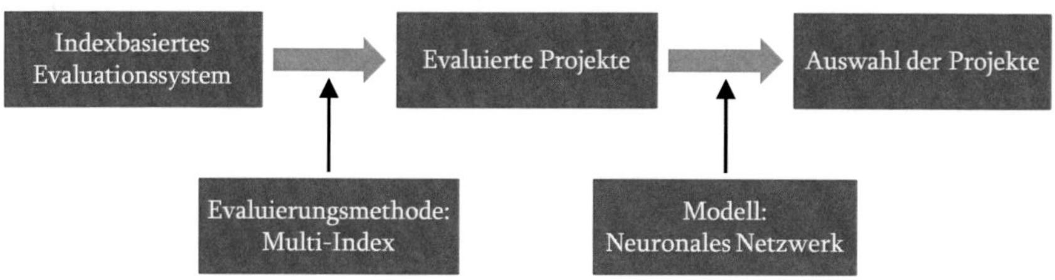

Abbildung 3-15: Projektselektion nach BAI[497]

In einem ersten Schritt werden mittels einer Balanced Scorecard die zur Unternehmensstrategie am besten passenden Projekte ausgewählt und als indexbasiertes Evaluationssystem dargestellt. Dieses Vorgehen entspricht somit dem qualitativen Ansatz.

[496] Vgl. Bai, S./Li, S. et al. (Organizational Project Selection), 2010, S. 1-5

[497] In Anlehnung an Bai, S./Li, S. et al. (Organizational Project Selection), 2010, S. 1

Als weitere qualitative Methode wird zur Evaluierung ein Multi-Index System verwendet. Auf Basis von Expertenwissen und Unternehmensstrategie wird hierbei eine Evaluationsmatrix für die Projektevaluation erstellt. Mit Hilfe dieser Matrix wird für jedes Projekt ein Evaluationswert ermittelt.

Als quantitative Methode kommt im nächsten Schritt ein neuronales Netzwerk zum Einsatz, um basierend auf der Projektevaluation ein neuronales Netzwerk der Projektauswahl zu erlernen. Hierbei handelt es sich um ein überwachtes Lernverfahren mit einer Fehlerrückführung, auch Backpropagation genannt. Es hat das Ziel, ein Modell für einen bestimmten Zielwert zu erlernen[498].

Aus den vorgestellten Eigenschaften des Priorisierungsverfahrens nach BAI lässt sich die Erfüllung der inhaltlichen und formalen Anforderungen an die Methodik bewerten, vgl. Abbildung 3-16. Durch diese hybride Methode ist es möglich, Expertenwissen und Unternehmensstrategien in den Priorisierungsprozess mit einfließen zu lassen. Dadurch wird die inhaltliche Anforderung von **Einbinden und Verknüpfen von Expertenwissen, Unternehmensstrategien und bekannten Lösungen** erfüllt.

Eine mögliche Berücksichtigung von Synergien innerhalb der Projekte findet keine Erwähnung. Eine Übertragung im Speziellen auf Data Analytics Vorhaben findet nicht statt. Daher wird die inhaltliche Anforderung einer **gesamtheitlichen Priorisierung von Data Analytics Vorhaben** nur teilweise erfüllt. Die übrigen inhaltlichen Anforderungen werden nicht adressiert. Daher werden sie nicht erfüllt. Außerdem ist in diesem Ansatz keine Integration in Unternehmensprozesse oder eine Umsetzung als Applikation beschrieben. Bezüglich der formalen Anforderungen müssen somit Abstriche bei der **Übertragbarkeit auf das Themenfeld der Serienfertigung** gemacht werden. Die korrespondierende Anforderung wird nur teilweise erfüllt. Die weiteren **formalen Anforderungen** werden durch die Methode nach BAI erfüllt.

3.3.1.6 Projektselektion und Priorisierung nach DUTRA

Bei dem Vorgehen zur Projektselektion und Priorisierung nach DUTRA[499] handelt es sich ebenfalls um eine hybride Methode. Bei diesem Vorgehen findet die Projektselektion mittels stochastischer Methoden statt. Dieses Vorgehen wird beispielhaft in der Priorisierung des Portfolios eines Energieversorgungsunternehmens angewendet[500].

Das Vorgehen nach DUTRA umfasst ein Rahmenwerk zur Durchführung von Projekt-

[498] Vgl. Jin, W./Li, Z. J. et al. (Improvements of BP), 2000, S. 1647-1649

[499] Vgl. Dutra, C. C./Ribeiro, J. L. D. et al. (Project Selection and Prioritization), 2014, S. 1042-1055

[500] Vgl. Dutra, C. C./Ribeiro, J. L. D. et al. (Project Selection and Prioritization), 2014, S. 1042-1055

priorisierungen. Zunächst werden mittels einer qualitativen Analyse Kosten- und Nutzenparameter anhand von Expertenwissen abgeleitet. Diese bilden die Grundlage für die Selektion. Als quantitative Methode wird eine Monte Carlo Simulation[501] eingesetzt. Durch die Monte Carlo Simulation wird eine Kalkulation der Gesamtkosten und des Gesamtnutzens durchgeführt. Auf diese Weise kann eine optimale Projektzusammenstellung ermittelt werden.

Aus den Eigenschaften der Projektselektion und Priorisierung nach DUTRA lässt sich die Erfüllung der inhaltlichen und formalen Anforderungen an die Methodik bewerten, vgl. Abbildung 3-16. Aufgrund der eingeführten Eigenschaften ist der Beitrag zur Erfüllung der Anforderungen an die Methodik dieser Arbeit vergleichbar mit den bereits eingeführten hybriden Ansätzen. Bezogen auf die inhaltlichen Anforderungen an diese Arbeit ist die Anforderung **Einbinden und Verknüpfen von Expertenwissen und Unternehmensstrategien** erfüllt. Die Anforderungen an die **gesamtheitliche Priorisierung von Data Analytics Vorhaben** sind aufgrund der beschriebenen Einschränkungen nur teilweise erfüllt. Es wird kein Beitrag zur Erfüllung der übrigen **inhaltlichen Anforderungen** geleistet. Bezüglich der formalen Anforderungen müssen Abstriche bei der **Übertragbarkeit/Anwendbarkeit auf das Themenfeld der Serienfertigung** gemacht werden. Somit wird die zugehörige Anforderung nur teilweise erfüllt. Die Bewertung ist in Abbildung 3-16 aufgeführt.

3.3.2 Einordnung: Priorisierung für Data Analytics

Im Unterkapitel 3.3 wurde eine Reihe an Ansätzen zur Projektpriorisierung vorgestellt. Auffallend ist, dass bestehende Ansätze üblicherweise voneinander unabhängige Einzelprojekte oder deren Abhängigkeiten bezüglich Umsetzungsreihenfolgen betrachten. Durch qualitative Methoden lassen sich Expertenwissen und Unternehmensstrategien einbinden. Quantitative Methoden ermöglichen den Einsatz verschiedener Algorithmen, um numerische Lösungen des Optimierungsproblems zu erhalten. Hybride Methoden ermöglichen das Einbringen von Expertenwissen und Unternehmensstrategien in den Priorisierungsprozess. Sie beinhalten eine quantitative Bewertungslogik für voneinander unabhängige Projekte. Die Berücksichtigung von Synergien zwischen Projekten wird nur im Vorgehen nach CARAZO[502] behandelt.

In vielen Fällen handelt es sich zudem um theoretische Vorgehensweisen, bei denen noch keine praktische Umsetzung als Softwarelösung oder eine Integration in Unter-

---

[501] Vgl. Mooney, C. Z. (Monte Carlo Simulation), 2003, S. 1-112

[502] Vgl. Carazo, A. F./Gómez, T. et al. (Project Portfolio Selection), 2010, S. 630-639

nehmensprozesse verfügbar ist. Des Weiteren existiert kein Ansatz, der die Priorisierung von Data Analytics Vorhaben und deren spezifische Anforderungen berücksichtigt. Keiner der vorgestellten Ansätze kann einen Beitrag zu allen Anforderungen an die vorliegende Methodik leisten.

3.4 Handlungsbedarfe aus der Theorie

Ansätze der Industrie 4.0 und insbesondere Data Analytics bieten Chancen, den Wissensaufbau bezüglich komplexer Fertigungssysteme zu beschleunigen. In einer großen Anzahl an Arbeiten konnte bereits von Erfolgen in Bezug auf die Anwendung von einzelnen Data Analytics Anwendungsfällen berichtet werden[503,504,505]. In diesem Kapitel wurden unterschiedliche Methoden und Ansätze auf ihre Eignung hin untersucht, Data Analytics proaktiv in die Serienfertigung integrieren zu können. Außerdem wurden Ansätze zur Projektpriorisierung betrachtet, um ihre Eignung zur Priorisierung beim Vorliegen einer großen Anzahl an Data Analytics Anwendungsfällen innerhalb eines Fertigungssystems zu bewerten.

Die Ergebnisse dieser Untersuchungen sind in Abbildung 3-16 zusammengestellt. Aufgeführt sind die verschiedenen Ansätze mit dem Jahr ihrer Veröffentlichung sowie die Bewertungsergebnisse hinsichtlich der Erfüllung der inhaltlichen und formalen Anforderungen an die Methodik zur proaktiven Integration von Data Analytics in die Serienfertigung. Nachfolgend werden die Erkenntnisse diskutiert. Als Bewertungsgrundlage dienen die in Kapitel 2 hergeleiteten Handlungsbedarfe aus der Praxis sowie die in Unterkapitel 3.1 hergeleiteten Anforderungen an die Methodik.

In dem vorliegenden Kapitel wurden bestehende **Data Analytics Methoden** aus dem Bereich der IT untersucht. Sowohl die kanonischen Ansätze KDD und CRISP-DM als auch die von diesen Ansätzen abgeleiteten Methoden unterstützen grundsätzlich die Anwendung von Data Analytics im Rahmen isolierter Projekte.

Die **proaktive Identifikation von prozess- und qualitätsrelevanten Daten** findet bei den meisten betrachteten Methoden keine Beachtung. Dies ist darin begründet, dass die Methoden reaktiv eingesetzt werden und bei der Bearbeitung auf bestehende Datenbasen zurückgegriffen wird. Lediglich eine neuere Methode (DST) sowie zwei der untersuchten Ansätze für Data Analytics in der Fertigung (GRÖGER und IAM) betrachten die Datenerfassung als wesentliche Grundlage für Data Analytics.

---

503 Vgl. Drath, R./Horch, A. (Industrie 4.0), 2014, S. 56-58

504 Vgl. Monostori, L./Kádár, B. et al. (Cyber-physical systems in manufacturing), 2016, S. 621-638

505 Vgl. Wagner, R. M. (Industrie 4.0), 2018, S. 138

In Bezug auf das **Einbinden und Verknüpfen von Expertenwissen, Unternehmensstrategien und bekannten Lösungen** leisten eine Reihe der betrachteten Methoden einen erheblichen Beitrag. Bei den untersuchten Methoden für Data Analytics wird in Phasen des Geschäftsverständnisses die Unternehmensstrategie als Grundlage zur Lenkung des Data Analytics Vorhabens eingesetzt. Einige der Ansätze legen Wert auf eine Identifikation der erforderlichen Rollen, aus denen das Projektteam zusammengesetzt wird. Dadurch wird der Einfluss von Expertenwissen aus unterschiedlichen Fachbereichen sichergestellt und es kann auf bereits bekannte Lösungen zurückgegriffen werden. Bei den betrachteten Methoden zur Priorisierung von Projekten bietet das Expertenwissen und die Unternehmensstrategie die Grundlage für die Aufwand- und Nutzenbewertung der zu betrachtenden Projekte. Ausgenommen davon ist das Vorgehen nach CARAZO[506], bei dem rein numerische Eingangsinformationen verarbeitet werden.

Die **gesamtheitliche Priorisierung von Data Analytics Vorhaben** wird von keiner der untersuchten Data Analytics Methoden und keiner bestehenden Anwendung von Data Analytics in der Fertigung unterstützt. Bei den betrachteten Methoden zur Priorisierung von Projekten werden üblicherweise Einzelprojekte, die voneinander unabhängig sind, betrachtet und bewertet. Die Berücksichtigung von Synergien zwischen Projekten wird lediglich im Vorgehen nach CARAZO[507] behandelt.

Das **Ermöglichen einer skalierbaren Umsetzung von Data Analytics** spielt nur in den wenigsten untersuchten Methoden eine Rolle. Der Grund hierfür liegt in der problemgetriebenen Einsatzweise von Data Analytics, indem reaktiv einzelne Problemstellungen bearbeitet werden. Außerdem wird Data Analytics in den frühen Entwicklungsphasen des Fertigungssystems nicht berücksichtigt. Daher hat die Skalierbarkeit von Data Analytics keine Priorität und ist deshalb nicht vorgesehen. Lediglich RAMI 4.0 bietet durch seinen Fokus auf standardisierte Industrie 4.0 Komponenten eine vielversprechende Perspektive für eine skalierbare Umsetzung von Data Analytics. Bei den beleuchteten Methoden zur Projektpriorisierung ist die skalierbare Umsetzung von Data Analytics kein Betrachtungsgegenstand.

Aus der Untersuchung des Beitrags der eingeführten Methoden und Ansätze bestehen somit die wesentlichen Defizite aus der Theorie zusammengefasst darin, dass

1. keine methodische Sicherstellung der Verfügbarkeit der richtigen Daten in hinreichender Qualität zur richtigen Zeit,

[506] Vgl. Carazo, A. F./Gómez, T. et al. (Project Portfolio Selection), 2010, S. 630-639
[507] Vgl. Carazo, A. F./Gómez, T. et al. (Project Portfolio Selection), 2010, S. 630-639

2. keine Identifikation und Priorisierung nutzenbringender Data Analytics Anwendungsfälle in der frühen Phase und
3. keine Einbettung von Data Analytics Anwendungsfällen in den Entwicklungsprozess von Fertigungssystemen

möglich ist. Die formalen Anforderungen an die Methodik **Handhabbarkeit, Nachvollziehbarkeit, Wiederverwendbarkeit sowie Allgemeingültigkeit** werden von dem Großteil der untersuchten Methoden erfüllt. Lediglich betrachtete Einzelanwendungen oder wenig strukturierte Methoden können bezüglich dieser Anforderungen keinen zufriedenstellenden Beitrag leisten. Die formale Anforderung **Übertragbarkeit/Anwendbarkeit im Themenfeld der Serienfertigung** wird erwartungsgemäß ausschließlich von den betrachteten Methoden für Data Analytics in der Fertigung zufriedenstellend erfüllt. Bei den anderen Methoden ist dies kein Betrachtungsgegenstand, auch wenn Potentiale im Hinblick auf die Übertragbarkeit erkennbar sind.

Die untersuchten Methoden und Ansätze erfüllen viele der inhaltlichen sowie formalen Anforderungen. Keiner der vorgestellten Ansätze und keine der untersuchten Methoden wird sämtlichen Anforderungen gerecht. Daher ist eine Methodik zu konzipieren, die sämtliche Anforderungen erfüllt und somit eine proaktive Integration von Data Analytics in die Serienfertigung ermöglicht. Dabei ist der Ansatz zu verfolgen, bei der zu entwickelnden Methodik auf bereits bestehende Methoden und Ansätze zurückzugreifen und diese in geeigneter Weise zu integrieren.

			Inhaltliche Anforderungen					Formale Anforderungen				
			Nutzung von Data Analytics	Proaktive Identifikation von prozess- und qualitätsrelevanten Daten	Einbinden und Verknüpfen von Expertenwissen, Unternehmensstrategien und bekannten Lösungen	Gesamtheitliche Priorisierung von Data Analytics Vorhaben	Ermöglichen einer skalierbaren Umsetzung von Data Analytics	Handhabbarkeit	Nachvollziehbarkeit	Wiederverwendbarkeit	Allgemeingültigkeit	Übertragbarkeit/Anwendbarkeit im Themenfeld der Serienfertigung
Data Analytics in der Serienfertigung	Data Analytics Methoden aus der IT	KDD (1994)	●	○	○	○	○	◑	●	●	●	○
		CRISP-DM (2000)	●	○	◑	○	◑	◑	●	●	●	◑
		BÜCHNER (1997)	●	○	◑	○	◑	◑	●	●	●	◑
		GANDOMI (2015)	●	○	○	○	○	◑	◑	◑	◑	○
		CABENA (1997)	●	○	◑	○	○	◑	●	●	●	○
		ASUM-DM (2015)	●	○	◑	○	●	◑	●	●	●	●
		DST (2020)	●	◑	◑	○	◑	◑	●	◑	●	◑
	DA in Fertigung	AMAP (2015)	●	◑	◑	○	◑	●	●	●	◑	●
		IAM (2016)	●	◑	●	○	◑	●	●	●	◑	●
		RAMI 4.0 (2015)	●	○	◑	◑	●	◑	●	●	●	●
	Priorisierung von Projekten	ASOSHEH (2010)	○	○	●	◑	○	●	●	●	●	◑
		BOLAT (2014)	○	○	●	◑	○	●	●	●	●	◑
		CARAZO (2010)	○	○	○	●	○	●	●	●	●	◑
		AMIRI (2010)	○	○	●	◑	○	●	●	●	●	◑
		BAI (2010)	○	○	●	◑	○	●	●	●	●	◑
		DUTRA (2014)	○	○	●	◑	○	●	●	●	●	◑

Legende: ○ Kaum oder gar nicht erfüllt ◑ Teilweise erfüllt ● Voll erfüllt

Abbildung 3-16: Bewertung bestehender Methoden und Ansätze

4 Konzeption der Methodik

In den vorangegangenen Kapiteln wurde zunächst der **Betrachtungsbereich** der vorliegenden Arbeit (vgl. Kapitel 2) eingegrenzt. In Kapitel 3 wurde der **Gestaltungsbereich** untersucht. Dabei wurden bestehende Methoden, Ansätze und Werkzeuge hinsichtlich ihres Lösungsbeitrags bezüglich des Praxisdefizits bewertet. Das Ergebnis dieser Bewertung zeigte auf, dass derzeit keine **Methodik zur proaktiven Integration von Data Analytics in die Serienfertigung** zur Verfügung steht. Daher erfolgt in diesem Kapitel die Konzeptionierung einer solchen Methodik.

Innerhalb der Konzeption der Methodik wird zunächst der formale Rahmen der in dieser Arbeit verwendeten Modellierungstheorie definiert (vgl. Unterkapitel 4.1). Auf dieser Grundlage wird in Unterkapitel 4.2 die **Aufbaustruktur** und in Unterkapitel 4.3 die **Ablaufstruktur** der Methodik entwickelt. Durch die Aufbaustruktur wird anhand des wissenschaftlichen Ordnungsrahmens und der anerkannten Ansätze aus der Wissenschaft die Grundlage für ein Grobkonzept der Methodik gelegt[508]. Innerhalb der Ablaufstruktur werden auf Basis einer Modellierungssprache die Phasen der Methodik sowie der Lösungsweg zur vorliegenden Problemstellung dargestellt. Abschließend wird in Unterkapitel 4.4 ein Fazit zur Konzeptionierung der Methodik gegeben, mit dem zur Detaillierung der Methodik in Kapitel 5 übergeleitet wird.

4.1 Grundlagen der Modellierungstheorie

Zur Konzeptionierung der Methodik werden nachfolgend die erforderlichen Grundlagen mit dem Ziel eingeführt, die an die Konzeption gestellten Anforderungen zu erfüllen. Diese Anforderungen werden aus der allgemeinen Modelltheorie sowie der Systemtechnik abgeleitet[509].

In der allgemeinen Modelltheorie wird im Rahmen des Problemlösungsprozesses ein Realproblem in ein Formalproblem überführt, vgl. Abschnitt 4.1.1. Anhand des Lösungsprozesses des Formalproblems wird anschließend das Realproblem gelöst.[510]

[508] Vgl. Heimes, H. H. (Auswahl von Fertigungsressourcen), 2014, S. 103

[509] Vgl. Dissertationen nach Heimes, H. H. (Auswahl von Fertigungsressourcen), 2014, S. 103 ff., Gaus, F. (Geschäftsmodell im Werkzeugbau), 2010, S. 80 ff., Koch, S. (Wandlungsfähigkeit von Fabriken), 2011, S.107 ff., Döring, S. T. (Auftragsabwicklung im Werkzeugbau), 2010, S. 74 ff.

[510] Vgl. Gaus, F. (Geschäftsmodell im Werkzeugbau), 2010, S. 80 f.

Die Lösung des Formalproblems wird durch die Systemtechnik durch Einsatz ingenieurmäßiger Methoden und Hilfsmittel unterstützt[511], vgl. Abschnitt 4.1.2.

4.1.1 Allgemeine Modelltheorie

Um die hochkomplexen Problemstellungen aus der Realität beherrschen zu können, werden abstrahierte Modelle eingesetzt[512]. Modelle dienen einer vereinfachten Darstellung komplexer Zusammenhänge der Wirklichkeit, um mit deren Hilfe Erkenntnisse über Grundzusammenhänge und Prozesse zu erlangen[513]. Das Abstraktionsniveau der Modelle ist dabei für den jeweiligen Anwendungsfall so zu wählen, dass die Realität hinreichend korrekt beschrieben werden kann[514].

Die Modelle können durch unterschiedliche Merkmale und Zielsetzungen klassifiziert werden. Nach STACHOWIAK[515] gibt es für Modelle die folgenden drei Merkmale:

- das **Abbildungsmerkmal**; es stellt die Anforderung an das Modell, eine Abbildung eines in der Realität enthaltenen Originals zu sein
- das **Verkürzungsmerkmal**; es fordert, dass nur die für den jeweiligen Anwendungsfall relevanten Mechanismen und Zusammenhänge im Modell abgebildet sind
- das **pragmatische Merkmal**; es erfordert die Definition der Zielsetzung, der Zeitdauer und der Nutzer, für die das Modell Relevanz besitzen soll

Nach PATZAK[516] werden Modelle gemäß ihrer Zielsetzung anhand der folgenden vier Kategorien klassifiziert:

1. **Beschreibungsmodelle** bieten eine objektive Beschreibung der Gestalt eines Systems und verzichten darauf, zu analysieren oder eine Grundlage für eine Entscheidung zu bilden
2. **Erklärungsmodelle** dienen dazu, die Zustände eines Systems begreiflich zu machen
3. **Prognosemodelle** werden benötigt, zukünftige Systemzustände vorherzusagen
4. **Entscheidungsmodelle** befähigen einen Anwender des Modells, Entscheidungen bezüglich des Systems zu treffen

[511] Vgl. Döring, S. T. (Auftragsabwicklung im Werkzeugbau), 2010, S. 74
[512] Vgl. Daenzer, W. F./Haberfellner, R. et al. (Systems Engineering), 1999, S. 10
[513] Vgl. Wöhe, G./Döring, U. (Betriebswirtschaftslehre), 2008, S. 12
[514] Vgl. Wöhe, G./Döring, U. (Betriebswirtschaftslehre), 2008, S. 12 f.
[515] Vgl. Stachowiak, H. (Allgemeine Modelltheorie), 1973, S. 130 ff.
[516] Vgl. Patzak, G. (Systemtechnik), 1982, S. 313 ff.

Die eingeführte Modelltheorie unterstützt den Erkenntnisprozess bei der Lösung von Realproblemen[517]. Um innerhalb des Erkenntnisprozesses das Realproblem in ein Formalproblem überführen zu können, wird auf die Modelltheorie zurückgegriffen. Es muss ein Modell des vorliegenden Realproblems erstellt werden, welches die Merkmale der Abbildung und Verkürzung aufweist sowie einem Pragmatismus folgen soll, der dem realen Anwendungsfall gerecht wird. Zur Lösung des Formalproblems ist zumeist das Zusammenfügen unterschiedlicher Teilmodelle zu einem Gesamtmodell erforderlich.

4.1.2 Systemtechnik

Zur Analyse von Systemen und zur Strukturierung von Problemlösungsprozessen bietet die Systemtechnik die erforderlichen Techniken und Vorgehensmodelle[518]. Dabei erfolgt der Erkenntnisprozess in den in Abbildung 4-1 dargestellten Phasen[519].

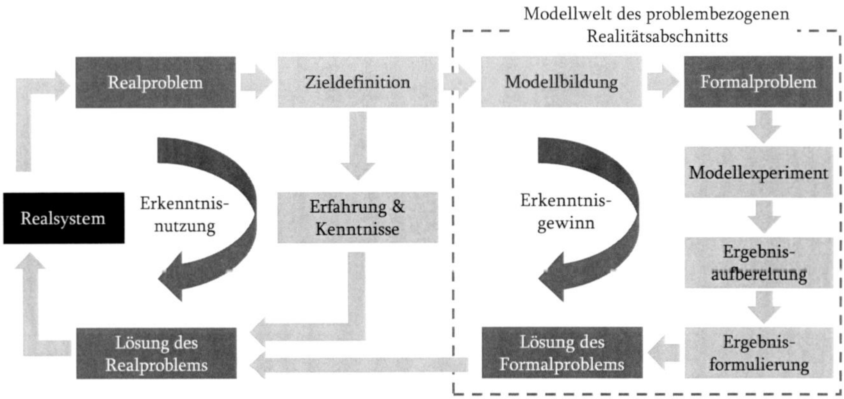

Abbildung 4-1: Erkenntnisprozess zur Lösung von Realproblemen[520]

Die Systemtechnik bietet Beschreibungsmodelle, Ansätze und Vorgehensweisen, die die Bearbeitung komplexer Problemstellungen innerhalb eines Systems erlauben[521].

---

[517] Vgl. Döring, S. T. (Auftragsabwicklung im Werkzeugbau), 2010, S. 76 f.

[518] Vgl. Gaus, F. (Geschäftsmodell im Werkzeugbau), 2010, S. 80

[519] Vgl. Döring, S. T. (Auftragsabwicklung im Werkzeugbau), 2010, S. 76 ff.

[520] Abbildung in Anlehnung an Döring, S. T. (Auftragsabwicklung im Werkzeugbau), 2010, S. 76, Heimes, H. H. (Auswahl von Fertigungsressourcen), 2014, Heimes, H. H. (Auswahl von Fertigungsressourcen), 2014, S. 105 und Lange-Stalinski, T. (Produktionssysteme), 2003, S. 45

[521] In der Literatur wird für die Systemtechnik synonym auch der englische Begriff Systems Engineering verwendet, vgl. z. B. Haberfellner, R./Daenzer, W. F. et al. (Systems Engineering), 1997, S. 6, Lenk, H./Ropohl, G. (Systemtheorie), 1978, S. 9 ff.

Mittels der Systemtechnik wird ein Rahmen gegeben, der dabei unterstützt, technische Probleme zu erkennen und zu lösen[522]. Zur Problemlösung setzt die Systemtechnik auf die Leitgedanken des **Systemdenkens** und des **Vorgehensmodells**[523].

Durch das **Systemdenken** werden Handeln und Denken innerhalb einer Systemstruktur definiert. Dabei besteht die Systemstruktur aus Elementen des Systems und deren starken wechselseitigen Beziehungen sowie aus weniger stark ausgeprägten Beziehungen zu Elementen anderer Systeme[524].

Das **Vorgehensmodell** bietet die folgenden Elemente zur Problemstrukturierung[525]:

- Vom Groben ins Detail: Dies entspricht einer schrittweisen Reduktion des Betrachtungs- und Lösungsraums bis zu dem Punkt, an dem die Systemgrenze für die Problemstellung hinreichend eingegrenzt ist
- Variantenbildung: Durch die Variantenbildung lassen sich mehrere Lösungsmöglichkeiten betrachten und dadurch kann eine Eingrenzung des Lösungsraums unterstützt werden
- Phasengliederung: Zur Strukturierung des Lösungsvorgehens werden unterschiedliche Phasen mit definiertem Ein- und Ausgang festgelegt
- Problemlösungsprozess: Im Problemlösungsprozess wird der Lösungsprozess in die „Identifikation der Problemstellung", die „Definition der Ziel- und Lösungssuche" sowie die „Lösungsauswahl" gegliedert[526]

Basierend auf der eingeführten Modelltheorie und Systemtechnik lassen sich Erkenntnisprozesse zur Lösung von Realproblemen gestalten.

In dieser Arbeit wird ein Erkenntnisprozess für die proaktive Integration von Data Analytics in die Serienfertigung konzipiert. Dazu wird zur Lösung des Formalproblems auf die in Abschnitt 4.1.1 eingeführte Modelltheorie zurückgegriffen, um ein entsprechendes Vorgehensmodell zu entwickeln. Die in Abschnitt 4.1.2 eingeführte Systemtechnik bietet die dazu erforderlichen Hilfsmittel und Techniken.

[522] Vgl. Heimes, H. H. (Auswahl von Fertigungsressourcen), 2014, S. 105

[523] Vgl. Koch, S. (Wandlungsfähigkeit von Fabriken), 2011, S. 108

[524] Vgl. Döring, S. T. (Auftragsabwicklung im Werkzeugbau), 2010, S. 74

[525] Vgl. Heimes, H. H. (Auswahl von Fertigungsressourcen), 2014, S. 106, Döring, S. T. (Auftragsabwicklung im Werkzeugbau), 2010, S. 74 f. und Giehler, F. (Planungsproduktivität), 2010, S. 76

[526] Vgl. Daenzer, W. F./Haberfellner, R. et al. (Systems Engineering), 1999, S. 30 ff.

4.2 Aufbaustruktur

Basierend auf der in Unterkapitel 4.1 eingeführten Modelltheorie und Systemtechnik ist es möglich, das Formalproblem zu lösen (vgl. Abbildung 4-1). Daher wird im Folgenden für die Lösung des Formalproblems der vorliegenden Arbeit eine eigene Aufbaustruktur entwickelt. Somit kann das Formalproblem innerhalb eines wissenschaftlichen Bezugsrahmens gelöst und innerhalb des Erkenntnisprozesses zur Lösung des Realproblems eingesetzt werden. Diese anschließende Lösung des Realproblems wird nachfolgend innerhalb der Ablaufstruktur der Methodik durchgeführt.

4.2.1 Erkenntnisprozess zur Lösung von Realproblemen

Um dem Prozess zur Lösung von Realproblemen zu genügen, ist das vorliegende Realproblem einleitend zu identifizieren[527]. Das im Rahmen dieser Arbeit zur Lösung stehende Realproblem wurde bereits in Kapitel 1 eingeführt und in den darauffolgenden Kapiteln näher herausgearbeitet, vgl. Abbildung 2-23. Das Realproblem im Rahmen dieser Arbeit besteht für den Anwender der Methodik in der proaktiven Integration von Data Analytics in die Serienfertigung.

Um zur Lösung des Realproblems zu gelangen, ist eine Zieldefinition erforderlich sowie eine Definition der Prämissen, unter denen das Realproblem zu lösen ist. Die konkrete Problemstellung ist anhand der multidisziplinären Erfahrungen im Umfeld des Anwenders sowie dem Stand der Technik der Data Analytics Ansätze zu lösen.

Der zur Lösung des Realproblems erforderliche Erkenntnisprozess verlangt die Berücksichtigung von individuellen Erfahrungen und Kenntnissen. Zusätzlich müssen die Ergebnisse berücksichtigt werden, die durch Überführung des Realproblems in ein Formalproblem aus dem anschließenden Lösungsprozess resultieren (vgl. Abbildung 4-2). Um ein Realproblem in ein Formalproblem überführen zu können, hat innerhalb des Initiierungsmoduls die erforderliche Modellbildung zu erfolgen.

Innerhalb des Initiierungsmoduls müssen die Einflussfaktoren auf das Realproblem identifiziert werden. Nach der Überführung des Realproblems in ein Formalproblem ist die Lösung über ein methodisches Vorgehen herzuleiten. Zur Strukturierung und wissenschaftlichen Einordnung des Formalproblems muss eine Aufbaustruktur anhand eines Ordnungsrahmens festgelegt werden (vgl. Abschnitt 4.2.2).

[527] Vgl. Döring, S. T. (Auftragsabwicklung im Werkzeugbau), 2010, S. 76

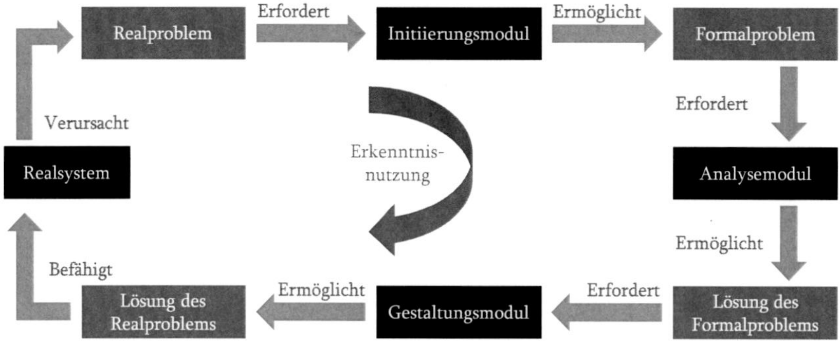

Abbildung 4-2: Ordnungsrahmen der Methodik[528]

Durch die Lösung des Formalproblems ist der Anwender mithilfe seiner Erfahrungen und Kenntnisse in die Lage zu versetzen, das Realproblem innerhalb der Gestaltungsphase lösen zu können (vgl. Abbildung 4-2). Die gewonnen Erkenntnisse sind kritisch zu reflektieren, um eine Validierung anhand der Erfahrung des Anwenders zu erlauben. Somit muss die Methodik Optionen aufzeigen und die Möglichkeit geben, das gewählte Vorgehen auf Basis individueller Kenntnisse und unter sich ändernden Rahmenbedingungen anzupassen, um die bestmögliche Lösung des Realproblems zu erzielen.

4.2.2 Definition der Aufbaustruktur

Um die Lösung des Formalproblems zu strukturieren und um zu gewährleisten, dass das Formalproblem der Modelltheorie sowie der Systemtechnik entspricht, muss eine Aufbaustruktur definiert werden, die sich an wissenschaftlichen Vorgehensweisen orientiert.

Bezogen auf das im Rahmen dieser Arbeit vorliegende Realproblem der proaktiven Integration von Data Analytics in die Serienfertigung handelt es sich um ein mehrschichtiges Entscheidungsproblem, bei dem die Auswahlmöglichkeiten voneinander abhängig sind (vgl. Kapitel 3.3). Zur Lösung dieses Formalproblems unter Berücksichtigung der Zieldefinition ist eine Kombination wissenschaftlich anerkannter Vorgehensweisen zu wählen. Erforderlich zur Lösung des Formalproblems sind Methoden aus dem

[528] In Anlehnung an Heimes, H. H. (Auswahl von Fertigungsressourcen), 2014, S. 107 und Döring, S. T. (Auftragsabwicklung im Werkzeugbau), 2010, S. 76

Qualitätsmanagement für das Initiierungsmodul (vgl. Abschnitt 2.1.4), der Informationstechnik (vgl. Unterkapitel 3.2) sowie der Mathematik (vgl. Unterkapitel 3.3).

Um dem Sachverhalt der komplexen, multidisziplinären Problemstellung Rechnung zu tragen, wird in der Methodik zur proaktiven Integration von Data Analytics in die Serienfertigung die für die Problemlösung in komplexen Systemen entwickelte **Methodik des vernetzten Denkens** aufgegriffen[529]. Diese Methodik stellt eine ganzheitliche Entscheidungsheuristik dar, mit der durch systematische Anwendung von Vorgehensregeln die Wahrscheinlichkeit einer guten Problemlösung gesteigert werden soll[530]. Dazu werden Zusammenhänge, Verhaltensmöglichkeiten und Beeinflussungsgrenzen aufgezeigt[531,532].

Ziel der Methodik des vernetzten Denkens ist die Lösung komplexer Probleme[533]. Aus diesen Gründen wird die Methodik zur proaktiven Integration von Data Analytics in die Serienfertigung im Folgenden an der Methodik des vernetzten Denkens angelehnt. In Abbildung 4-3 ist diese Analogie dargestellt. Die Methodik des vernetzten Denkens lässt sich in sechs Phasen unterteilen[534]. Im Folgenden werden die einzelnen Phasen in Bezug zur im Rahmen dieser Arbeit entwickelten Methodik gebracht.

In der ersten Phase **Zielbestimmung und Problemabgrenzung** innerhalb der Methodik des vernetzten Denkens wird das Problem durch unterschiedliche Betrachtungsperspektiven erfasst und definiert. Dazu werden problemrelevante Faktoren und deren Verknüpfungen identifiziert. Diese Phase steht in Analogie zum Initiierungsmodul der in dieser Arbeit konzipierten Methodik, vgl. Abbildung 4-3.

Die im Initiierungsmodul enthaltene Phase *Anwendungsfälle & zugehörige Daten identifizieren* behandelt einerseits die deduktive Vorgehensweise zur Ermittlung relevanter Data Analytics Anwendungsfallkategorien. Andererseits wird eine induktive Vorgehensweise gewählt, um diese Anwendungsfallkategorien zu konkretisieren und einen Bezug zu den erforderlichen Daten herzustellen. Diese Erkenntnisse werden in der folgenden Phase *Nutzen & Aufwand der Anwendungsfälle spezifizieren* näher analysiert und bewertet.

529 Vgl. Gomez, P./Probst, G. J. B. (Vernetztes Denken), 1990, S. 903-921
530 Vgl. Jetter, A. (Produktionsplanung), 2004, S.158
531 Vgl. Probst, G. J./Gomez, P. (Systemdenken), 1984, S. 179ff.
532 Vgl. Wittmann, R. G./Leimbeck, A. et al. (Innovationsmanagement), 2006, S. 27
533 Vgl. Gomez, P./Probst, G. J. B. (Vernetztes Denken), 1990, S. 903-904
534 Bezeichnung, Abgrenzung und Anzahl der einzelnen Phasen variieren in der Literatur bei identischer inhaltlicher Vorgehensweise, siehe auch Döring, S. T. (Auftragsabwicklung im Werkzeugbau), 2010, S. 81-83

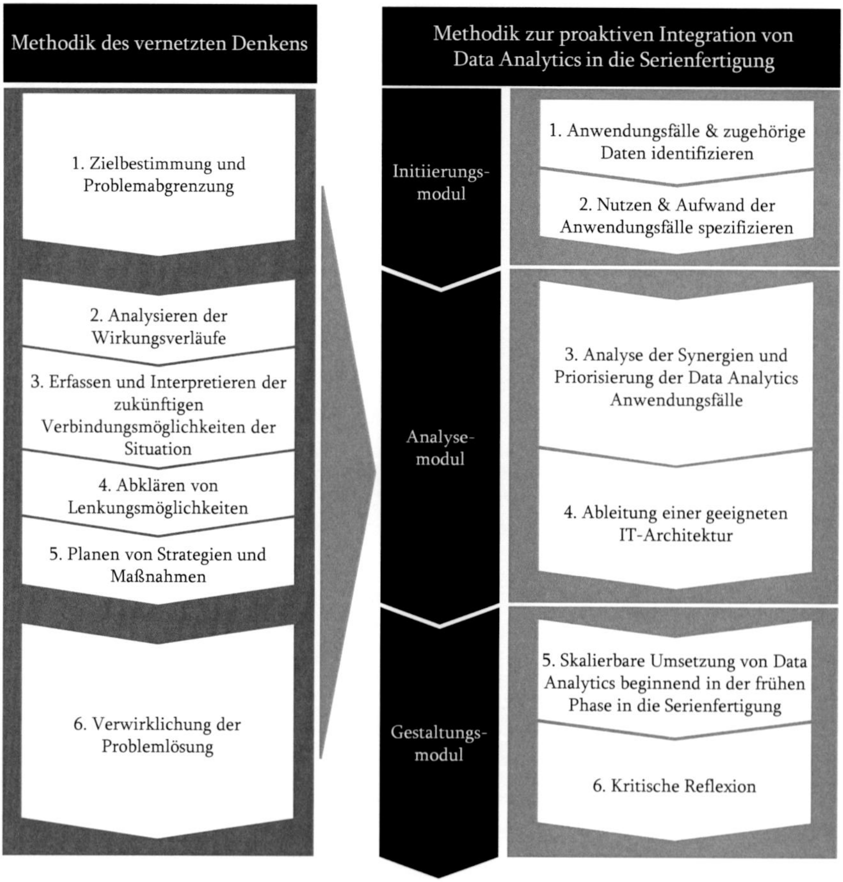

Abbildung 4-3: Analogie zur Methodik des vernetzten Denkens

In der zweiten Phase der Methodik des vernetzten Denkens **Analysieren der Wirkungsverläufe** werden die Wirkungsverläufe der einzelnen problemrelevanten Faktoren untereinander untersucht. Die dritte Phase **Erfassen und Interpretieren der zukünftigen Verbindungsmöglichkeiten der Situation** setzt sich mit der Fragestellung auseinander, welche sich verändernden Rahmenbedingungen zu erwarten sind und welche Veränderungen der Problemsituation sich daraus ergeben können. Das Ziel dieser Phase ist, mögliche Zukunftsszenarien und Veränderungsmöglichkeiten zu erkennen und zu interpretieren. In der vierten Phase **Abklären von Lenkungsmöglichkeiten** werden lenkbare und nicht lenkbare Faktoren ermittelt, verschiedene Lenkungsebenen definiert und mögliche Lenkungsmaßnahmen untersucht. In der fünften Phase **Planen von Strategien und Maßnahmen** werden alternative Strategien gesucht und beurteilt. Auf dieser Basis werden zu verwirklichende Projekte und Maßnahmen bestimmt. Diese Phasen finden sich analog im Analysemodul der Methodik zur proaktiven Integration von Data Analytics in die Serienfertigung. Die Faktoren dieser Betrachtung sind die ermittelten Anwendungsfälle und ihr Nutzen, die erforderlichen Daten und die zugehörigen Anforderungen an die Daten. Diese Faktoren besitzen Abhängigkeiten untereinander. Daher wird in der Phase *Analyse der Synergien und Priorisierung der Data Analytics Anwendungsfälle* eine optimale Auswahl an umzusetzenden Anwendungsfällen getroffen. Dazu muss ein multikriterielles Optimierungsproblem gelöst werden. Es gilt, dieses Problem auf Basis unterschiedlicher Rahmenbedingungen, z. B. unterschiedlicher finanzieller oder zeitlicher Rahmenbedingungen, zu bewerten und daraus Zukunftszenarien abzuleiten. Lenkungsmöglichkeiten sind durch die *Ableitung einer geeigneten IT-Architektur*, die die Identifizierung der erforderlichen IT-Komponenten einschließt, für die Umsetzung der Data Analytics Anwendungsfälle gegeben.

In der sechsten Phase **Verwirklichung der Problemlösung** der Methodik des vernetzten Denkens wird die robuste Umsetzung der zuvor bestimmten Projekte und Maßnahmen realisiert. Dazu werden Kontrollinformationssysteme sowie Mechanismen zur Selbstlenkung eingesetzt. Darüber hinaus soll der Problemlösungsprozess durch Lernprozesse kontinuierlich verbessert werden. Diese Phase wird durch die *Skalierbare Umsetzung von Data Analytics beginnend in der frühen Phase der Serienfertigung* und der folgenden kritischen Reflexion aufgegriffen. Hierbei erfolgt die Umsetzung der zuvor priorisierten Anwendungsfälle in der definierten IT-Architektur bereits in der frühen Phase der Entwicklung des Fertigungssystems. Damit wird sichergestellt, dass die gewählte IT-Architektur tatsächlich geeignet ist und die gestellten Anforderungen an die Datenqualität für die Umsetzung der priorisierten Anwendungsfälle hinreichend waren. Des Weiteren ermöglicht dieses Vorgehen die Unterstützung der Technologieentwicklungsprozesse durch die resultierende gesteigerte Datentransparenz. Außerdem ist eine Anpassung an sich ändernde Rahmenbedingungen möglich, da während der frühen Phase der Entwicklung des Fertigungssystems Änderungen an der Priorisierung sowie an der IT-Architektur kostengünstig realisiert werden können. Durch die *Kritische Reflexion* wird ein kontinuierlicher Lernprozess sichergestellt.

4.3 Ablaufstruktur zur Lösung des Realproblems

Auf Grundlage der in Unterkapitel 4.2 entwickelten Aufbaustruktur wird im Folgenden die Ablaufstruktur der Methodik konzipiert. Dazu wird in Abschnitt 4.3.1 eine geeignete Modellierungssprache festgelegt. Diese Modellierungssprache dient der wissenschaftlichen Dokumentation des in Abschnitt 4.3.2 konzipierten und in Kapitel 5 detaillierten Vorgehens zur proaktiven Integration von Data Analytics in die Serienfertigung.

4.3.1 Auswahl der Modellierungssprache

Durch die Festlegung einer Modellierungssprache ist es möglich, den vorgestellten formalen Anforderungen an die Methodik gerecht zu werden (vgl. Abschnitt 3.1.2). Zur Modellierung von Vorgehensweisen und Prozessen existiert eine große Anzahl unterschiedlicher Modellierungssprachen[535]. Nach DÖRING[536] muss die Modellierungssprache zur Erfüllung der Systemtechnik auf dem Black-Box-Prinzip bestehen und somit durch eine hierarchische Dekomposition eines betrachteten Systems, ausgehend von seiner höchsten Abstraktionsebene, zunehmend detaillieren. Daher werden zunächst die Module der zu konzipierenden Methodik auf der höchsten Abstraktionsebene festgelegt[537].

Durch das Black-Box-Prinzip werden die Eingangsinformationen (Input) erfasst und der Transformationsprozess festgelegt, durch den Ausgangsinformationen (Output) erzeugt werden[538]. Dabei wird der Transformationsprozess durch Methoden und Modelle (Hilfsmittel) unterstützt und das Kernergebnis dokumentiert. Im Sinne des Prozessgedankens dienen die Ausgangsinformationen eines Moduls als Eingangsinformationen für das nachfolgende Modul. Im Rahmen dieser Arbeit wird auf eine Modellierungssprache nach dem Black-Box-Prinzip in einer bereits bewährten Darstellung nach HEIMES[539] zurückgegriffen. In Abbildung 4-4 ist das Format dargestellt, in dem die erforderlichen Informationen zu jeder Phase dokumentiert werden.

Mit den Phasen wird das Vorgehen vom „Groben ins Detail" unterstützt, indem die erforderlichen Transformationsprozesse auf den unterschiedlichen Detaillierungsebenen dokumentiert werden. Um die Methodik für den Anwender handhabbar zu gestalten, werden die einzelnen Phasen zusätzlich in Lösungsschritte unterteilt.

---

[535] Vgl. Neumann, N. (Wissensmanagement), 2004, S. 130 ff.
[536] Vgl. Döring, S. T. (Auftragsabwicklung im Werkzeugbau), 2010, S. 79
[537] Vgl. Heimes, H. H. (Auswahl von Fertigungsressourcen), 2014, S. 110
[538] Vgl. Döring, S. T. (Auftragsabwicklung im Werkzeugbau), 2010, S. 79
[539] Vgl. Heimes, H. H. (Auswahl von Fertigungsressourcen), 2014, S. 110-111

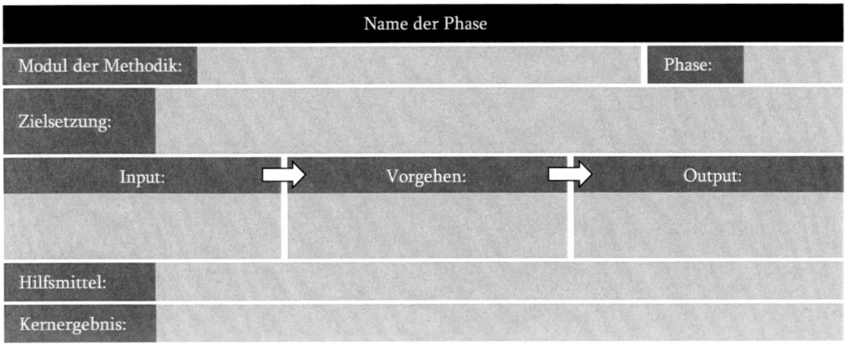

Abbildung 4-4: Modellierungssprache: Phasen der Methodik[540]

Die entwickelte Methodik setzt sich aus übergeordneten Modulen zusammen, die in Phasen (vgl. Abbildung 4-4) unterteilt sind. Jede dieser Phasen besteht aus weiteren Lösungsschritten, die die einzusetzenden Hilfsmittel und deren Handhabung durch den Anwender der Methodik näher detaillieren. Die Benennung der Phasen erfolgt anhand von „Phase“ und der Nummer der Phase.

4.3.2 Definition der Ablaufstruktur

Im Rahmen des Erkenntnisprozesses zur Lösung von Realsystemen muss eine Ablaufstruktur der Methodik definiert werden. Dies entspricht dem im Abschnitt 4.2.1 eingeführten Ordnungsrahmen (vgl. Abbildung 4-2). In der vorliegenden Arbeit wurde im Rahmen des Praxisdefizits in Kapitel 2 das vorliegende Realproblem dargestellt. Um dieses Realproblem anhand eines Formalproblems lösen zu können, ist eine Erfassung des Realproblems anhand des Initiierungsmoduls erforderlich.

Somit ermöglicht das Initiierungsmodul, das Realproblem in ein Formalproblem zu überführen. Anschließend kann das Formalproblem durch das Analysemodul formal gelöst werden. Dabei kommen ingenieurwissenschaftliche Modelle, Methoden und Hilfsmittel zum Einsatz. Zur Lösung des Realproblems muss die Lösung des Formalproblems anhand des Gestaltungsmoduls, unter Berücksichtigung der Anwendererfahrung am Realsystem, angewendet werden. Um auf sich ändernde Einflüsse reagieren zu können, muss das Gestaltungsmodul eine Anpassung der Formallösung ermöglichen. Damit kann die bestmögliche Lösung für das Realsystem erzielt werden.

Die Ablaufstruktur der Methodik zur proaktiven Integration von Data Analytics in die

540 In Anlehnung an Heimes, H. H. (Auswahl von Fertigungsressourcen), 2014, S. 110

Serienfertigung ist in Abbildung 4-5 im Überblick dargestellt. Die Inhalte werden nachfolgend erläutert.

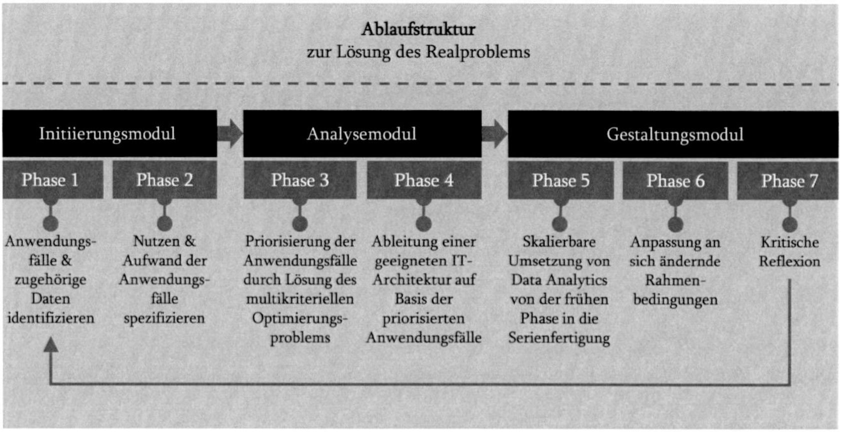

Abbildung 4-5: Ablaufstruktur zur Lösung des Realproblems

Die proaktive Integration von Data Analytics in die Serienfertigung wird zum einen von den möglichen Data Analytics Anwendungsfällen und zum anderen durch die hierfür erforderlichen Daten beeinflusst. Daher ist das Ziel der **Phase 1** des Initiierungsmoduls, den Anwender der Methodik dabei zu unterstützen, mögliche Data Analytics Anwendungsfälle zu identifizieren und diese mit den zugehörigen, relevanten Daten zu verknüpfen. Dazu sind aus dem Stand der Forschung und Technik deduktiv Anwendungsfallkategorien abzuleiten. Im Fall von Data Analytics für die Serienfertigung sind mögliche Anwendungsfallkategorien Qualitätsvorhersagen oder vorausschauende Wartung, vgl. Abbildung 3-12. Ein Data Analytics Anwendungsfall entspricht einer konkreten Instanz einer Anwendungsfallkategorie. Die konkreten Anwendungsfälle müssen anhand von Anwendererfahrungen und bestehenden Diagnoseansätzen induktiv bestimmt werden. Dazu ist es erforderlich, die zugehörigen relevanten Daten für die Umsetzung der konkreten Anwendungsfälle zu identifizieren. In dieser Phase kann auf Methoden aus dem Qualitätsmanagement aufgebaut werden. So eignen sich z. B. FMEAs (vgl. Abschnitt 2.1.4.2) zur Identifizierung von möglichen Schwachstellen und Fehlern, einschließlich deren Ursachen und Auswirkungen während früher Phasen der Entwicklung von Fertigungssystemen. Eine Darstellung der wesentlichen Bestandteile des Initiierungsmoduls und des Analysemoduls für die Lösung des vorliegenden Formalproblems ist Abbildung 4-6 zu entnehmen.

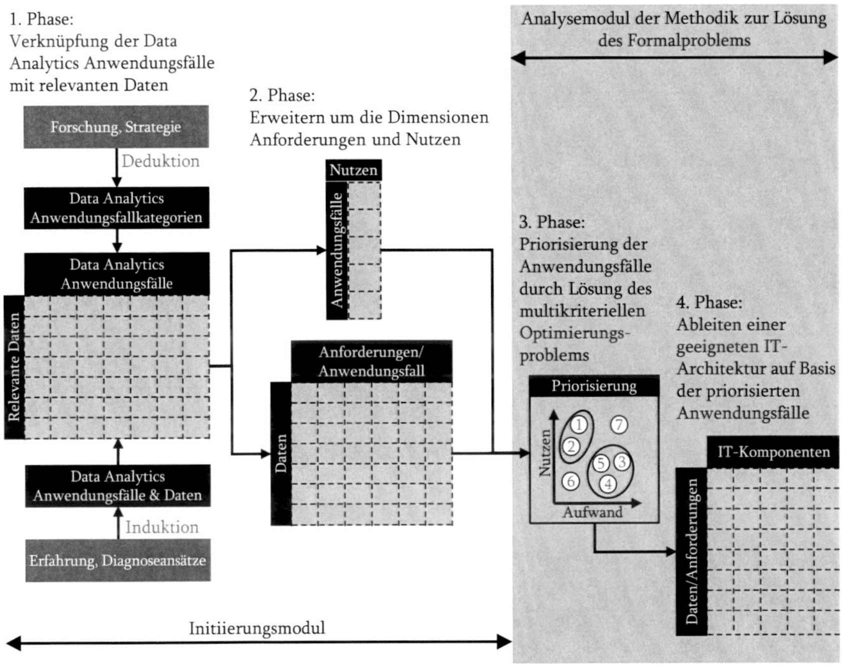

Abbildung 4-6: Initiierungsmodul und Analysemodul

In der **Phase 2** des Initiierungsmoduls gilt es, die zuvor beschriebenen Anwendungsfälle und Daten hinsichtlich der gestellten Anforderungen für die Datenerfassung und dem resultierenden Nutzen der Anwendungsfälle näher zu spezifizieren. Dies ist insbesondere aus wirtschaftlichen Gesichtspunkten für die nachfolgende Priorisierung der Anwendungsfälle erforderlich. Dazu werden die zusätzlichen Dimensionen Anforderungen und Nutzen eingeführt, vgl. Abbildung 4-6. Der Nutzen bezieht sich auf allgemeine Bewertungskriterien hinsichtlich der positiven Auswirkung eines Anwendungsfalls unter Einsatzbedingungen. Zur Bewertung des Nutzens können unterschiedliche Bewertungskriterien herangezogen werden[541]. Die Anforderungen beziehen sich auf die erforderliche Qualität und Quantität der Daten innerhalb jedes Anwendungsfalls. Mögliche Anforderungen können erforderliche Aufzeichnungsraten,

[541] Vgl. z. B. Kampker, A./Deutskens, C. et al. , 2016, S. 166-172 oder Schmitt, R./Pfeiffer, T. (Qualitätsmanagement), 2015, S. 350-353

Verarbeitungsgeschwindigkeiten und Speicherdauern einzelner Messwerte eines Anwendungsfalls sein. Mit dieser Phase 2 endet die Definition das Initiierungsmoduls.

Das Analysemodul umfasst die Phasen 3 und 4. In der **Phase 3** erfolgt die Priorisierung der Anwendungsfälle anhand ihrer Aufwände und Nutzen, vgl. Abbildung 4-6. Dabei leitet sich der Aufwand für die Umsetzung eines Anwendungsfalls aus den zuvor im Initiierungsmodul erfassten Anforderungen ab. Zur Bestimmung des Aufwands für einen Anwendungsfall werden die Aufwände der zu einem Anwendungsfall zugehörigen Daten zusammengefasst. Da einzelne Daten in mehreren Anwendungsfällen relevant sein können, verändert sich nach der Auswahl eines Anwendungsfalls der Aufwand für die Umsetzung weiterer Anwendungsfälle. Daher lassen sich die üblichen Methoden der Projektpriorisierung[542] an dieser Stelle nicht anwenden. Vielmehr müssen Ansätze aus der Mathematik angewandt werden, um dieses multikriterielle Optimierungsproblem zu lösen (vgl. Unterkapitel 3.3). Eine Liste priorisierter Anwendungsfälle sowie deren zugehörige Daten und Anforderungen steht nach der Phase 3 zur Verfügung.

In der **Phase 4** werden die erforderlichen IT-Komponenten abgeleitet, die für die Umsetzung der priorisierten Anwendungsfälle erforderlich sind, vgl. Abbildung 4-6. Dazu werden die priorisierten Anwendungsfälle unter Berücksichtigung der erforderlichen Daten und den dazugehörigen Anforderungen mit technisch möglichen Komponenten von IT-Architekturen verknüpft, um auf diesem Wege eine für den jeweiligen Betrachtungsgegenstand optimale Kombination an IT-Komponenten ableiten zu können. An dieser Stelle bieten sich erneut Methoden aus dem Bereich des Qualitätsmanagements als Hilfsmittel an. Somit erfolgt zum Abschluss des Analysemoduls die Lösung des Formalproblems. Es liegt nun eine für das betrachtete Formalproblem optimale Auswahl an Komponenten der IT-Architektur und deren Verknüpfung vor.

Das Gestaltungsmodul umfasst die Phasen 5 bis 7, vgl. Abbildung 4-5. Hier wird die Lösung des Formalproblems auf das Realproblem umgesetzt. In der **Phase 5** werden die priorisierten Anwendungsfälle innerhalb der definierten IT-Architektur skalierbar von frühen Phasen der Entwicklung des Fertigungssystems bis hin zur Serienfertigung realisiert. In der **Phase 6** wird sichergestellt, dass auf sich ändernde Rahmenbedingungen des Realsystems reagiert werden kann und gegebenenfalls Anpassungen am Lösungsprozess vorgenommen werden. Diese Anpassungsfähigkeit dient dazu, nachhaltig das bestmögliche Ergebnis sicherzustellen. In der **Phase 7** muss der Anwender, basie-

[542] Vgl. Schmitt, R./Pfeiffer, T. (Qualitätsmanagement), 2015, S. 352-353

rend auf seinen Erfahrungen, den Lösungsprozess sowie die daraus gewonnenen Erkenntnisse validieren. Zusätzlich tragen die in dieser Phase 7 gewonnenen Erkenntnisse dazu bei, zukünftige Durchläufe der Methodik, z. B. bei der Übertragung auf ähnliche oder andersartige Fertigungssysteme, im Sinne eines kontinuierlichen Verbesserungsprozesses, nachhaltig weiterzuentwickeln.

4.4 Fazit zur Konzeption der Methodik

Im Rahmen des vierten Kapitels wurde die Konzeption einer Methodik zur proaktiven Integration von Data Analytics in die Serienfertigung entwickelt. Die Forschungsfrage „Wie muss eine Methodik gestaltet sein, um Data Analytics proaktiv in der Serienfertigung einzusetzen?“ (vgl. Unterkapitel 1.4) wurde durch die konzipierte Aufbau- und Ablaufstruktur konzeptionell beantwortet. Dazu wurde auf die allgemeine Modelltheorie zurückgegriffen sowie die Systemtechnik zurate gezogen (vgl. Unterkapitel 4.1). Als Aufbaustruktur wurde auf die Methodik des vernetzten Denkens zurückgegriffen. Bei dieser Methodik handelt es sich um eine in der Wissenschaft und Praxis anerkannte Vorgehensweise zur Lösung komplexer Probleme. Diese Aufbaustruktur wurde bei der Konzeptionierung der Ablaufstruktur berücksichtigt. Die Ablaufstruktur zur Lösung des Realproblems besteht aus einem Initiierungsmodul, einem Analysemodul sowie einem Gestaltungsmodul.

Auf Basis dieser Aufbau- und Ablaufstruktur lässt sich eine proaktive Integration von Data Analytics für beliebige Fertigungssysteme realisieren. Somit ist das formale Kriterium der Allgemeingültigkeit erfüllt. Durch eine Aufteilung der Ablaufstruktur in Module wird dem Kriterium der Wiederverwendbarkeit Genüge getan. Aufgrund dieser Wiederverwendbarkeit lassen sich einzelne Phasen oder Module unter geänderten Rahmenbedingungen erneut einsetzen. Mittels eingeführter Module, Phasen und Schritte werden Hierarchieebenen etabliert, die der Forderung vom „Groben ins Detail“ nachkommen. Durch Einsatz von ingenieurwissenschaftlichen Methoden und Hilfsmitteln wird zudem sichergestellt, dass die Methodik handhabbar bleibt. Zur Gewährleistung der formalen Anforderung der Nachvollziehbarkeit ist die Methodik an dem definierten Ordnungsrahmen der Aufbau- und Ablaufstruktur ausgerichtet.

Im nachfolgenden Kapitel wird die Methodik detailliert. Basierend auf der Aufbau- und Ablaufstruktur wird der Einsatz der ingenieurwissenschaftlichen Methoden und Hilfsmittel eingeführt. Dabei werden dem Anwender alle erforderlichen Informationen zur Verfügung gestellt, um ihn in die Lage zu versetzten, die Methodik am Realsystem anzuwenden. Im sechsten Kapitel wird die Validierung der konzipierten Methodik in der Praxis beschrieben.

5 Detaillierung der Methodik in der Serienfertigung

In Kapitel 4 wurde die Methodik zur proaktiven Integration von Data Analytics in der Serienfertigung konzipiert. Es wurde in die drei Lösungsmodule **Initiierungsmodul**, **Analysemodul** und **Gestaltungsmodul** gegliedert, vgl. Abschnitt 4.3.2. Im Folgenden wird dieser Lösungsansatz im Zusammenhang mit einer Serienfertigung detailliert betrachtet.

Im Rahmen der Konzeptionierung der Methodik wurden die Lösungsmodule in insgesamt sieben Phasen unterteilt (vgl. Abbildung 4-5). Eine detaillierte Darstellung der Methodik und der darin enthaltenen Phasen ist der Abbildung 5-1 zu entnehmen.

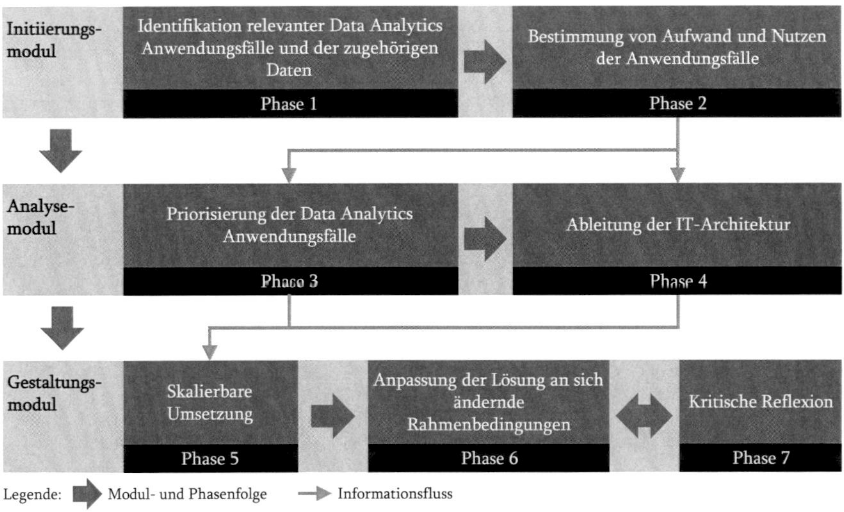

Abbildung 5-1: Detaillierung der Methodik

Das Ziel der Methodik ist die proaktive Integration von Data Analytics in die Serienfertigung. Um dies zu ermöglichen, greift die Methodik schon in der frühen Phase der Produktionsentwicklung (vgl. Abbildung 2-1) ein, um auf diese Weise Erkenntnisse zu gewinnen, die über die Skalierbarkeit Eingang in die Serienfertigung finden. Grundlage dafür ist die während der frühen Phase geschaffene proaktive Datenverfügbarkeit und die strategische Priorisierung nutzbringender Data Analytics Anwendungsfälle, die eine skalierbare Umsetzung in die Serienfertigung ermöglichen. Diese Methodik adressiert die Defizite aus der Theorie und der Praxis, vgl. Unterkapitel 2.5 und Unterkapitel 3.4.

Durch die Unterteilung in Phasen wird ein strukturiertes Vorgehen bei der Lösungsfindung unterstützt, z. B. durch die Verwendung von Teil- und Zwischenergebnissen sowie durch wiederholbare Phasen. Jede Phase besitzt definierte Eingangsgrößen, auf deren Basis mit definierten Hilfsmitteln Ausgangsgrößen erzeugt werden, die wiederum die Eingangsgrößen für die nachfolgenden Phasen bilden (vgl. Unterkapitel 4.3). Die Eingliederung der Methodik in den Produkt- und Produktionsentwicklungsprozess ist in Abbildung 5-2 dargestellt.

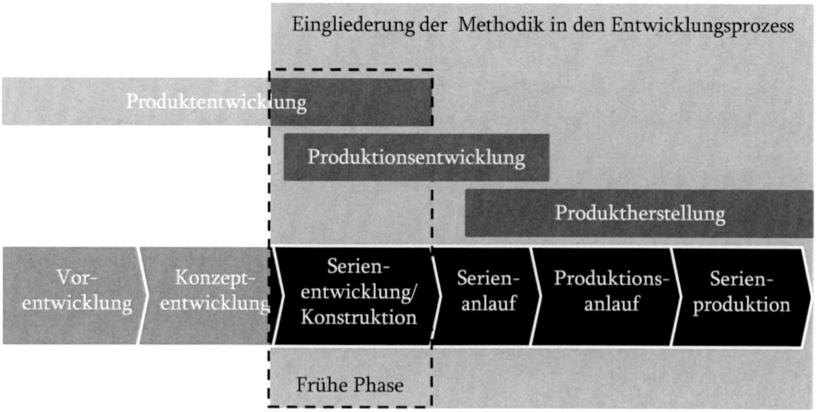

Abbildung 5-2: Eingliederung der Methodik in den Entwicklungsprozess

Das **Initiierungsmodul** beinhaltet die Phase 1 *Identifikation relevanter Data Analytics Anwendungsfälle und der zugehörigen Daten* sowie die Phase 2 *Bestimmung von Aufwand und Nutzen der Anwendungsfälle*, vgl. Abbildung 5-1. Das Ziel der Phase 1 ist die explizite Zusammenstellung sämtlicher für das Fertigungssystem relevanten Data Analytics Anwendungsfälle sowie der dazu erforderlichen Daten während einer frühen Phase der Entwicklung des Fertigungssystems einer Serienfertigung. Diese Zusammenstellung, dokumentiert im Rahmen einer Daten- und Anwendungsfallmatrix (Data Use Case Matrix, DUCM), ermöglicht die Planung der Umsetzung der Anwendungsfälle. Insbesondere gewährleistet dieser Ansatz eine proaktive Datenverfügbarkeit, da bereits in der frühen Phase die Erfassung der erforderlichen Daten in der hinreichenden Qualität für Data Analytics sichergestellt wird. In der Phase 2 erfolgt die Aufwands- und Nutzenbetrachtung der Data Analytics Anwendungsfälle, wodurch die

DUCM abschließend spezifiziert wird. Dadurch wird eine nachfolgende Priorisierung der Anwendungsfälle vorbereitet.

Das **Analysemodul** beinhaltet die Phase 3 *Priorisierung der Data Analytics Anwendungsfälle* sowie die Phase 4 *Ableitung der IT-Architektur*, vgl. Abbildung 5-1. Ziel der Phase 3 ist, die Anwendungsfälle aus der DUCM zu priorisieren, die den größten unternehmerischen Wertzuwachs versprechen. Dies ist die Basis zur Entwicklung der Umsetzungsstrategie im nachfolgenden Gestaltungsmodul. Die Priorisierung stellt eine komplexe Problemstellung dar, da bestehende Synergien der Data Analytics Anwendungsfälle aufgrund der möglichen Mehrfachverwendung der Daten in einer Vielzahl von Anwendungsfällen berücksichtigt werden müssen. In der Phase 4 wird auf Grundlage der priorisierten Anwendungsfälle und deren Anforderungen die erforderliche IT-Architektur entworfen, mit der sich die priorisierten Anwendungsfälle umsetzen lassen.

Innerhalb des **Gestaltungsmoduls** sind die Phase 5 *Skalierbare Umsetzung*, die Phase 6 *Anpassung der Lösung an sich ändernde Rahmenbedingungen* sowie die Phase 7 *Kritische Reflektion* zusammengefasst, vgl. Abbildung 5-1. Das Ziel der Phase 5 ist die Verifikation der Umsetzbarkeit der Anwendungsfälle während der frühen Phase der Entwicklung des Fertigungssystems. Dabei soll dieses Vorgehen zusätzlich den Wissensaufbau während der Technologieentwicklung beschleunigen. In der Phase 6 wird sichergestellt, dass die Umsetzung des Data Analytics Ansatzes auf sich ändernde Rahmenbedingungen, wie z. B. angepasste Kostengrenzen, reagiert und das Lösungsvorgehen entsprechend angepasst werden kann. Die Phase 7 befasst sich mit der Validierung der Ergebnisse sowie des gewählten Lösungsvorgehens, um einen kontinuierlichen Verbesserungsprozess voranzubringen.

In den nachfolgenden Unterkapiteln 5.1 bis 5.3 werden das Initiierungs-, Analyse- sowie das Gestaltungsmodul einschließlich ihrer Phasen näher erläutert. Die in den Modulen entwickelten und angewandten Methoden werden im Rahmen der Serienfertigung konkretisiert.

5.1 Detaillierung des Initiierungsmoduls

Innerhalb des Initiierungsmoduls werden die Grundlagen für die Anwendung der Methodik zur proaktiven Integration von Data Analytics in die Serienfertigung gelegt. Anlass zur Anwendung der Methodik ist immer eine Anforderung des Unternehmensmanagements. Innerhalb des Initiierungsmoduls der Methodik werden in der Phase 1 für die jeweilige Serienfertigung relevante Data Analytics Anwendungsfälle sowie die für die Umsetzung dieser Anwendungsfälle erforderlichen Daten erhoben. In der Phase 2 wird der Nutzen der einzelnen Anwendungsfälle sowie Anforderungen an die erforderliche Datenerfassung ermittelt. Das Ergebnis des Initiierungsmoduls bildet die DUCM. Diese stellt die Basis für das folgende Analysemodul dar.

5.1.1 Proaktive Datenverfügbarkeit

Die Phase 1 *Identifikation relevanter Data Analytics Anwendungsfälle und der zugehörigen Daten* befasst sich mit der Identifikation und Verknüpfung relevanter Data Analytics Anwendungsfälle mit den zugehörigen Daten zur Sicherstellung einer proaktiven Datenverfügbarkeit. Dadurch bestimmt sie die wesentlichen Eigenschaften des später zu entwickelnden Data Analytics Ansatzes. Dieses Vorgehen wurde im Rahmen dieser Arbeit entwickelt und publiziert[543].

In Abbildung 5-3 sind die wesentlichen Merkmale der Phase 1 dargestellt. Sie beinhaltet die Bezeichnung der Phase, ihre Einordnung und Zielsetzung, die erforderlichen Eingangsgrößen, die Vorgehensbeschreibung sowie die Ausgangsgrößen. Ergänzend sind mögliche einzusetzende Hilfsmittel sowie das Kernergebnis dieser Phase 1 ausgewiesen.

Identifikation relevanter Data Analytics Anwendungsfälle und der zugehörigen Daten		
Modul der Methodik:	**Initiierungsmodul**	Phase: 1
Zielsetzung:	Identifikation relevanter Data Analytics Anwendungsfälle sowie der dazu erforderlichen Daten während einer frühen Phase der Vorentwicklung des Produktionssystems einer Serienfertigung	
Input:	Vorgehen:	Output:
• Anforderung des Managements • Literatur zum Stand der Forschung • Unternehmensstrategie • Mitarbeitererfahrung • Diagnoseansätze aus Technologieentwicklung	• Deduktion relevanter Anwendungsfallkategorien aus Stand der Forschung und Unternehmensstrategie • Induktion bestehender Mitarbeitererfahrungen und Diagnoseansätze zu Data Analytics Anwendungsfällen	• Relevante Data Analytics Anwendungsfälle für die Serienproduktion • Für Data Analytics Anwendungsfälle erforderliche Datenbasis • Erste Version der DUCM für Phase 2
Hilfsmittel:	Forschungsergebnisse, Unternehmensstrategie sowie Erfahrungen der Mitarbeiter	
Kernergebnis:	Zusammenstellung relevanter Data Analytics Anwendungsfälle als DUCM	

Abbildung 5-3: Identifikation relevanter Anwendungsfälle und Daten

Die Herausforderung bei der proaktiven Planung von Data Analytics Projekten ist zu identifizieren, welche Daten in welcher Güte erforderlich sind. Üblicherweise bezieht

[543] Vgl. Kampker, A./Heimes, H. et al. (Enabling Data Analytics), 2018, S. 120-127

sich dies auf die Parameter, die das Produkt oder den Produktionsprozess beschreiben oder beeinflussen. Eine weitere Herausforderung ist die Dimensionierung der IT-Infrastrukturen des Fertigungssystems. Die Bussysteme sowie deren Anbindung an angeschlossene IT-Systeme müssen hinreichend für die Erfassung und Verarbeitung großer Datenmengen ausgelegt sein.

Um diese Herausforderungen bewältigen zu können, wird ein anwendungsfallgetriebener Ansatz gewählt. Ziel ist hierbei die Identifikation relevanter Anwendungsfälle einschließlich der dafür erforderlichen Daten. Dies erlaubt, in späteren Phasen dieser Methodik konkrete Anforderungen an die Datenerfassung und IT-Architektur zu formulieren.

Zur Ermittlung der relevanten Anwendungsfälle werden Workshops mit Experten der relevanten Disziplinen durchgeführt. Um in diesem multidisziplinären Umfeld die erforderlichen Informationen bezüglich der Anwendungsfälle ermitteln zu können, wird in der Durchführung auf Vorgehensweisen des Qualitätsmanagements zurückgegriffen, z. B. FMEA[544] oder Six Sigma[545].

Die Methode der Phase 1 enthält eine deduktive Komponente, durch die der Stand der Technik sowie die Geschäftsziele beziehungsweise Unternehmensstrategien einbezogen werden. Dadurch werden, basierend auf der Unternehmensstrategie und Problemstellung, relevante Anwendungsfallkategorien abgeleitet. Typische Anwendungsfallkategorien sind (vgl. Abbildung 3-12):

- Reduktion der Testzeit und Kalibrierung
- Verbesserung der Qualität
- Reduktion von Gewährleistungskosten
- Verbesserung des Ertrags
- Durchführung von vorausschauender Instandhaltung

Außerdem besitzt die Methode der Phase 1 eine induktive Komponente. Durch sie werden bestehende Erfahrungen der Mitarbeiter und verfügbare Diagnoseansätze mit den Herausforderungen der neuen Fertigungsprozesse anhand eines Interviewleitfadens erfasst und kombiniert. Auf diese Weise werden konkrete Anwendungsfälle, basierend auf den zuvor ermittelten Anwendungsfallkategorien, identifiziert. Durch das herangezogene Expertenwissen werden für jeden Prozess die erforderlichen anwendungsfallspezifischen Daten sowie die Schnittstellen zu anderen Prozessen definiert. Zusammengetragen und dokumentiert werden diese Informationen in einer ersten

[544] Lipol, L. S./Jahirul, H. (FMEA/FMECA), 2011, S. 74-81
[545] Ranjan Senapati, N. (Six Sigma), 2004, S. 683-690

Version der DUCM, vgl. Abbildung 5-4. Darin ist festgehalten, welche konkreten Data Analytics Anwendungsfälle welche Daten erfordern.

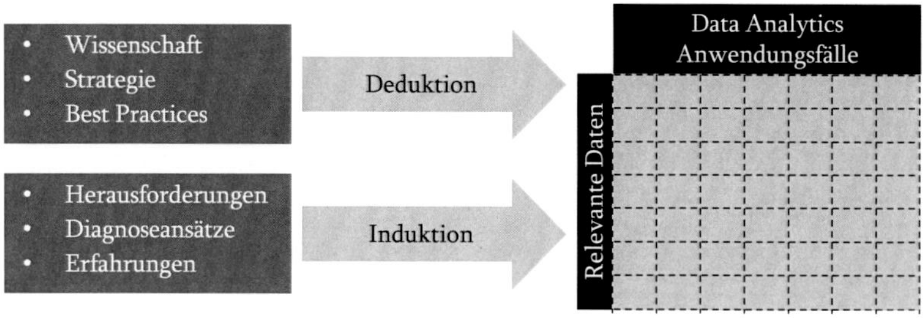

Abbildung 5-4: Ansatz zum Aufbau der DUCM[546]

Damit alle wertvollen Informationen in die Erfassung der Anwendungsfälle einfließen können, ist eine Kenntnis der erforderlichen Experten und Stakeholder notwendig. Dieser Kreis setzt sich aus unterschiedlichen Fachbereichen und Zielgruppen zusammen:

- Anwender der Data Analytics Anforderung, z. B.
    - Mitarbeiter der Produktion
        - Anlagenbediener
        - Qualitätsspezialisten
        - Instandhalter
    - Management und Projektleiter
    - Planungsmitarbeiter
    - weitere Mitarbeiter aus unterschiedlichen Fachabteilungen
- Experten aus dem (Technologie-) Entwicklungsbereich, z. B.
    - Qualitätsexperten
    - Prozessexperten
    - Technologen
    - Produktentwickler
- Experten aus dem IT-Bereich, z. B.
    - IT-Spezialisten
    - Data Scientists

[546] Siehe auch Kampker, A./Heimes, H. et al. (Enabling Data Analytics), 2018, S. 123

Um gemeinsam mit den beteiligten Experten und Stakeholdern relevante Data Analytics Anwendungsfälle identifizieren zu können, ist ein gemeinsames Verständnis bezüglich Data Analytics notwendig. Dazu werden alle Beteiligten zu Beginn der Arbeiten über den Ansatz, die Möglichkeiten sowie die Einschränkungen von Data Analytics unterrichtet.

Zur Identifikation relevanter Anwendungsfälle werden die zuvor bestimmten Anwendungsfallkategorien als Zielgrößen eingesetzt. In einer Einzelbetrachtung der Fertigungsschritte wird mit den Experten erarbeitet, welche der identifizierten Anwendungsfallkategorien mit einem Mehrwert für den betrachteten Fertigungsschritt oder das gesamte Fertigungssystem verbunden sein können. Auf dieser Basis lassen sich die Data Analytics Anwendungsfälle mit Nutzen für das Fertigungssystem ableiten.

Im Rahmen der Analyse zur Identifikation relevanter Anwendungsfälle werden die Fertigungsschritte des geplanten Fertigungssystems einzeln betrachtet, siehe Abbildung 5-5. Beim Betrachten eines einzelnen Fertigungsschritts kann häufig auf die Ergebnisse von Analysen aus dem Qualitätsmanagement zurückgegriffen werden. Dies ist der Fall, wenn z. B. mögliche Herausforderungen bzw. Problemstellungen auch aus Sicht des Qualitätsmanagements identifiziert und bewertet werden. Für jeden Anwendungsfall ist eine Hypothese für den erwarteten Zusammenhang aufzustellen. Beispiele für Hypothesen finden sich in Abschnitt 6.3.1.1.

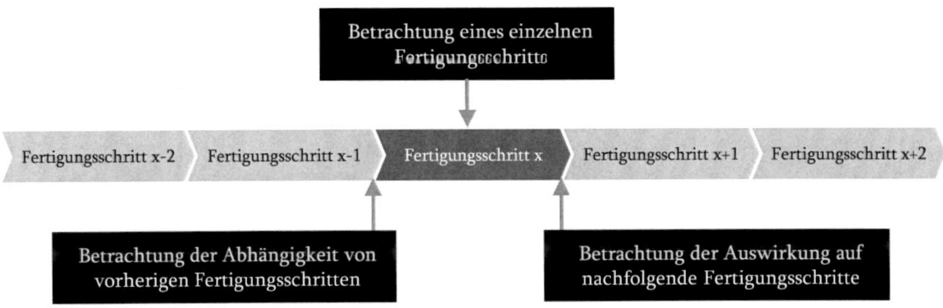

Abbildung 5-5: Induktive Betrachtung der Fertigungsschritte

Im Expertenteam werden diese Problemstellungen anhand der Fragestellung, wie sich diese Problemstellungen mithilfe Data Analytics bewältigen ließen, in Data Analytics Anwendungsfälle überführt. Für jeden der Anwendungsfälle wird auf Basis einer Vorlage ein Steckbrief erstellt, siehe Abbildung 5-6. Darin sind die Herausforderungen sowie mögliche Lösungsansätze angegeben. Jeder Anwendungsfall wird einer Anwendungsfallkategorie (vgl. Abschnitt 3.2.5) sowie einem Fertigungsschritt zugeordnet.

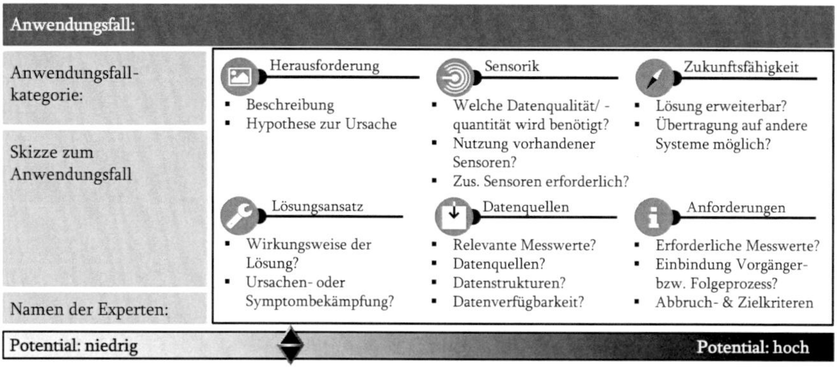

Abbildung 5-6: Steckbrief-Vorlage für einen Anwendungsfall

Mit Hilfe des Expertenwissens werden die für den Fertigungsschritt und den jeweiligen Anwendungsfall relevanten Messwerte sowie die zugehörigen Daten, deren Datentypen sowie Datenquellen identifiziert und diesem zugeordnet. In diesem Zuge werden zusätzlich die Schnittstellen zu vorherigen Fertigungsschritten und deren Auswirkung auf den betrachteten Fertigungsschritt berücksichtigt. Außerdem werden die Auswirkungen des betrachteten Fertigungsschritts auf die nachfolgenden Fertigungsschritte in Betracht gezogen. Abschließend hat eine erste Einschätzung bezüglich der Zukunftsfähigkeit und des Potentials des Anwendungsfalls zu erfolgen, um – sofern vom Anwender gewünscht – eine Vorauswahl an Anwendungsfällen zu unterstützen.

Als abschließendes Ergebnis der Phase 1 der Methodik liegt eine erste Version der DUCM vor, siehe Abbildung 5-7.

Daten	Anwendungsfälle			
	Anwendungsfall 1	Anwendungsfall 2	Anwendungsfall 3	...
Variable 1	1	1	1	...
Variable 2	0	1	1	...
Variable 3	0	0	1	...
Variable 4	1	0	0	...
...	...	...	...	...

Abbildung 5-7: Beispiel einer DUCM nach Phase 1 der Methodik

Diese hat die Fähigkeit, eine datengetriebene Priorisierung der Anwendungsfälle (vgl. Phase 3) zu ermöglichen. Dazu werden die Informationen, welche Daten bzw. Variablen von welchem Anwendungsfall benötigt werden, in einer Matrix in Zusammenhang gebracht. Eine „1" drückt aus, dass der Anwendungsfall die entsprechende Variable benötigt. Eine „0" bedeutet, dass kein Zusammenhang zwischen dem Anwendungsfall und der entsprechenden Variablen erwartet wird.

5.1.2 Aufwand und Nutzen der Anwendungsfälle

Die Phase 2 der Methodik betrachtet die *Bestimmung von Aufwand und Nutzen der Anwendungsfälle*, siehe Abbildung 5-1. Dadurch werden die zuvor in Phase 1 identifizierten Anwendungsfälle innerhalb der DUCM näher spezifiziert. Kenntnis von Aufwand und Nutzen ist erforderlich, um eine Priorisierung der Anwendungsfälle in Phase 3 durchführen zu können. Auf dieser Basis gilt es, eine geeignete IT-Architektur abzuleiten (vgl. Phase 4). Die wesentlichen Charakteristika dieser Phase 2 sind in Abbildung 5-8 dargestellt.

Bestimmung von Aufwand und Nutzen der Anwendungsfälle		
Modul der Methodik: **Initiierungsmodul**		Phase: 2
Zielsetzung:	Bestimmung der Aufwände und Nutzen, die durch eine Umsetzung der zuvor identifizierten Data Analytics Anwendungsfälle entstehen.	
Input:	Vorgehen:	Output:
• Zusammenstellung der Anwendungsfälle und der zugehörigen Daten aus Phase 1 (erste Version der DUCM) • Anforderungen an die Umsetzung der Anwendungsfälle • Nutzenbewertungen • Kosten für IT-Komponenten	• Ableiten der relativen IT-Kosten für jeden Anwendungsfall basierend auf Aufwandsbetrachtung • Anreichern der Data Analytics Anwendungsfälle durch Nutzenbetrachtung	• Vollständige DUCM der Data Analytics Anwendungsfälle mit Informationen zu zugehörigen Aufwänden und Nutzen für die Phasen 3 und 4
Hilfsmittel:	Wirtschaftlichkeitsmethoden, Bewertungslogiken, Kostenstrukturen für IT-Systeme	
Kernergebnis:	Vollständige DUCM	

Abbildung 5-8: Erweiterung der DUCM um Aufwand und Nutzen

Durch das in der Phase 1 beschriebene Vorgehen sind die Anwendungsfälle für die Serienfertigung identifiziert und mit den erforderlichen Daten verknüpft worden. In dieser Phase 2 wird die DUCM um die Dimensionen bzgl. Aufwand und Nutzen der Anwendungsfälle erweitert. Dies vervollständigt die DUCM als mehrdimensionale Matrix, die die in Abbildung 5-9 dargestellten Elemente umfasst. In dieser Darstellung sind unterschiedliche Anforderungen der jeweiligen Anwendungsfälle in ihrer Auswirkung auf die Aufwände durch unterschiedliche Graustufen visualisiert. Zusätzlich ist der Nutzen der einzelnen Anwendungsfälle hinterlegt. In Abbildung 5-9 erfolgt die Darstellung eines relativen Nutzens anhand einer Pfeildarstellung. Ziel der Aufwandsermittlung ist, eine Bewertung hinsichtlich der entstehenden Kosten und Ressourcen der einzelnen Anwendungsfälle zu ermöglichen.

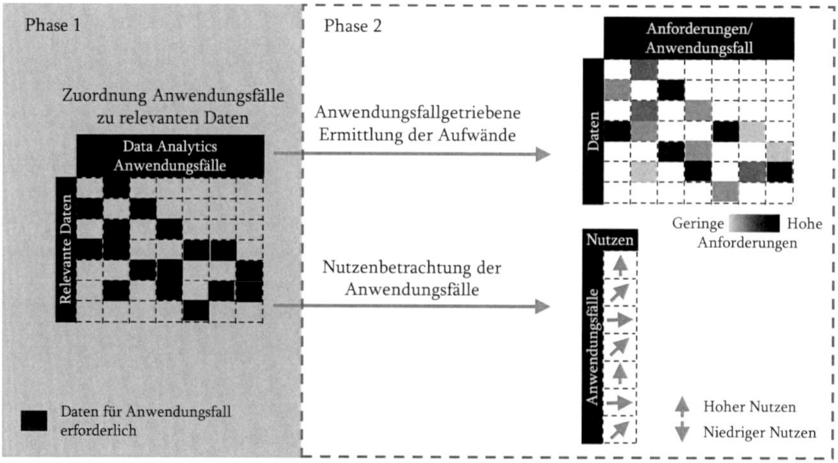

Abbildung 5-9: Erweiterung der DUCM in Phase 2

Da eine eindeutige Bestimmung der IT-Architektur in dieser Phase 2 noch nicht möglich ist, wird die Kostenabschätzung anhand einer Referenzarchitektur für die initiale Bewertung festgelegt, siehe z. B. Abbildung 5-19. Es gibt eine Reihe möglicher Ansätze zur Bewertung der Kosten von Big Data Architekturen[547, 548,549]. In vielen Fällen lassen sie sich auf die Kosten für die einzelnen Systemkomponenten, Lizenzen sowie Nutzungskosten reduzieren. Zur Unterstützung bieten die Betreiber von Cloudlösungen üblicherweise Kostenrechner an[550]. Mit diesen Kostenrechnern ist es möglich, die Aufwände der Anwendungsfälle anhand ihrer Anzahl an erforderlichen Dateneinheiten abzuschätzen[551,552].

---

547 Vgl. Bachiega, J./Reis, M. A. S. et al. (Cost Optimization in Cloud), 2018, S. 193

548 Vgl. Reyes, R. R./Bauschert, T. (Infrastructure Cost Comparison), 2018, S. 267-271

549 Vgl. Pauls, W. (Wirtschaftlichkeitsanalyse), 2012, S. 24-28

550 Vgl. Kostenrechner von Microsoft Azure: https://azure.microsoft.com/de-de/pricing/calculator/

551 Vgl. Jiao, Y./Wang, P. et al. (Profit Maximization in Big Data), 2017, S. 2

552 Vgl. Jiao, Y./Wang, P. et al. (Profit Maximization for Data Analytics), 2018, S. 2004

Um den Aufwand für die Datenanbindung in einer Weise zu identifizieren, die eine Ermittlung der Kosten mithilfe eines Kostenrechners erlaubt, müssen die hierzu erforderlichen Informationen erfasst werden. Dazu werden für alle Messwerte anwendungsfallspezifische Anforderungen benötigt.

Grundsätzlich werden von den Kostenrechnern Speicherdauer, Verarbeitungsgeschwindigkeit, Zugriffshäufigkeit bzw. Aufzeichnungsfrequenz, anfallendes Datenvolumen sowie die daraus ableitbare erforderliche Bandbreite für die Datenübertragungen herangezogen[553]. Daher beschränkt sich im Rahmen dieser Arbeit die Aufwandsbetrachtung zur Kostenermittlung auf diese Anforderungen. Im Rahmen der Konkretisierung der IT-Architektur werden weitere Kriterien in die Kostenbetrachtung mit einbezogen, vgl. Abschnitt 5.2.2.

Die Ermittlung der Ausprägungen dieser Anforderungen ist eine multidisziplinäre Aufgabenstellung. Das Zusammenwirken der erforderlichen unterschiedlichen Rollen und Fachbereiche bei der Anforderungsermittlung an die Anwendungsfälle ist in Abbildung 5-10 dargestellt. Differenziert wird hierbei zwischen anwendergetriebenen Anforderungen und aus Prozesskenntnis resultierenden Anforderungen an die Datenerfassung und Datenverarbeitung.

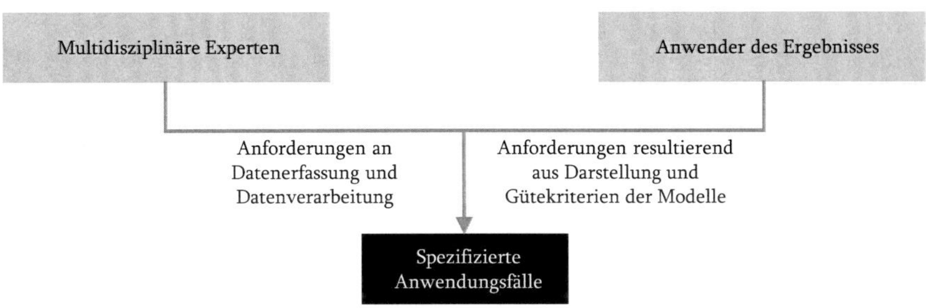

Abbildung 5-10: Anforderungen an die Anwendungsfälle

Die beteiligten Experten (vgl. Abschnitt 5.1.1) können Auskunft über die Anforderungen an die Datenerfassung und Datenverarbeitung geben. Das Einbeziehen der zukünftigen Anwender ermöglicht die Identifikation der Anforderungen, die aus der geforderten Darstellung der Ergebnisse sowie der Festlegung relevanter Gütekriterien, z. B. die erforderliche Genauigkeit eines ermittelten Modells, resultieren. Somit setzen sich die anwendungsfallspezifischen Anforderungen zum einen aus Anforderungen an die

[553] Vgl. z. B. Kostenrechner von Microsoft Azure (https://azure.microsoft.com/de-de/pricing/calculator/)

Datenerfassung, -verarbeitung und -speicherung sowie zum anderen aus Anforderungen an die Ergebnisdarstellung zusammen. Hierbei bildet u. a. die erforderliche Aufzeichnungsfrequenz eine Anforderung an die Datenerfassung. Echtzeitanforderungen für die Ergebnisdarstellung sowie die notwendige Speicherdauer stellen Beispiele für relevante Anforderungen aus Anwendersicht dar. Sofern eine Erfassung zusätzlicher Messwerte erforderlich ist, kann zur Auswahl geeigneter Sensorik das Vorgehen nach SCHUH[554] eingesetzt werden.

Aus diesen Anforderungen werden nachfolgend Aufwände bzw. Kosten abgleitet, die einen Aufwandsvergleich bezüglich der Anwendungsfälle erlauben, vgl. Abschnitt 5.2.1. Dies kann mittels der Kostenrechner der in Frage kommenden Cloudlösung geschehen. Alternativ ist auch der Einsatz einer Kostenfunktion zur Ermittlung der relativen Aufwände zur Datenerfassung für die Anwendungsfälle möglich.

Die Ergebnisse der Anforderungsermittlung werden in der DUCM festgehalten. Ein Beispiel der um die ermittelten Anforderungen erweiterte DUCM ist in Abbildung 5-11 dargestellt. Im Vergleich zur DUCM aus der Phase 1 der Methodik sind nun zusätzlich die Anforderungen (hier: R1-R4) berücksichtigt. Mögliche Ausprägungen für die Anforderungen wären in dem dargestellten Fall z. B.:

- R1: Speicherdauer in Jahren
- R2: Zugriffshäufigkeit in 1/Sekunde
- R3: Verarbeitungsgeschwindigkeit in Sekunden
- R4: Datenvolumen eines Zugriffs in Byte

Diese Anforderungen werden durch Einträge in die korrespondierenden Zellen der Tabelle mit den Variablen für den jeweiligen Anwendungsfall in Verbindung gesetzt. Leerzellen bedeuten, dass keine Verknüpfungen zwischen diesem Anwendungsfall und der zugehörigen Variablen bestehen. In Abbildung 5-11 angegebene Zahlenwerte dienen lediglich der Veranschaulichung.

Zur Bewertung und zum Vergleich der Anwendungsfälle ist zusätzlich für jeden Anwendungsfall eine Betrachtung des Nutzens und des Aufwands erforderlich. Diese können als rein finanzielle Größe erfasst werden. Es ist aber auch möglich, diese zunächst anhand bestehender Unternehmensziele, wie z. B. Zeit, Kosten, Qualität oder der Verbesserung der Gesamtanlageneffektivität (OEE), zu orientieren.

[554] Vgl. Schuh, G./Maasem, C. et al. (Sensor Data Fit in Production), 2015, S. 1-8

Daten	Anwendungsfälle															
	Anwendungsfall 1				Anwendungsfall 2				Anwendungsfall 3				...			
Anforderungen	R1	R2	R3	R4	R1	R2	R3	R4	R1	R2	R3	R4				
Variable 1	3	60	60	10	1	60	60	10	2	1	15	10	...			
Variable 2					1	20	20	5	2	1	15	5				
Variable 3									2	1	15	8				
Variable 4	3	30	30	10												
...	...				...				...							

Abbildung 5-11: DUCM erweitert um Aufwände für Anforderungen

In Abbildung 5-12 ist dieser Fall im linken Bereich dargestellt. Hier werden die Nutzenkategorien (N1-N3) zu den einzelnen Anwendungsfälle befüllt. Mögliche Nutzenkategorien wären in diesem Fall:

- N1: Nacharbeitsreduktion in Sekunden/Einheit
- N2: Fehler/Einheit
- N3: Taktzeitverbesserung in Sekunden

Anwendungsfälle	Nutzenkategorien			
	N1	N2	N3	...
Anwendungsfall 1	5	0,01	0	...
Anwendungsfall 2	0	0	5	...
...	...	...	...	...

Anwendungsfälle	Gesamt-nutzen
Anwendungsfall 1	50.000
Anwendungsfall 2	100.000
...	...

Abbildung 5-12: DUCM erweitert um Nutzenbetrachtung

In den meisten Unternehmen existieren interne Bewertungslogiken für (Entwicklungs-)Projekte, die zur Nutzenbewertung herangezogen werden können. Mithilfe dieser Werkzeuge lassen sich Gesamtnutzen (z. B. in €) für die einzelnen Anwendungsfälle ableiten, siehe Abbildung 5-12 rechts.

Sind die im Unternehmen bestehenden Hilfsmittel nicht hinreichend, müssen separate

Wirtschaftlichkeitsanalysen[555,556] für die relevanten Anwendungsfälle durchgeführt werden. Grundsätzlich lassen sich in dieser Phase 2 eine Reihe von Methoden zur Bewertung der Wirtschaftlichkeit inklusive der zugehörigen Kennzahlen, wie z. B. Produktivität, Rentabilität oder Return on Investment, einsetzen[557,558].

Das Kernergebnis der Phase 2 bildet die vollständige DUCM der Data Analytics Anwendungsfälle. Diese enthält die Informationen zu zugehörigen Aufwänden und Nutzen und bildet die Grundlage für die Phasen 3 und 4. Zur besseren Lesbarkeit und zur Steigerung des Informationsgehalts können der DUCM zusätzliche Informationen bezüglich der einzelnen Daten, wie z. B. Datentypen, Maßeinheiten, die Bezeichnungen der betrachteten Fertigungsprozesse, Maschineninformationen sowie Informationen bezüglich der Anwendungsfälle, z. B. die Namen der verantwortlichen Experten, angefügt werden. Ein Beispiel einer DUCM einschließlich der Kosten und Nutzen ist in Abbildung 6-2 als Tabelle dargestellt. Ebenso ist eine Repräsentation der DUCM innerhalb einer Datenbankstruktur möglich (vgl. Abbildung 6-3).

Die im Rahmen der Experten- und Anwendergespräche ermittelten Informationen werden für jeden Anwendungsfall im zugehörigen Steckbrief ergänzt, siehe Abbildung 5-13. Im Vergleich zu dem Steckbrief aus Phase 1 sind die Informationen zu den Aufwänden sowie dem Nutzen hinzugekommen. Um komplexere Nutzenstrukturen darstellen zu können und einen Überblick zu ermöglichen, werden die relativen Nutzenausprägungen in einer Netzdarstellung visualisiert. In Abbildung 5-13 sind als Beispiele für Nutzenausprägungen die Reduktion der Fehler/Einheit, der Nacharbeit, der Taktzeit, der Durchlaufzeit, des Risikos sowie ein positiver Einfluss auf die Skalierbarkeit des Anwendungsfalls angegeben. Insbesondere die Erfassung eines messbaren und überprüfbaren Ergebnisses ist erforderlich, um während der kritischen Reflexion (Phase 7) eine objektive Bewertung der implementierten Anwendungsfälle zu ermöglichen.

Da dieselben Daten beziehungsweise Messwerte in unterschiedlichen Anwendungsfällen zum Einsatz kommen können, sind aufgrund dieser synergetischen Zusammenhänge Skaleneffekte bei der Umsetzung der Data Analytics Anwendungsfälle zu erwarten. Diese Synergien werden im Rahmen der strategischen Priorisierung in der Phase 3 betrachtet.

---

[555] Vgl. Dworatschek, S./Donike, H. (Wirtschaftlichkeitsanalyse Informationssysteme), 2018, S. 47-56

[556] Vgl. Pauls, W. (Wirtschaftlichkeitsanalyse), 2012, S. 28 ff.

[557] Vgl. Pauls, W. (Wirtschaftlichkeitsanalyse), 2012, S. 18

[558] Vgl. Nagel, K. (Nutzen der Informationsverarbeitung), 1990, S. 19 ff.

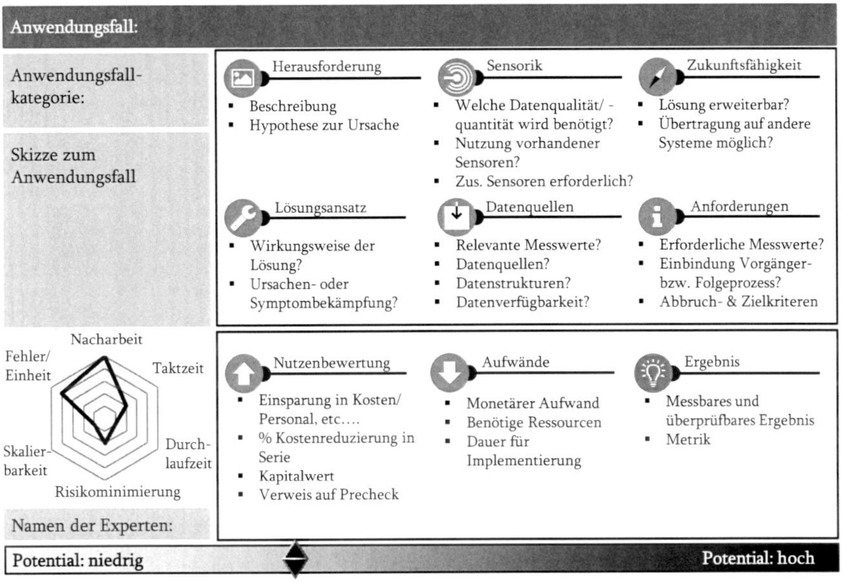

Abbildung 5-13: Steckbrief der Anwendungsfälle (Phase 2)

5.2 Detaillierung des Analysemoduls

Das Analysemodul bildet das Verbindungsglied zwischen dem Initiierungsmodul und dem Gestaltungsmodul, vgl. Abbildung 5-1. Das übergeordnete Ziel des Analysemoduls liegt in der Unterstützung des Anwenders der Methodik bei der Priorisierung der im Initiierungsmodul ermittelten Data Analytics Anwendungsfälle auf Basis der DUCM sowie in der Ableitung einer geeigneten IT-Architektur für die Umsetzung der priorisierten Anwendungsfälle.

5.2.1 Strategische Priorisierung

Da es in der industriellen Praxis nicht möglich ist, alle identifizierten Data Analytics Anwendungsfälle anzugehen (vgl. Abschnitt 2.1.5), muss eine *Priorisierung der Data Analytics Anwendungsfälle* in der frühen Phase erfolgen. Dies wird in der Phase 3 realisiert. Als Grundlage dienen die in der Phase 1 (vgl. Abbildung 5-3) und Phase 2 (vgl. Abbildung 5-8) identifizierten und in der DUCM detaillierten Anwendungsfälle. Die wesentlichen Charakteristika der Phase 3 sind in Abbildung 5-14 dargestellt.

Priorisierung der Data Analytics Anwendungsfälle		
Modul der Methodik: Analysemodul		Phase: 3
Zielsetzung: Priorisierung der Data Analytics Anwendungsfälle nach dem größten Nutzen.		
Input:	Vorgehen:	Output:
• DUCM aus der Phase 2	• Entwicklung einer Auswahllogik der Data Analytics Anwendungsfälle • Identifikation der optimalen Kombination an Anwendungsfällen	Für Phasen 4 und 5: • Liste an umzusetzenden Data Analytics Anwendungsfällen für die vorgegebene Kostengrenze
Hilfsmittel: Multikriterielle Optimierung, genetische Algorithmen		
Kernergebnis: Priorisierte Data Analytics Anwendungsfälle		

Abbildung 5-14: Priorisierung der Data Analytics Anwendungsfälle

Die Priorisierung erfolgt anhand von Aufwänden und Nutzen der Anwendungsfälle, die in Phase 2 bestimmt wurden. Bei der Priorisierung gilt es, die bezüglich des Ertrags bestmögliche Auswahl an Anwendungsfällen zu ermitteln, vgl. Abbildung 5-15.

Abbildung 5-15: Ziele der strategischen Priorisierung

Der Unterschied zu bestehenden Aufwand- und Nutzenbewertungen liegt in der Berücksichtigung von Synergieeffekten durch Wiederverwendbarkeit einzelner Datenpunkte in mehreren Anwendungsfällen. Daher werden die Anwendungsfälle nicht nur nach ihren jeweiligen Nutzen und Aufwänden bewertet, sondern auch unter Berücksichtigung der synergetischen Effekte. Auf Basis dieser Bewertung gilt es, die optimale Kombination an Anwendungsfälle zu identifizieren.

Wie in den vorhergehenden Unterkapiteln eingeführt, beinhalten die Aufwände für jeden Anwendungsfall unterschiedliche Kostenkategorien auf Basis ihrer Anforderungen. Diese können u. a. Initial-Kosten, wie z. B. zum Aufbau der IT-Infrastruktur und Data Analytics Modelle, sowie laufende Kosten für Datenspeicherung und Wartung des IT-Systems sein.

Zusätzlich müssen die Kosten für die Erzielung erforderlicher Zugriffsgeschwindigkeiten, für Rechenleistung in der Cloud sowie für die erforderlichen Hardware- und Softwaretools berücksichtigt werden. Weitere Kosten können entstehen, falls zusätzliche Edge Geräte zur Datenverarbeitung und Visualisierung erforderlich werden. Des Weiteren müssen das Bussystem sowie die Ethernet-Anbindung dimensioniert werden.

Im Folgenden werden die erforderlichen mathematischen Bezeichnungen eingeführt, die diese Problemstellung beschreiben. Es handelt sich dabei um einen Ansatz, der im Rahmen dieser Arbeit entwickelt und publiziert wurde[559].

5.2.1.1 Einführung der mathematischen Definitionen

Um eine mathematische Beschreibung der DUCM zu ermöglichen, werden zunächst einige Begrifflichkeiten definiert. Um einzelne Datenpunkte darzustellen, wird der Begriff Signal eingeführt. Ein Signal s ist ein Objekt, das auf mehreren konstanten Eigenschaften basiert. Diese Eigenschaften sind z. B. Name, Datentyp und Größe des Datentyps. Die Signale können Messwerte, wie z. B. Kräfte, Spannungen und Temperaturen, oder Prozesswerte, wie Warnmeldungen von Fabrikmaschinen, repräsentieren. Eine Menge an Signalen ist definiert durch

$$S = \{ s_1 , \dots , s_N \}, \tag{5-1}$$

die von unterschiedlichen Maschinen erfasst und bereitgestellt werden können. Demgegenüber stehen in der DUCM die Anwendungsfälle. Eine Menge U von Anwendungsfällen u_k ist definiert als

$$U = \{u_1, \dots, u_M\}. \tag{5-2}$$

Der Begriff Anwendungsfall wurde in dem gegebenen Kontext bereits in Unterkapitel 5.1 eingeführt[560]. Ein Anwendungsfall kann unterschiedlichen Anwendungsfallkategorien zugeordnet werden, wie z. B. Trendanalyse, vorausschauende Instandhaltung, Rückverfolgbarkeit oder Qualitätskontrolle. Fokus der Betrachtung ist jeweils

[559] Vgl. Heimes, H./Kampker, A. et al. (Prioritizing Digitalization Use Cases), 2019, S. 38-42
[560] Vgl. Kampker, A./Heimes, H. et al. (Enabling Data Analytics), 2018, S. 123-124

entweder der Fertigungsprozess oder die Produktqualität. Jeder Anwendungsfall u_k besteht aus einer Teilmenge der Signale $\hat{S} \subseteq S$. Diese Menge kann über eine Funktion $SI: U \rightarrow \hat{S}$ abgefragt werden. Wenn ein Signal $s \in S$ in einem Anwendungsfall $u \in U$ enthalten ist, können dessen Aufwände bzw. Kosten für den Anwendungsfall durch die Funktion

$$c_{sig}: (S, U) \rightarrow \mathbb{R}_+ \tag{5-3}$$

definiert werden.

Einflussgrößen der Kostenfunktion sind die anwendungsfallabhängigen Anforderungen. Diese sind der DUCM zu entnehmen und enthalten z. B. Aufzeichnungsfrequenzen, Echtzeitanforderungen und Dauer der Datenspeicherung. Es gilt $c_{sig}(s, u_i) = 0$, wenn $s \notin SI(u_i)$. Ziel ist es, eine optimale Teilmenge an Anwendungsfällen U zu identifizieren. Dementsprechend müssen Kosten-Nutzen-Funktionen für eine Auswahl mehrerer Anwendungsfälle erstellt werden.

5.2.1.2 Problemstellung zur Priorisierung der Anwendungsfälle

Ziel ist, eine optimale strategische Priorisierung dieser Anwendungsfälle zu erreichen, d. h. eine optimale Teilmenge der Anwendungsfälle in Bezug auf Kosten und Nutzen zu ermitteln. Diese Fragestellung lässt sich durch ein Kombinatorikproblem beschreiben, das eine optimale Kombination von k Anwendungsfällen aus einer Menge von M Anwendungsfällen selektiert. Mathematisch gibt es

$$\binom{M}{k} = \frac{M!}{k!\,(M-k)!} \tag{5-4}$$

Kombinationen, die bewertet werden müssen. Der Aufwand für die Berechnung aller möglichen Kombinationen kann unter Berücksichtigung des binomischen Theorems vereinfacht werden zu:

$$\sum_{k=1}^{M} \binom{M}{k} = \sum_{k=1}^{M} \binom{M}{k} 1^{M-k} 1^{k} = (1+1)^M - 1 = 2^M - 1. \tag{5-5}$$

Hieraus ist ersichtlich, dass eine große Menge an Anwendungsfällen zu einer großen Menge an Kombinationen führt. Diese lassen sich nicht mehr durch Berechnung aller Kombinationen vergleichen, um eine optimale Lösung für die optimale Priorisierung der Anwendungsfälle zu bestimmen. So würde z. B. auf einem der schnellsten Supercomputer[561] der Vergleich von 70 Anwendungsfällen ca. 75 Tage und für 150 Anwendungsfälle bereits ca. 10^{20} Jahre in Anspruch nehmen. Daher ist eine Approximation dieses Kombinatorikproblems erforderlich.

Definition 5-1: Multikriterielle Optimierungsprobleme

Ein multikriterielles Optimierungsproblem (engl. multiobjective combinatorial optimization problem (MOCO)) ist definiert als

$$\begin{aligned} min_x \quad & f(x) \\ s.t. \quad & x \in \mathbf{X}. \end{aligned}$$

Die Funktion $f(x) = (f_1(x), \dots, f_n(x))$ ist eine vektorwertige, nichtlineare Funktion und $\mathbf{X} \in \{0,1\}^l$. Übertragen auf das vorliegende Problem entspricht l der Anzahl an zu priorisierenden Anwendungsfällen. Des Weiteren wird $\mathbf{X}$ als realisierbare Menge und die Mengen $f(\mathbf{X}) = \{f(x) \mid x \in \mathbf{X}\}$ Wertebereich oder Bildbereich der MOCO genannt.

Um das Minimum einer vektorwertigen Funktion bestimmen zu können, wird die Pareto-Optimalität im Folgenden eingeführt.

Definition 5-2: Pareto-Optimalität

Ein Element $x \in X$ dominiert ein Element $y \in X$, wenn

$$\forall\, \boldsymbol{k} \in \{\mathbf{1}, \dots, \boldsymbol{n}\}: \qquad \boldsymbol{f}_k(\boldsymbol{x}) \leq \boldsymbol{f}_k(\boldsymbol{y}) \text{ und } \exists\, \boldsymbol{j} \in \{\mathbf{1}, \dots, \boldsymbol{n}\}: \qquad \boldsymbol{f}_j(\boldsymbol{x}) < \boldsymbol{f}_j(\boldsymbol{y}).$$

Darin wird $x \in \mathbf{X}$ nicht dominiert bezüglich einer Menge $T \in \mathbf{X}$ genannt, falls es kein Element in T gibt, das x dominiert. Daher gilt

$$\nexists \hat{x} \in T: \hat{x} \prec x. \tag{5-6}$$

Ein Punkt x wird nur Pareto-optimal genannt, wenn x nicht dominiert wird in Bezug auf $\mathbf{X}$. Eine Menge $\boldsymbol{P} \subseteq \mathbf{X}$ wird Pareto-optimal genannt, falls die Pareto-Menge $\boldsymbol{P}$ ausschließlich aus Punkten besteht, die Pareto-optimal in Bezug auf $\mathbf{X}$ sind. Die Menge

$$\boldsymbol{Y} := f(\boldsymbol{P})$$

wird Pareto-Front oder nicht-dominierte Menge genannt.

[561] Sunway TaihuLight, National Supercomputing Center, Wuxi, Jiangsu, 93014,6 TeraFLOPS

Alle möglichen Lösungen eines MOCOs liegen innerhalb der Pareto-Menge. Durch die Pareto-Front werden Elemente des Lösungsraums gefunden, die nicht durch andere Elemente dominiert werden und somit Optima darstellen. Sie sind somit Randbereiche des Lösungsraums. Exemplarisch ist eine Pareto-Front als schwarz markierter Randbereich in Abbildung 5-16 dargestellt. Das Ziel des Lösungsalgorithmus ist es somit, die Pareto-Menge zu approximieren.

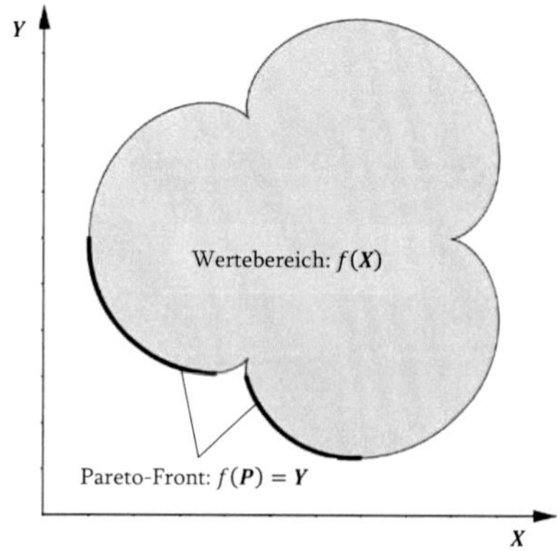

Abbildung 5-16: Darstellung der Pareto-Front

5.2.1.3 Lösungsansatz des Optimierungsproblems

Im Folgenden wird der Lösungsansatz des Optimierungsproblems zur bestmöglichen Auswahl von Anwendungsfällen hergeleitet. Zu diesem Zweck werden die Kosten- und Nutzenfunktionen der in den vorherigen Phasen der Methodik ermittelten Data Analytics Anwendungsfälle aufgestellt. Dazu werden zunächst die Eigenschaften bezüglich der dieser Arbeit zugrundeliegenden Problemstellung definiert und die getroffenen Annahmen dargestellt[562]:

- Das Modell besteht aus N Signalen, die zu M Anwendungsfällen gehören
- Der Definitionsbereich ist $\{0,1\}^M$, wobei $x_i = 0$ dafür steht, dass ein Anwendungsfall u_i nicht auftritt und $x_i = 1$ bedeutet, so dass der Anwendungsfall auftritt
- Die Kostenfunktion soll minimiert und die Nutzenfunktion maximiert werden

[562] Vgl. Heimes, H./Kampker, A. et al. (Prioritizing Digitalization Use Cases), 2019, S. 40

- Da gilt: $-\min(-f) = \max(f)$, kann die negative Nutzenfunktion $-g_{uc}$ stattdessen minimiert werden

Somit wird die Kostenfunktion c_{uc}^{M} folgendermaßen definiert:

$$c_{uc}^{M}: \{0,1\}^{M} \rightarrow \mathbb{R}_{+}, c_{uc}^{M}(x_1, \dots, x_M) = \sum_{i=1}^{N} \max_{j \in \{1,\dots,M\}} s_{ij} x_j. \tag{5-7}$$

Dabei bezeichnet $s_{ij}x_j$ die Kosten eines Signals s_i für einen Anwendungsfall u_j, d. h. $s_{ij} = c_{sig}(s_i, u_j)$. Die Nutzenfunktion lautet:

$$g_{uc}^{M}: \{0,1\}^{M} \rightarrow \mathbb{R}_{+}, g_{uc}^{M}(x_1, \dots, x_M) = \sum_{i=1}^{M} x_i \cdot g_i, \tag{5-8}$$

wobei $g_i > 0$ einen Nutzen für den Anwendungsfall u_i bedeutet. Aus diesen Funktionen und den getroffenen Annahmen ergibt sich die MOCO zu

$$\begin{aligned} &\min_x(c_{uc}^{M}(x), -g_{uc}^{M}(x)) \\ &s.t. \quad x \in \{0,1\}^{M}. \end{aligned} \tag{5-9}$$

Laut EHRGOTT ist die Lösung einer MOCO NP-schwer[563]. NP steht für nichtdeterministische Polynomialzeit. NP-schwere Probleme sind nach der Komplexitätsklassifizierung aus der theoretischen Informatik nicht oder zumindest nicht in polynomieller Zeit lösbar. Daher empfiehlt es sich, für große Mengen an Anwendungsfällen Algorithmen einzusetzen, die die Pareto-Menge nicht exakt berechnen, sondern abschätzen[564].

5.2.1.4 Abschätzen der Pareto-Front

In der Literatur finden sich zum Thema Lösungsmethoden für multikriterielle Optimierungsprobleme überwiegend Lösungsalgorithmen für kontinuierliche Optimierungsprobleme[565]. Um basierend auf kontinuierlichen Lösungen $[0,1]^{M}$ eine binäre Auswahl an Anwendungsfällen zu treffen, müssten die kontinuierlichen Werte in binäre Lösungen umgewandelt werden. Jedoch bilden Transformationen, wie z. B. zufälliges Runden[566], nicht unbedingt Elemente aus der kontinuierlichen Pareto-Menge

---

[563] Vgl. Ehrgott, M. (Multicriteria optimization), 2005, S. 271-287
[564] Vgl. Heimes, H./Kampker, A. et al. (Prioritizing Digitalization Use Cases), 2019, S. 40
[565] Vgl. Heimes, H./Kampker, A. et al. (Prioritizing Digitalization Use Cases), 2019, S. 40
[566] Vgl. Srinivasan, A. (Randomized Rounding Survey), 1999, S. 9 ff.

auf die kombinatorische Pareto-Menge ab. Somit ist dieser Ansatz ungeeignet, den optimalen Lösungsraum des diskreten multikriteriellen Optimierungsproblems zu bestimmen. Daher müssen Lösungsalgorithmen betrachtet werden, die das multikriterielle Kombinatorikproblem lösen und die disktrete Pareto-Menge direkt approximieren[567].

Vielversprechende heuristische Algorithmen zur Lösung dieser Problemstellung stammen aus dem Bereich der genetischen Algorithmen. Das Konzept eines allgemeinen evolutionären Prozesses[568] wurde bereits in Unterkapitel 2.2 eingeführt.

Aufgrund der Eigenschaften und Rahmenbedingungen des vorliegenden Optimierungsproblems eignet sich hier der genetische Algorithmus „External Archive Guided Multiobjective Evolutionary Algorithm based on Decomposition" (EAG-MOEA/D), der von XINYE CAI, QINGFU ZHANG ET AL.[569] eingeführt wurde, als Grundlage zur Lösung. Dieser Algorithmus wurde laut Literatur zur Lösung des Multiobjective Next Release Problems (MNRP) verwendet[570]. Die Hauptmerkmale dieser Anwendung ähneln der Anwendungsfallpriorisierung, da sie die Kosten und Nutzen von verschiedenen Softwareprojekten adressieren, allerdings ohne Berücksichtigung von Synergieeffekten. Der Algorithmus verwendet eine interne Population und ein externes Archiv der am besten geeigneten Elemente. Somit kombiniert dieser Ansatz zwei elementare Strategien der multiobjektiven evolutionären Optimierung[571]:

1. dominanzbasierte Sortierung, die für die Pflege des externen Archivs sorgt
2. Zerlegung, welche die evolutionäre Entwicklung der internen Population zum Ziel hat

Nach Überführen des kombinatorischen Problems in ein multikriterielles Optimierungsproblem werden mittels Abschätzung der Pareto-Front näherungsweise optimale Zusammenstellungen der Anwendungsfälle für unterschiedliche Kostenbereiche ermittelt. Nach Vorgabe einer Kostengrenze wird somit eine Menge optimaler Anwendungsfälle näherungsweise bestimmt und in der Folge priorisiert. Exemplarisch ist ein Ergebnis der strategischen Priorisierung in Abbildung 5-17 aufgeführt. Die einzelnen Punkte stellen die approximierte Pareto-Front dar. Jeder Punkt steht für eine Menge an Anwendungsfällen, eingetragen anhand ihrer Kosten und ihres Ertrags. Auf diese

[567] Vgl. Heimes, H./Kampker, A. et al. (Prioritizing Digitalization Use Cases), 2019, S. 40
[568] Vgl. Raghuwanshi, M./Kakde, O. G. et al. (Evolutionary Algorithms), 2004, S. 150-160
[569] Vgl. Cai, X./Li, Y. et al. (Decomposition for Combinatorial Optimization), 2015, S. 508-523
[570] Vgl. Zhang, Y./Harman, M. et al. (Multi-Objective Next Release Problem), 2007, S. 1129-1135
[571] Vgl. Heimes, H./Kampker, A. et al. (Prioritizing Digitalization Use Cases), 2019, S. 41

Weise ist es ohne erneute Berechnung möglich, für die unterschiedlichen Kostenszenarien (Szenario 1-3) die jeweils optimale Zusammensetzung an Anwendungsfällen zu ermitteln. Damit ist es möglich, anhand einer vorgegebenen Kostengrenze eine Liste an umzusetzenden Anwendungsfällen zu generieren. Diese Liste bildet die Grundlage für die Phasen 4 und 5.

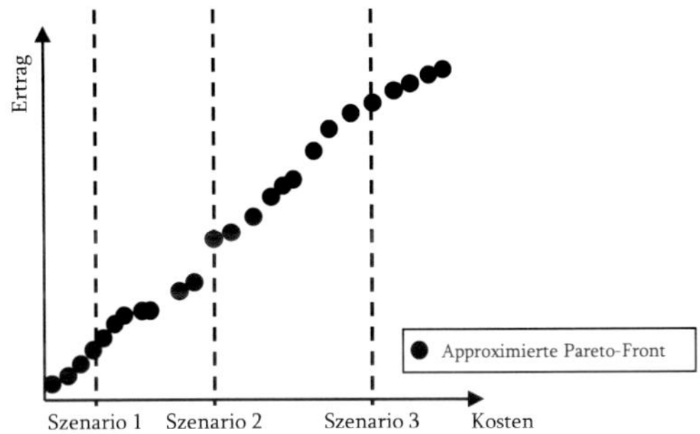

Abbildung 5-17: Ergebnis der strategischen Priorisierung

Für detaillierte Analysen und weitere Informationen zu dem angewandten Algorithmus wird auf die Literatur verwiesen[572]. Die Anwendung des Lösungswegs im Rahmen der Lösung der Problemstellung dieser Arbeit wird in Kapitel 6 näher erläutert.

5.2.2 Ableitung der IT-Architektur

In der Phase 4 der Methodik wird das Vorgehen zur *Ableitung der IT-Architektur* definiert. Die wesentlichen Charakteristika dieser Phase 4 sind in Abbildung 5-18 dargestellt.

Die Ableitung der IT-Architektur ist eng mit der Erfassung des Aufwands anhand der Anforderungen an die Anwendungsfälle, insbesondere der Anforderungen an die Datenerfassung und Datenverarbeitung, verknüpft, siehe Phase 2 in Abschnitt 5.1.2. Dort wurden Nutzen der Anwendungsfälle sowie ihre Kosten anhand einer Referenz- oder Maximalarchitektur ermittelt.

In der Phase 4 werden die erforderlichen Bestandteile der IT-Architektur für die Umsetzung der in Phase 3 priorisierten Data Analytics Anwendungsfälle ermittelt, um auf diese Weise eine für die Anwendungsfälle optimale IT-Architektur in Bezug auf Funktionalität und Aufwand abzuleiten.

[572] Vgl. Cai, X./Li, Y. et al. (Decomposition for Combinatorial Optimization), 2015, S. 508-522

Ableitung der IT-Architektur			
Modul der Methodik:	**Analysemodul**	Phase:	**4**
Zielsetzung:	Bestimmung einer geeigneten IT-Architektur für die Umsetzung der priorisierten Data Analytics Anwendungsfälle		

Input:	Vorgehen:	Output:
• Priorisierte Anwendungsfälle aus Phase 3 • DUCM aus Phase 2 inkl. der Anforderungen an die Anwendungsfälle • Kenntnis über IT-Architekturen • Unternehmensstrategie bzgl. Datenhoheit	• Ableiten der wirtschaftlich günstigsten IT-Architektur, die die Anforderungen der priorisierten Anwendungsfälle erfüllt	• IT-Architekturbild und auszuwählende Komponenten für die Phase 5

Hilfsmittel:	Morphologischer Kasten
Kernergebnis:	IT-Architektur

Abbildung 5-18: Ableitung der IT-Architektur

Somit werden zu Beginn der Phase 4 die Anforderungen für die in Phase 3 der Methodik priorisierten Anwendungsfälle bezüglich folgender Kriterien zusammengestellt:

- Speicherdauer
- Verarbeitungsgeschwindigkeit
- Zugriffshäufigkeiten bzw. Aufzeichnungsfrequenzen
- Anfallendes Datenvolumen
- Produktionskritikalität
- Eingriff in den Produktionsprozess
- Ergebnisdarstellung, z. B. Visualisierung, Einmalauswertung, Data Analytics Modell

Speicherdauer, Verarbeitungsgeschwindigkeit, Zugriffshäufigkeit bzw. Aufzeichnungsfrequenz und anfallendes Datenvolumen stellen die wesentlichen Faktoren für die Bewertung der Datenqualität und Datenquantität dar. Ist ein Anwendungsfall produktionskritisch, muss lokal in Produktionsnähe ein hinreichend ausfallsicheres IT-System vorgesehen werden, z. B. durch Redundanz bezüglich des Speicherplatzes und der Rechenleistung. Eingriffe in den Produktionsprozess dürfen nur bei Vorliegen von erforderlichen Genehmigungen und Freigaben erfolgen. Der Einsatz von Data Analytics Modellen mit Produktionseingriff bedingt die Absicherung der entwickelten Modelle hinsichtlich ihrer Robustheit und Korrektheit. Dazu sind kompatible Kommunikationsschnittstellen und produktionsnahe, lokale Rechenleistung erforderlich. Welche Arten von Ergebnisdarstellungen durch die Anwendungsfälle gefordert werden, hat Auswirkung auf die Flexibilität der Datenverarbeitungskette und bedingt ggf. den Einsatz unterschiedlicher Cloud- bzw. IoT-Plattformen. Abhängig von der Art der priorisierten Anwendungsfälle können sich zusätzliche anwendungsfallspezifische Anforderungskriterien ergeben.

Aus den gesammelten Anforderungen der Data Analytics Anwendungsfälle und aus der Unternehmensstrategie bezüglich der Datenverarbeitung werden die strengsten Anforderungen für jedes Anforderungskriterium ermittelt. Das bedeutet, dass z. B. die Anforderung des Anwendungsfalls mit der Forderung nach der schnellsten Verarbeitungsgeschwindigkeit selektiert wird. Bei der Ergebnisdarstellung werden die unterschiedlichen Ausprägungen als separate Anforderungen aufgenommen.

Die anwendungsfallbasierten Anforderungskriterien an die Datenverarbeitungskette sind um strategische Anforderungen des Unternehmens an die Datenverarbeitungskette anzureichern. Diese ergeben sich üblicherweise aus der Data Governance[573] Strategie des Unternehmens. Es können daraus z. B. Anforderungen an den Umgang mit kritischen Daten in Bezug auf Datenschutz resultieren. Eine solche Anforderung kann zur Folge haben, dass keine Public Clouds für die Umsetzung der Anwendungsfälle verwendet werden dürfen. Aus den strengsten anwendungsfallbasierten Anforderungen und den strategischen Anforderungen wird ein Anforderungskatalog für die Bewertung der IT-Komponenten entwickelt.

Um eine geeignete IT-Architektur zu ermitteln, die diesen Anforderungen genügt, werden in einem ersten Schritt IT-Komponenten identifiziert, die einen Beitrag zur Erfüllung der gestellten Anforderungen leisten können. Aufgrund der rasanten Fortschritte im Feld der Datenverarbeitung von Big Data ist die Verfügbarkeit möglicher IT-Komponenten abhängig von den im jeweiligen Unternehmen verankerten Systemen bzw. von den aktuell am Markt verfügbaren Lösungen. Daher ist zu Beginn der Phase 4 zunächst eine Erfassung und Bewertung der im Unternehmen vorhandenen beziehungsweise am Markt verfügbaren IT-Komponenten durchzuführen, siehe Abschnitt 2.2.3. Ein Beispiel einer IT-Architektur mit Bestandssystemen und den zugehörigen IT-Komponenten ist in Abbildung 5-19 dargestellt, vgl. Abschnitt 2.2.3.

[573] Vgl. Brüning, A./Gluchowski, P. et al. (Data Governance), 2017, S. 1-12

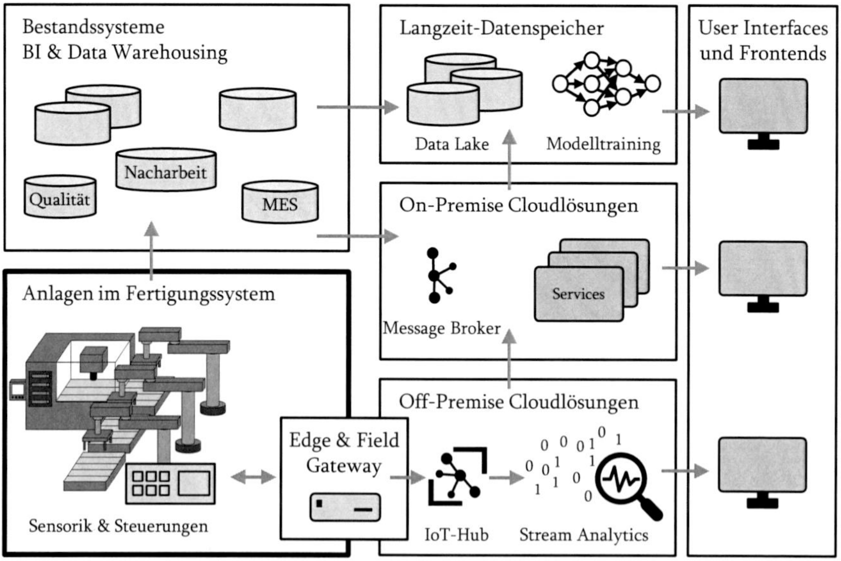

Abbildung 5-19: Beispiel für IT-Architektur (1)

In dieser Darstellung besitzt das Fertigungssystem zum einen Anbindungen an die Bestandssysteme, in denen z. B. Qualitätsdaten und Nacharbeitsdaten gespeichert werden. Zum anderen verfügt es über ein Edge Gerät mit Field Gateway Funktionalität, das Berechnungen lokal in der Fertigungslinie durchführen kann und den Verknüpfungspunkt in eine nicht im Unternehmen lokalisierte Cloudumgebung bildet. In dieser Cloudumgebung werden die Daten von einem IoT-Hub erfasst. Der eintreffende Datenstrom wird mittels Stream Analytics analysiert und transformiert.

Von den Bestandssystemen sowie von der Off-Premise Cloudlösung, angesiedelt außerhalb des Unternehmens, besteht eine Verbindung zu einer internen On-Premise Cloudlösung des Unternehmens, die die Verteilung der Daten auf unterschiedliche unternehmensinterne Services sicherstellt.

Zur Langzeitspeicherung wird ein Data Lake mit Daten aus den Bestandssystemen und den Cloudlösungen gespeist, um die Datensicherung langfristig zu gewährleisten und offline Modelltraining auf Basis historischer Daten zu ermöglichen. Sämtliche Komponenten dieser IT-Architektur besitzen Benutzerschnittstellen, um Ergebnisse der Anwendungsfälle dem Anwender darstellen zu können.

Um eine Auswahl geeigneter IT-Komponenten durchführen zu können, werden die ermittelten alternativen IT-Komponenten in einem zweistufigen Vorgehen einzeln bezüglich ihres Beitrags zur Erfüllung der Anforderungen bewertet. In der ersten Stufe werden die IT-Komponenten ausgeschlossen, die grundsätzlich gegen wesentliche Anforderungen verstoßen, z. B. Ausschluss von Public Cloudlösungen bei der Verarbeitung personenbezogener Daten. In der zweiten Stufe wird eine geeignete und kosteneffiziente IT-Architektur ermittelt. Eine geeignete und kosteneffiziente IT-Architektur zeichnet sich durch Erfüllung aller an die Data Analytics Anwendungsfälle gestellten Anforderungen bei minimalem Einsatz beteiligter IT-Komponenten aus.

Zur Auswahl von Lösungsalternativen eignet sich ein morphologischer Kasten[574]. In Abbildung 5-20 ist der morphologische Kasten der alternativen IT-Komponenten dargestellt.

<table>
<tr><th colspan="6">Morphologischer Kasten der alternativen IT-Komponenten</th></tr>
<tr><td rowspan="6">Anforderungskatalog</td><td>Anforderung 1</td><td colspan="2">Komponente 1</td><td colspan="2">Komponente 2</td></tr>
<tr><td>Anforderung 2</td><td>Komponente 3</td><td>Komponente 4</td><td>Komponente 5</td><td>Komponente 6</td></tr>
<tr><td>Anforderung 3</td><td>...</td><td>...</td><td>...</td><td>...</td></tr>
<tr><td>Anforderung 4</td><td>...</td><td>...</td><td>...</td><td>...</td></tr>
<tr><td>Anforderung 5</td><td>Komponente 7</td><td colspan="2">Komponente 8</td><td>Komponente 9</td></tr>
<tr><td>...</td><td>...</td><td>...</td><td>...</td><td>...</td></tr>
</table>

Abbildung 5-20: Visualisierung der alternativen IT-Komponenten

In dem morphologischen Kasten werden die ermittelten Anforderungen mit alternativen IT-Komponenten verknüpft vermerkt. Die aufgeführten IT-Komponenten erfüllen jeweils die Anforderungen bezüglich ihrer Verknüpfung.

In Abbildung 5-21 ist das Vorgehen zur Auswahl geeigneter Kombinationen an IT-Komponenten dargestellt. Ausgewählt werden Verkettungen von IT-Komponenten, die die gestellten Anforderungen erfüllen. Auf diese Weise lassen sich sämtliche Lösungsvarianten geeigneter IT-Architekturen identifizieren.

Die ermittelten Lösungsvarianten werden in der Folge untereinander verglichen. Es wird die für das Unternehmen wirtschaftlich günstigste Variante gewählt, die sämtliche gestellten Anforderungen erfüllt.

---

[574] Vgl. Schawel, C./Billing, F. (Management Tools), 2018, S. 219-221

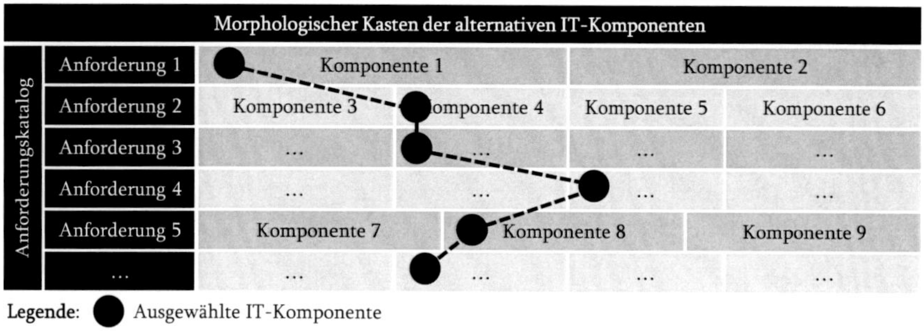

Abbildung 5-21: Auswahl der IT-Komponenten

Bei der Bewertung stellen bereits im Unternehmen im Einsatz befindliche IT-Komponenten, Kooperationen mit Anbietern von Cloudlösungen sowie die Erfahrung der Mitarbeiter wesentliche kostenbeeinflussende Faktoren dar. Aus der gewählten Lösungsvariante kann durch Verknüpfung der ausgewählten IT-Komponenten eine IT-Architektur abgeleitet werden.

Somit ist das Ergebnis der Phase 4 das Konzept für die geeignete IT-Architektur, die die optimale Umsetzung der priorisierten Anwendungsfälle in der Phase 5 erlaubt. Ein Beispiel für eine solche IT-Architektur ist in Abbildung 5-22 dargestellt.

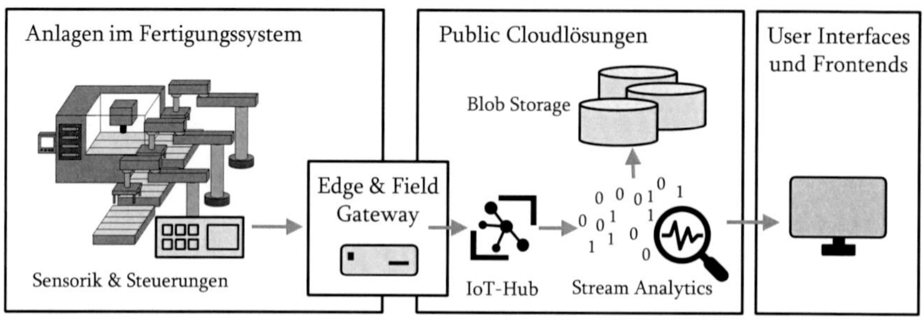

Abbildung 5-22: Beispiel für eine IT-Architektur (2)

Diese IT-Architektur betrachtet keine Bestandssysteme und setzt vollständig auf eine Public Cloudlösung. Des Weiteren sind keine Eingriffe in den Fertigungsprozess vorgesehen. Die Datenspeicherung erfolgt in günstigen Blob Storages. Es wird eine nutzerfreundliche Visualisierung der Daten angeboten.

5.3 Detaillierung des Gestaltungsmoduls

Innerhalb dieses Unterkapitels erfolgt die Beschreibung des Gestaltungsmoduls der Methodik zur proaktiven Integration von Data Analytics in die Serienfertigung. Das Gestaltungsmodul ist in die Phase 5 *Skalierbare Umsetzung* von Data Analytics von der frühen Phase in die Serienfertigung, Phase 6 *Anpassung an sich ändernde Rahmenbedingungen* und Phase 7 *Kritische Reflexion* unterteilt. Analog zu Abbildung 5-1 werden dabei die durch das Analysemodul generierten Informationen und Zwischenergebnisse aufgegriffen. Durch das gewählte Vorgehen wird sichergestellt, dass die Realisierbarkeit der Data Analytics Anwendungsfälle auch unter sich ändernden Rahmenbedingungen gewährleistet ist und den Bedürfnissen des Anwenders der Methodik gerecht wird. Die Phase 7 bewirkt einen kontinuierlichen Verbesserungsprozess bei der Anwendung der Methodik sowie bei der Übertragung der Ergebnisse auf weitere Anwendungsfälle und Fertigungssysteme.

5.3.1 Skalierbare Data Analytics

In der Phase 5 der Methodik wird die skalierbare Umsetzung der in Phase 3 priorisierten Data Analytics Anwendungsfälle mit der in der in Phase 4 hergeleiteten IT-Architektur durchgeführt. Die wesentlichen Charakteristika dieser Phase 5 sind in Abbildung 5-23 dargestellt. Das Vorgehen ist in Abbildung 5-24 veranschaulicht.

Skalierbare Umsetzung		
Modul der Methodik: Gestaltungsmodul		Phase: 5
Zielsetzung:	Skalierbare Umsetzung der priorisierten Data Analytics Anwendungsfälle in der definierten IT-Architektur beginnend in der frühen Phase.	
Input:	**Vorgehen:**	**Output:**
• Priorisierte Anwendungsfälle aus Phase 3 • Definierte IT-Architektur aus Phase 4 • Die DUCM • Prototypisierung der Fertigungstechnologien	• Umsetzen der priorisierten Anwendungsfälle in frühen Phasen zur Wissenssteigerung und zur Verifikation der Umsetzbarkeit der Anwendungsfälle • Sicherstellen der Übertragbarkeit auf Serienfertigung	• Ergebnisse aus Umsetzung für Phase 6 • Technologiebezogene Zusammenhänge und Wissen • Verifizierte IT-Architektur, die tragfähig für Data Analytics in der Serienproduktion ist • Werkzeugketten für Data Analytics
Hilfsmittel:	Methoden des Data Engineerings und des Data Minings	
Kernergebnis:	Data Analytics während Technologieentwicklung und Serienfertigung umgesetzt	

Abbildung 5-23: Skalierbare Umsetzung

Das Ziel der skalierbaren Umsetzung ist zum einen die Vorbereitung der Serienfertigung für den Einsatz von Data Analytics und zum anderen die Generierung von Nutzen bereits während der Entwicklung eines Fertigungssystems.

Etablieren von IT-Architekturen und umfängliche Erfassung der Daten in frühen Entwicklungsphasen des Fertigungssystems steigert die Datentransparenz. Dadurch ist es möglich, erste Data Analytics Modelle zu trainieren und auf diese Weise Experten durch identifizierte Wirkzusammenhänge zu unterstützen. Dadurch können Diagnoseprozesse und der Wissensaufbau im Entwicklungsprozess gestaltet und beschleunigt werden. Da bereits in einer frühen Entwicklungsphase des Fertigungssystems die für Data Analytics erforderliche IT-Architektur aufgebaut und erste Data Analytics Modelle erstellt werden, wird eine kontinuierliche Integration in die Serienfertigung vorbereitet. So kann die Wirksamkeit der Data Analytics Anwendungsfälle im Zusammenwirken mit der definierten IT-Architektur in der frühen Phase sichergestellt werden.

Daher sind die in Phase 3 priorisierten Anwendungsfälle bereits während der Entwicklung des Fertigungssystems umzusetzen und in einer Pilotanwendung zu realisieren. Daraufhin werden die gewonnenen Erkenntnisse sowie die gewonnene IT-Architektur auf die Serienfertigung übertragen. Auf dieser Basis kann ein Roll out auf weitere Fertigungssysteme eingeleitet werden, vgl. Abbildung 5-24.

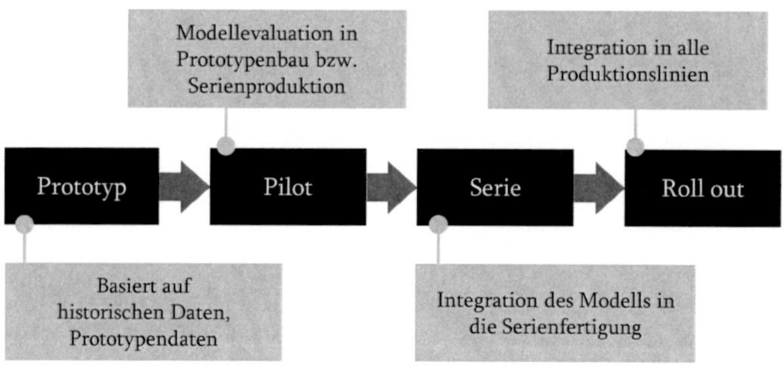

Abbildung 5-24: Data Analytics vom Prototyp zum Roll out

Dieser Ansatz erfordert die Kombination bestehender Data Analytics Ansätze unter Berücksichtigung von Maßnahmen hinsichtlich deren Skalierbarkeit. Dazu ist die proaktive Datenverfügbarkeit von frühen Prototypenphasen in die Serienfertigung erforderlich, auch wenn während der Entwicklung des Fertigungssystems noch keine statistisch relevante Datengrundlage für zuverlässige Vorhersagemodelle vorhanden ist.

Des Weiteren müssen Wiederverwendbarkeit und Übertragbarkeit der Ergebnisse betrachtet und sichergestellt werden. Der entwickelte Ansatz für skalierbare Data Analytics ist im Überblick in Abbildung 5-25 dargestellt.

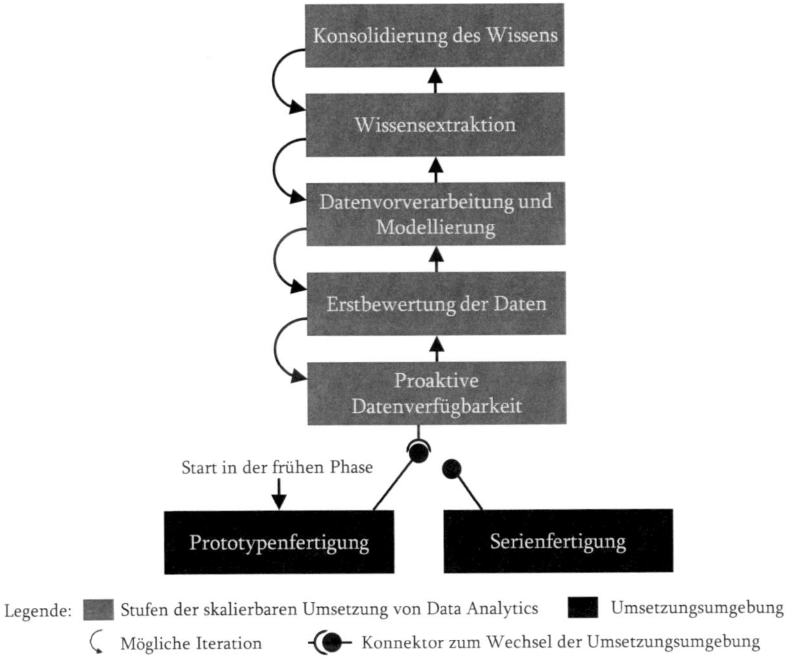

Abbildung 5-25: Methode für skalierbare Data Analytics - Überblick[575]

Ausgehend von der frühen Phase der Prototypenfertigung werden während der Entwicklung des Fertigungssystems die Stufen der skalierbaren Data Analytics durchlaufen. Anschließend werden die Ergebnisse auf die Serienfertigung übertragen. Durch die unterschiedlichen Umsetzungsumgebungen sowie aufgrund der Eigenschaften von Data Analytics (vgl. Unterkapitel 3.2) sind Iterationen zwischen den Stufen vorgesehen. Das Lösungsvorgehen baut auf einem im Rahmen dieser Arbeit entwickelten und veröffentlichten Ansatz auf[576], der in den folgenden Abschnitten detailliert erläutert wird.

[575] In Anlehnung an Heimes, H./Kampker, A. et al. (Scalable Data Analytics), 2019, S. 2
[576] Vgl. Heimes, H./Kampker, A. et al. (Scalable Data Analytics), 2019, S. 1-6

5.3.1.1 Proaktive Datenverfügbarkeit

Die Integration der proaktiven Datenverfügbarkeit in die Methode für skalierbare Data Analytics ist der Abbildung 5-25 zu entnehmen. Mit der proaktiven Datenverfügbarkeit wird die Datenerfassung in die Entwicklung der Fertigungstechnologien integriert und mit der Entwicklung weiterer Fertigungstechnologien gleichgesetzt. Um eine hinreichende Datenverfügbarkeit herzustellen, konzentriert sich der Ansatz zur proaktiven Datenverfügbarkeit auf die Implementierung der IT-Architektur und die Etablierung von Schnittstellen, wie z. B. OPC UA oder proprietären Verbindungen für typische Datenquellen, die innerhalb des Fertigungssystems sowohl während der Prototypenentwicklung als auch während der Serienfertigung zum Einsatz kommen. Dazu bietet die in Phase 4 der Methodik definierte IT-Architektur die wesentliche Grundlage. Sie ist in der Lage, die Anforderungen an die Umsetzung der Anwendungsfälle zu ermöglichen. Um bereits während der Entwicklung des Fertigungssystems einen Nutzen schaffen und die Eignung der IT-Architektur frühzeitig prüfen zu können, wird die für die IT-Architektur erforderliche IT-Infrastruktur während der frühen Phase implementiert. Dazu werden die IT-Infrastruktur- und Cloud-Lösungen, d. h. Datenbanken und Datenframeworks wie Hadoop, Open Shift und Microsoft Azure oder Amazon Web Services ausgewählt, vgl. Abschnitt 5.2.2. Einen umfassenden Überblick bezüglich der Komponenten und Anwendungen von IT-Infrastrukturen wurde von LUCKOW[577] vorgestellt.

Die implementierte IT-Architektur bietet die Grundlage für die Datenanbindung, ist aber aufgrund der Limitierungen der bestehenden Kommunikationsschnittstellen (vgl. Abschnitt 2.1.5) noch nicht hinreichend für die Umsetzung der Anwendungsfälle. Um die Datenanbindung zu konkretisieren, wird daher die in Phase 2 entwickelte DUCM[578] und die daraus priorisierten Anwendungsfälle herangezogen[579]. Die DUCM enthält sämtliche relevanten Informationen für die priorisierten Anwendungsfälle. Diese sind z. B. die (vgl. Unterkapitel 5.1 und Abschnitt 5.1.2)

- erforderlichen Daten, die erfasst werden sollen sowie deren Quellsystem,
- Datentypen,
- Datenvolumen,
- Echtzeitanforderungen,
- erforderliche Frequenz der Datenerstellung und Datenerfassung und
- die Aufbewahrungsdauer der Daten.

[577] Vgl. Luckow, A./Kennedy, K. et al. (Automotive big data), 2015, S. 1201-1209
[578] Siehe auch Kampker, A./Heimes, H. et al. (Enabling Data Analytics), 2018, S. 123
[579] Siehe auch Heimes, H./Kampker, A. et al. (Prioritizing Digitalization Use Cases), 2019, S. 39-42

Anhand dieser Informationen werden die optimalen bzw. möglichen Kommunikationsprotokolle und Kommunikationsbausteine für SPS, intelligente Sensoren und Industrie-PCs festgelegt. Um die Datenverfügbarkeit sicherzustellen, werden basierend auf den erwarteten Datenmengen und Echtzeitanforderungen die Steuerungsinfrastruktur und Kommunikationsstrategie definiert.

Durch den Ansatz der proaktiven Datenverfügbarkeit kann somit neben den Prüfungen der IT-Architektur und der Umsetzbarkeit der Anwendungsfälle auch gezielt die Funktionalität der Schnittstellen getestet werden. Die Datenkommunikationssysteme sind damit definiert. Sie gelten auch für die Serienfertigung. Die erforderlichen Daten werden anhand der Anwendungsfälle nutzengetrieben erfasst. Auf diese Weise kann der Aufwand zur Übertragung der Ansätze für die Datenerfassung vom Prototypenbau bis zur Serienfertigung stark reduziert werden.

5.3.1.2 Erstbewertung der Daten

Die Integration der Erstbewertung der Daten in die Methode für skalierbare Data Analytics ist der Abbildung 5-25 zu entnehmen. Ziel der Erstbewertung der Daten ist, beim Datenverständnis zu unterstützen und die vorliegende Datenqualität in Bezug auf einen Anwendungsfall zu bewerten[580]. Somit stellt die Erstauswertung der Daten den ersten Schritt bei der Umsetzung eines jeden Anwendungsfalls dar.

Um den Aufwand dieses Schrittes gering zu halten, wird ein möglichst hoher Automatisierungsgrad der Auswertung angestrebt. Dabei werden statistische Methoden mit dem Ziel eingesetzt, einen Überblick über die erfassten Daten zu erhalten und das Datenverständnis aufzubauen. Grundlage für die Erstauswertung bieten die im Abschnitt 2.2.2.1 vorgestellten Hilfsmittel zur Steigerung des Datenverständnisses. Dazu werden die Datensätze mit statistischen Kennzahlen wie den folgenden beschrieben:

- Anzahl an Werten
- Maximum
- Minimum
- Median
- Mittelwert
- Standardabweichung
- Datentyp

[580] Siehe auch Heimes, H./Kampker, A. et al. (Scalable Data Analytics), 2019, S. 3

Die Automatisierung dieses Vorgehens erfolgt mit den Ergebnissen aus Abschnitt 5.3.1.1. Auf dieser Basis kann bewertet werden, ob die Datenqualität hinreichend hinsichtlich des jeweiligen Anwendungsfalls ist oder ob Änderungen an der Datenerfassung entwickelt und umgesetzt werden müssen.

Um die Auswertung für den Anwender visuell zu unterstützen, werden die Daten in Kategorien für die unterschiedlichen Datentypen eingeteilt. Diese Kategorien sind

- Datensätze von Einzelmessungen,
- kontinuierliche Zeitmessungen sowie
- unstrukturierte Daten, wie z. B. Textdokumente und Bilder.

Um eine Erstauswertung von Datensätzen von Einzelmessungen zu ermöglichen, werden Boxplots, Histogramme, Dichteplots, Korrelationsmatrizen und Zeitreihen generiert und dem Anwender zur Verfügung gestellt. Schematisch sind diese Visualisierungen in Abbildung 5-26 dargestellt. Detailliertere Beschreibungen können Abschnitt 2.2.2.1 entnommen werden.

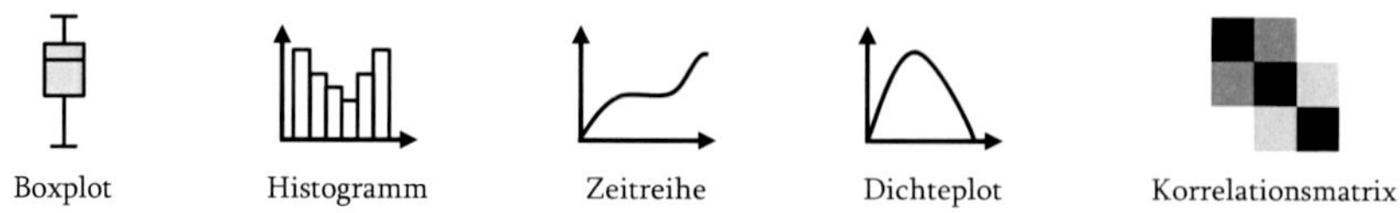

Abbildung 5-26: Ergebnisdarstellungen bei der Erstauswertung der Daten

Bei kontinuierlichen Zeitreihendaten werden die Zeitreihe, die Fourier-Transformation und deren Mittelwerte berechnet und angezeigt, vgl. Abschnitt 2.2.2. Bei unstrukturierten Daten werden anwendungsfallspezifische Anforderungen berücksichtigt, um aussagekräftige Darstellungen zu ermöglichen.

Anhand der erzeugten Ergebnisse können Data Scientists und andere Experten die vorliegende Datenqualität beurteilen. Somit können sie entscheiden, ob Änderungen an der Datenerfassung vorgenommen werden müssen oder ob weitere Schnittstellen zu implementieren sind. Darüber hinaus ist das aus der ersten Auswertung gewonnene Datenverständnis für Technologieexperten aufschlussreich. Dieses gewonnene Datenverständnis unterstützt die Entscheidungsfindung während der Technologieentwicklung[581]. Bei der Übertragung vom Prototypen zur Serienfertigung dient die Erstauswer-

[581] Vgl. Heimes, H./Kampker, A. et al. (Scalable Data Analytics), 2019, S. 3-6

tung der Daten als früher Qualitätsindikator, um festzustellen, ob sich die Datenstruktur oder die Datenqualität geändert hat.

5.3.1.3 Datenvorverarbeitung und Modellierung

Die Integration der Datenvorverarbeitung und Modellierung in die Methode für skalierbare Data Analytics ist der Abbildung 5-25 zu entnehmen. Die gewonnenen Daten müssen für die Analyse in der Modellierungsphase zunächst vorverarbeitet werden, siehe Abbildung 5-27.

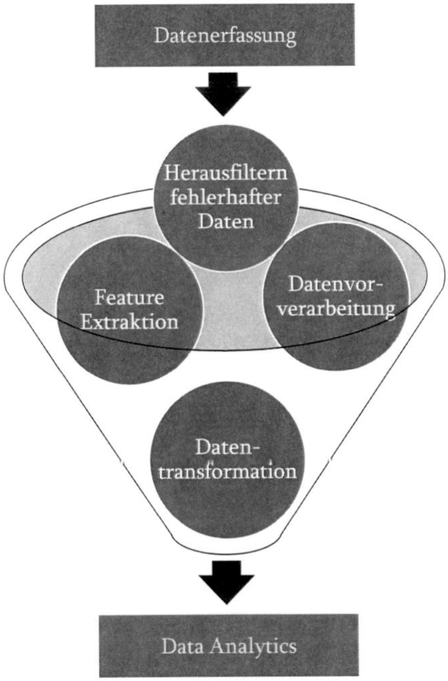

Abbildung 5-27: Schritte während der Modellierungsphase[582]

Bei diesem Schritt werden fehlerhafte Daten herausgefiltert, Merkmale extrahiert und Datentransformationen durchgeführt. Beispiele für Transformationen sind die Transformation von Text in Schlüsselwerte oder die Standardisierung der Daten.

[582] In Anlehnung an Heimes, H./Kampker, A. et al. (Scalable Data Analytics), 2019, S. 3

Um Wirkzusammenhänge zu identifizieren, werden die Daten während der Modellierungsphase mit Methoden aus dem Bereich Data Analytics modelliert. Die Methodenauswahl erfolgt abhängig vom jeweiligen Anwendungsfall, vgl. Abschnitt 2.2.2 und Unterkapitel 3.2.

Typische Methoden der Datenanalyse sind Klassifizierungen, Clustering, numerische Vorhersagen oder Assoziationsanalysen[583], vgl. Unterkapitel 2.2. Die Modellierung orientiert sich an der dem Anwendungsfall zugrundeliegenden Hypothese und verifiziert diese. Hilfsmittel bei der Durchführung der Modellierung sind die unterschiedlichen verfügbaren Programmiersprachen und Data Mining Anwendungen, vgl. Abschnitt 2.2.2.7.

Ergebnisse der Modellierungsphase während früher Phasen der Entwicklung des Fertigungssystems, in denen die Prototypenproduktion stattfindet, sind die ausgewerteten Hypothesen der gegebenen Anwendungsfälle sowie die modellierten Wirkzusammenhänge, die für die Expertenevaluierung bereitgestellt werden. Darüber hinaus wird die Datenverarbeitungskette für Data Analytics auf Basis der definierten IT-Architektur, vgl. Abschnitt 5.3.1.2, initial angewandt und somit für die Wiederverwendung bei der Übertragung an die Serienfertigung vorbereitet[584].

Bei der Ausführung der Modellierungsphase in der Serienfertigung wird auf die bereits eingerichtete IT-Architektur und Data Analytics Datenverarbeitungskette zurückgegriffen, um in der Prototypenphase identifizierte Modelle basierend auf den Daten der Serienfertigung neu zu trainieren.

5.3.1.4 Wissensextraktion

Um die Wissensextraktion, vgl. Abbildung 5-25, bereits während der Entwicklung des Fertigungssystems zu unterstützen und die Machbarkeit des jeweiligen Anwendungsfalls belegen zu können, werden die Ergebnisse der Modellierungsphase gemeinsam in Abstimmung mit den Technologieexperten validiert.

Während der Prototypenproduktion stehen begrenzt Daten und Kenntnisse über die Anwendung von Data Analytics Methoden für einen bestimmten Anwendungsfall zur Verfügung. Daher ist die Datenmenge, je nach Rahmenbedingungen der Prototypenphase, oft nicht hinreichend zur Erstellung aussagekräftiger Modelle. In derartigen Fällen müssen die Technologieexperten darüber befinden, ob das identifizierte Modell im

[583] Siehe auch Heimes, H./Kampker, A. et al. (Scalable Data Analytics), 2019, S. 3
[584] Siehe auch Heimes, H./Kampker, A. et al. (Scalable Data Analytics), 2019, S. 3

Rahmen des Anwendungsfalls sinnvoll ist und ob die Daten in der Serienfertigung voraussichtlich zu einem aussagekräftigen Modell führen würden. Basierend auf diesen Ergebnissen bewerten die Experten den Nutzen des Anwendungsfalls für die Entscheidungsfindung.

Bei der Bewertung des Nutzens wird untersucht, ob die im Modell abgebildeten, identifizierten Wirkzusammenhänge trivial oder ungenau sind. In beiden Fällen wird eine Entscheidung getroffen, ob die Anwendungsfallimplementierung geändert oder abgebrochen werden muss, falls sie sich als nicht durchführbar erweist. Änderungen an der Implementierung des Anwendungsfalls umfassen Änderungen an der Datenerfassung, z. B. erhöhte Erfassungsfrequenz oder das Erfassen zusätzlicher Daten und zugehöriger Labels, oder Anpassungen bei der Modellierung, z. B. durch veränderte Parametrierung der Data Analytics Modelle.

Wenn die prototypische Implementierung des Anwendungsfalls realisierbar ist, wird eine Bewertung hinsichtlich des Grades der Übertragbarkeit durchgeführt. Diese Bewertung liefert eine Zieldefinition, die eine Aussage über die Komplexität der Anpassung eines prototypischen Modells in die Serienfertigung zulässt. Dies unterstützt die Inbetriebnahme des Fertigungssystems und verbessert die Markteinführungszeit der Data Analytics Lösung. Der Ansatz zur Betrachtung des Grads der Übertragbarkeit ist in Abbildung 5-28 veranschaulicht.

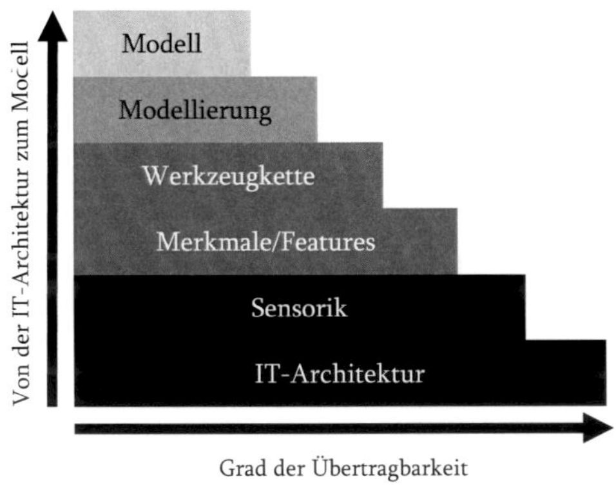

Abbildung 5-28: Grad der Übertragbarkeit[585]

[585] In Anlehnung an Heimes, H./Kampker, A. et al. (Scalable Data Analytics), 2019, S. 3

Die Übertragbarkeit aus dem Prototypenstadium zielt darauf ab, die gewonnenen Erkenntnisse sowie die entwickelten Modelle und Werkzeugketten in der Serienfertigung wiederzuverwenden. Jeder Anwendungsfall ist auf seinen Grad der Übertragbarkeit hin zu untersuchen. Diese Untersuchung basiert auf der Ermittlung der Gemeinsamkeiten der Prototypen- und Serienfertigungsumgebungen.

So kann z. B. die **IT-Architektur**, die für die Serienfertigung erforderlich wird, als hochskalierte Lösung der prototypischen IT-Architektur angesehen werden. Durch den Einsatz von Cloudtechnologien ist die Übertragbarkeit der IT-Architektur vergleichsweise einfach zu realisieren.

Zur Entwicklung eines Modells kann es sinnvoll sein, zusätzliche **Sensoren** einzusetzen, um Daten innerhalb des Fertigungsprozesses zu erhalten, die in den Rohdaten der Maschine nicht verfügbar sind. Um beispielsweise die Qualität von Zwischenprodukten vorherzusagen, die von einer Lackiermaschine geliefert wird, kann es notwendig sein, zusätzliche Feinstaubsensoren einzusetzen und die entsprechenden Informationen zu erfassen und zu verwenden. Zur Bewertung der Übertragbarkeit bezüglich der Sensorik ist es somit erforderlich, die während der Prototypenproduktion eingesetzte Sensorik mit der Sensorik der Serienmaschine zu vergleichen.

Außerdem sollten nur die notwendigen **Features** (Merkmale) extrahiert und für die spätere Modellierung verwendet werden, anstatt alle Maschinendaten als Eingabeparameter für die Modellierung zu verwenden[586]. Es ist zu bewerten, ob die Features der Prototypenumgebung auch durch die Serienanwendung verfügbar sind.

Darüber hinaus muss eine **Werkzeugkette** innerhalb der IT-Architektur für die Datenverarbeitung und Analyse implementiert werden. Diese verarbeitet die Rohdaten zu Features, um sie für die Modellierung nutzbar zu machen. Dazu müssen Daten gruppiert oder in eine Matrixdarstellung umgewandelt werden. Erst dadurch eignen sie sich als Eingabeparameter für die Modellierung. Daher befähigt eine in dieser Form gestaltete Werkzeugkette den Modellierungsprozess. Um einen hohen Grad der Übertragbarkeit gewährleisten zu können, ist es notwendig, die Werkzeugketten aus der Prototypenproduktion mit nur geringen Anpassungen in der Serienfertigung einzusetzen.

Innerhalb der **Modellierung** werden verschiedene Modelltypen, z. B. Random Forest oder Support-Vector-Machines (siehe auch Unterkapitel 2.2) in Betracht gezogen und bewertet, um eine optimale Genauigkeit des Modells zu gewährleisten. Zur Erreichung eines hohen Übertragbarkeitsgrads sind die Modellierungsprozesse nach Möglichkeit

[586] Vgl. Heimes, H./Kampker, A. et al. (Scalable Data Analytics), 2019, S. 4

so zu entwerfen, dass Wiederverwendbarkeit zwischen der Prototypenumgebung und der Serienumgebung besteht.

Als Ergebnis des Modellierungsprozesses resultiert ein **Modell**, das die im Anwendungsfall definierten Wirkzusammenhänge modelliert. Die Übertragbarkeit eines Modells ist z. B. gegeben, wenn sich dasselbe Modell sowohl in der Prototypenproduktion als auch in der Serienfertigung einsetzen lässt.

Anwendungsfälle, die auf Daten von einzelnen Maschinen beruhen, z. B. für einen Anwendungsfall der vorausschauenden Instandhaltung, weisen in der Regel ein hohes Maß an Übertragbarkeit auf ähnliche Maschinen auf. Solange während der Prototypenphase derselbe Maschinentyp wie in der Serienfertigung verwendet wird, ist ein Großteil der während der Prototypenproduktion gewonnenen Erkenntnisse wiederverwendbar. Da die Modelle in der Prototypenproduktion allerdings auf der Grundlage einer geringen Datenmenge erzeugt werden, ist es ratsam, diese zunächst anhand des Datensatzes aus der Serienfertigung zu evaluieren, bevor sie wiederverwendet werden. Wenn ein Anwendungsfall prozessübergreifend ist und daher von Daten mehrerer Maschinen abhängt, ist der Grad der Übertragbarkeit in der Regel geringer. Das gleiche gilt auch, wenn sich die Maschinen der Prototypenproduktion und der Serienfertigung grundsätzlich unterscheiden. In diesen Fällen gilt es, einen Grad der Übertragbarkeit bis zu der Werkzeugkette oder dem Modellierungsprozess zu erreichen. Auf diese Weise lässt sich ein erneutes Modelltraining auf Basis der Daten aus der Serienfertigung ohne größeren manuellen Aufwand durchführen.

Um eine nahtlose Integration der Data Analytics Modelle von der Prototypenproduktion bis zur Serienfertigung zu ermöglichen, wird bei der Übertragung zur Serienfertigung regelmäßig eine Bewertung der Modellqualität auf Basis der Daten der Serienfertigung und ggf. ein Modelltuning durchgeführt. Basierend auf den Anforderungen des Anwendungsfalles und dem gewählten Modellierungsansatz sind verschiedene Bewertungsmaße und -methoden, wie z. B. mittlere quadratische Fehler, Receiver-Operating-Characteristic-Curves oder Konfusions-Matrizen, anwendbar, um die Qualität eines identifizierten Modells zu bewerten (siehe auch Abschnitt 2.2). Aufgrund der Modellqualität ist das Modell entweder bereit für die Implementierung in der Serienfertigung oder muss weiter optimiert werden. Eine Möglichkeit besteht auch darin, dass kein geeignetes Modell für die Umsetzung in der Serienfertigung identifiziert werden kann.

5.3.1.5 Konsolidierung des Wissens

Die Integration der Stufe Konsolidierung des Wissens in die Methode für skalierbare Data Analytics ist der Abbildung 5-25 zu entnehmen. Um die Wissensgenerierung zu unterstützen und das durch die Modellierung während der frühen Phase erlangte Wissen im Unternehmen zu etablieren, müssen anwendungsfallbezogene Maßnahmen ergriffen werden. Diese reichen von der Dokumentation der Ergebnisse aus der Datenerfassung bis zum Roll-out des entwickelten Data Analytics Modells. Ziel dabei ist, einen Beitrag zur Erhöhung der Anwendbarkeit des Wissens sowie zur Erhöhung der Wiederverwendbarkeit zu leisten. Darüber hinaus werden je nach Anwendungsfallanforderungen Dashboards generiert, die die modellierten Zusammenhänge, Berichte oder Warnungen visualisieren.

Während der frühen Phase der Entwicklung des Fertigungssystems bietet in aller Regel die Datentransparenz den größten Nutzen. Daher werden in dieser Phase 5 Offline-Visualisierungen sowie automatisiert erstellte Berichte eingesetzt.

Bei der Serienfertigung spielt die Anforderung der Echtzeitfähigkeit eine größere Rolle als in der Prototypenumgebung, da Maschinenausfälle zu Produktionsausfällen und damit zu großen finanziellen Verlusten führen können. Prädiktive und präskriptive Anwendungsfälle erfordern hier eine Alarmierung der betroffenen Betreiber und Instandhalter. Der wesentliche Fokus liegt dabei auf einem Alarmmanagement, um Fehlalarme zu vermeiden sowie die Anzahl der Warnungen insgesamt zu minimieren. Dadurch wird der Bediener unterstützt und eine Überlastung vermieden[587].

5.3.1.6 Zwischenfazit zu skalierbarer Data Analytics

Der eingeführte Ansatz für skalierbare Data Analytics stellt sicher, dass während der Entwicklung des Fertigungssystems der Wissensaufbau bezüglich der Fertigungstechnologien beschleunigt und Herausforderungen schneller bewältigt werden können. Des Weiteren wird die Umsetzbarkeit der Anwendungsfälle im Rahmen der definierten IT-Architektur bereits in der Prototypenproduktion sichergestellt. Durch Berücksichtigung des Grades der Übertragbarkeit lassen sich die umgesetzten Anwendungsfälle mit einem definierten Aufwand in die Serienfertigung übertragen.

5.3.2 Anpassung an sich ändernde Rahmenbedingungen

In der Phase 6 der Methodik wird die *Anpassung an sich ändernde Rahmenbedingungen* betrachtet. Daher ist diese Phase nicht zwangsläufig der Phase 5 nachgeschaltet, sondern kann parallel zur Phase 5 behandelt werden. Ziel ist die Anpassung der Lösung

[587] Vgl. Heimes, H./Kampker, A. et al. (Scalable Data Analytics), 2019, S. 4

an sich ändernde Rahmenbedingungen, um die bestmögliche Lösung für das Realsystem zu erreichen. Die wesentlichen Charakteristika dieser Phase sind in Abbildung 5-29 dargestellt.

Anpassung an sich ändernde Rahmenbedingungen		
Modul der Methodik: **Gestaltungsmodul**		Phase: **6**
Zielsetzung:	Anpassung der Lösung an sich ändernde Rahmenbedingungen zur Gewährleistung der bestmöglichen Lösung für das Realsystem	
Input:	Vorgehen:	Output:
• Ergebnisse aus Phase 5 • Ergebnisse der kritischen Reflexion (Phase 7) • Geänderte Rahmenbedingungen	Entwicklung von Handlungsempfehlungen aufgrund von • Ergebnissen der kritischen Reflexion oder • geänderten Rahmenbedingungen	• Vorschläge für notwendige Anpassungen in den Phasen 1, 2, 3 oder 4
Hilfsmittel:	Eingesetzt werden die bereits in den vorherigen Phasen eingeführten Hilfsmittel	
Kernergebnis:	Absichern der Umsetzbarkeit der Phase 5 unter geänderten Rahmenbedingungen	

Abbildung 5-29: Anpassung an sich ändernde Rahmenbedingungen

Aus der kritischen Reflexion (Phase 7) ergeben sich Anstöße, die zu einer kontinuierlichen Verbesserung in der Anwendung der Methodik unter den vorgegebenen Rahmenbedingungen führen. Zusätzlich kann es während der Entwicklung von Fertigungstechnologien zu einer Reihe von sich ändernden Rahmenbedingungen kommen, die die Umsetzung der Data Analytics Anwendungsfälle beeinträchtigen können. Typische Fälle hierfür sind:

- Anpassen der Kostengrenze, z. B. Kürzung der verfügbaren Mittel
- Ausweichen auf alternative technische Lösungen
- Auftreten technischer Herausforderungen
- verkettete Abhängigkeiten beim Aufbau von technologischen Prototypen

Anpassungen der Kostengrenze, in der Regel einhergehend mit der Kürzung der verfügbaren Mittel, führen dazu, dass es nicht mehr möglich ist, alle in Phase 4 priorisierten Anwendungsfälle umzusetzen. Dies bedingt eine erneute Priorisierung anhand der neuen Kostengrenze. Dieses Vorgehen ist in Abbildung 5-30 dargestellt. Aufgrund des Priorisierungsansatzes und der Ausgabe des gelösten multiobjektiven Optimierungsproblems ist dies ohne weiteren Arbeitsaufwand außer dem Ablesen aus den vorhandenen Ergebnissen an den entsprechenden Kostengrenzen möglich, da die ideale Anwendungsfallzusammensetzung für jedwede Kostengrenzen bereits verfügbar ist.

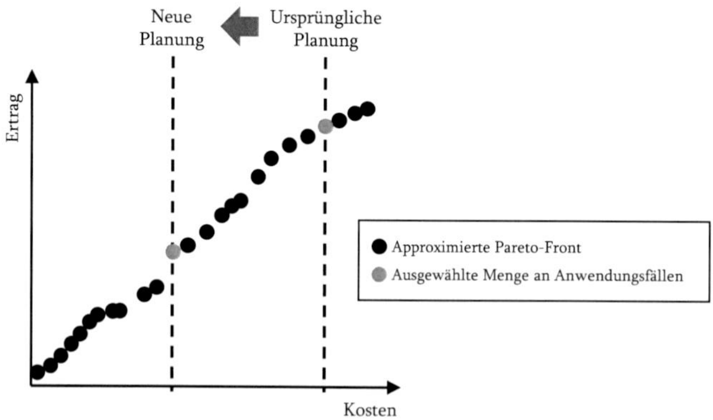

Abbildung 5-30: Umgang mit Mittelkürzungen

Analog funktioniert dieses Vorgehen auch, falls die zur Verfügung gestellten finanziellen Mittel erhöht werden.

Das **Ausweichen auf alternative technische Lösungen** für einzelne Fertigungsschritte führt gegebenenfalls zu einem Wegfall bereits identifizierter Anwendungsfälle im betroffenen Bereich. Die alternative technische Lösung bedingt ggf. eine Identifikation von neuen Anwendungsfällen mit Hilfe des Vorgehens aus den Phasen 1 und 2. Anschließend wird deren Priorisierung auf Basis der neuen Datenlage automatisiert durchgeführt.

Treten **technische Herausforderungen** auf, bietet sich in vielen Fällen der Einsatz von Data Analytics an, um die Herausforderung schneller als mit herkömmlichen Ansätzen bewältigen zu können. Bei diesen Anwendungsfällen muss unterschieden werden, ob es sich um eine einmalige Anwendung innerhalb der Prototypenphase zum Wissensaufbau handelt, die nur einmal durchgeführt werden muss, oder ob die Anwendung als Lösung in die Serienfertigung überführt werden soll. Im ersten Fall ändert sich nichts am bisherigen Vorgehen, außer, dass dieser Anwendungsfall bei hinreichender Dringlichkeit zusätzlich in der Prototypenproduktion umgesetzt wird. Im zweiten Fall ist es erforderlich, den Anwendungsfall entsprechend in die bestehenden Priorisierungen einzubringen. Dazu muss der Anwendungsfall in der DUCM aufgenommen und eine Priorisierung des Anwendungsfalls durchgeführt werden. Dabei steht der Anwendungsfall in Konkurrenz mit den bereits priorisierten Anwendungsfällen.

Bei **verketteten Abhängigkeiten** beim Aufbau von technologischen Prototypen kann es durch Verzögerungen bei den physikalischen Prototypenaufbauten dazu kommen, dass einzelne priorisierte Data Analytics Anwendungsfälle nicht unmittelbar umgesetzt werden können. In diesen Fällen muss sichergestellt werden, dass trotz der Verzögerungen hinreichend Zeit zur Verfügung steht, damit die für die Technologieentwicklung erforderlichen Reifegrade erreicht werden können.

5.3.3 Kritische Reflexion

Die Phase 7 der Methodik beinhaltet die *Kritische Reflexion* bezüglich der Wirksamkeit der Methodik. Ziel der Phase 7 ist die Validierung der Lösung für das Realsystem. Zusätzlich wird durch eine kritische Reflexion ein kontinuierlicher Verbesserungsprozess gefördert. Dadurch wird die Nachhaltigkeit des vorgestellten Lösungsansatzes bei der Übertragung auf weitere Fertigungssysteme gestärkt. In Abbildung 5-31 sind die wesentlichen Charakteristika der Phase 7 dargestellt.

Kritische Reflexion		
Modul der Methodik: **Gestaltungsmodul**		Phase: 7
Zielsetzung:	Validierung der Lösung für das Realsystem und Pflegen des kontinuierlichen Verbesserungsprozesses	
Input:	Vorgehen:	Output:
Aus den vorangegangenen Phasen gesammelte Erfahrungen, insbesondere: • DUCM • Tatsächlicher Nutzen aus Phasen 5 & 6	• Bewertung der Relevanz der Anwendungsfälle anhand deren eingangs ermitteltem und ihrem tatsächlichem Nutzen	• Empfehlungen für KVP der bestehenden Methodik (für Phase 6) • Empfehlungen für nachfolgende Data Analytics Vorhaben in der Serienfertigung • Dokumentation
Hilfsmittel:	Soll-Ist-Vergleiche, Bewertungen	
Kernergebnis:	Sichergestellter KVP durch dokumentierte Handlungsempfehlungen	

Abbildung 5-31: Kritische Reflexion

Wesentlicher Bestandteil dieser Phase 7 bildet der Abgleich der tatsächlich angefallenen Kosten und dem erzielten Nutzen mit den erwarteten Ergebnissen. Das Vorgehen zur kritischen Bewertung der Umsetzung ist in Abbildung 5-32 dargestellt.

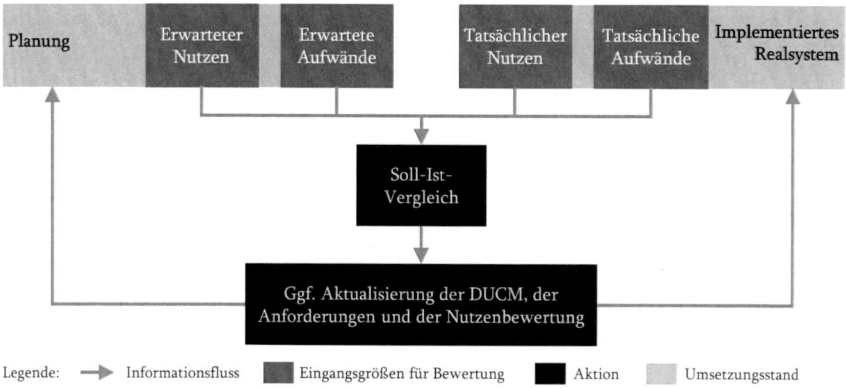

Abbildung 5-32: Vorgehen zur Bewertung der Umsetzung

Mit Hilfe eines Soll-Ist-Vergleichs werden die erwarteten Nutzen und Aufwände der priorisierten Anwendungsfälle mit denen des implementierten Realsystems verglichen. In diesem Zuge wird auch betrachtet, welche zusätzlichen Anwendungsfälle und Anwendungsfallkategorien durch die Phase 6 während der skalierbaren Umsetzung gegebenenfalls hinzugekommen sind und somit zu Abweichungen zwischen Planung und Istzustand führten.

Der Soll-Ist-Vergleich erfordert die Ermittlung der tatsächlichen Nutzen und Aufwände des Realsystems. Dies wird durch das während der Phase 2 der Methodik vorgegebene, messbare und überprüfbare Ergebnis unterstützt, vgl. Abbildung 5-13. Ist ein Ergebnis des Anwendungsfalls nicht direkt messbar, ist eine erneute Kosten- und Nutzenbetrachtung des Realsystems durchzuführen, vgl. Abschnitt 5.1.2. Die während des Soll-Ist-Vergleichs ggf. ermittelten Abweichungen innerhalb der DUCM, der Anforderungen und der Nutzenbewertung werden ausgewertet und dokumentiert sowie Verbesserungsmaßnahmen abgeleitet. Diese Verbesserungsmaßnahmen dienen als Input für die Phase 6, um eine Anpassung der Methodik aufgrund der gewonnenen Erkenntnisse anzustoßen. Dadurch wird der Prozess der kontinuierlichen Verbesserung initiiert.

In Abbildung 5-33 ist eine Vorlage für den Soll-Ist-Vergleich der Kosten aufgeführt. Diese kann in analoger Weise für den Soll-Ist-Vergleich des Nutzens herangezogen werden. Mit Hilfe dieser Vorlage wird für den jeweiligen Anwendungsfall die Abweichung zwischen den Soll- und den Ist-Kosten ermittelt. In der Bewertungsspalte werden die Gründe und die Erheblichkeit bezüglich der ermittelten Abweichung festgehalten. Wenn erforderlich, werden in der letzten Spalte Maßnahmen zur Behebung der Abweichung in der DUCM bzw. dem Realsystem dokumentiert.

	Soll-Kosten	Ist-Kosten	Abweichung	Bewertung	Maßnahme
Anwendungsfall 1					
Anwendungsfall 2					
...					

Abbildung 5-33: Vorlage für einen Soll-Ist-Vergleich der Kosten

Die auf Basis dieser Informationen angepasste DUCM führt zu einer vollständigen und korrekten Zusammenstellung der Anwendungsfälle und Anwendungsfallkategorien. Darüber hinaus ermöglicht die angepasste DUCM eine verbesserte Übertragbarkeit der im Rahmen dieser Arbeit entwickelten Methodik auf die Entwicklung weiterer Fertigungssysteme. Eingeschlossen ist dabei ebenfalls die Übertragung auf Produktiterationen oder Produktvarianten, bei denen ähnliche Anwendungsfälle oder Anwendungsfallkategorien Anwendung finden. Die verbesserte DUCM erlaubt vor allem eine Reduktion im Aufwand bei einer erneuten Anwendung der Phase 1 und 2 der Methodik, da die Anwendungsfallkategorien und deren Ausprägungen bereits in einem hohen Maß bekannt und erfasst sind.

Mit den gewonnenen Erkenntnissen lassen sich darüber hinaus Spielräume für sich ändernde Rahmenbedingungen definieren, womit die Anzahl an erneuten Priorisierungen gesenkt werden kann

5.4 Zusammenfassung der Methodik

Mit diesem Kapitel wurde die im Rahmen der vorliegenden Arbeit entwickelte Methodik zur Beantwortung der Forschungsfrage, wie Data Analytics proaktiv in der Serienfertigung integriert werden kann, vorgestellt. Mit Hilfe dieses systematischen Vorgehens wird der Anwender der Methodik unterstützt, in der frühen Phase der Entwicklung von Fertigungssystemen relevante Data Analytics Anwendungsfälle zu identifizieren, diese zu priorisieren und skalierbar in die Serienfertigung umzusetzen.

Zur Sicherstellung der Erfüllung der in Unterkapitel 3.1 gestellten formalen Anforderungen wurde die Methodik anhand des definierten Ordnungsrahmens in drei Module, die insgesamt sieben Phasen beinhalten, unterteilt. Jede dieser Phasen wurde zunächst anhand der wesentlichen Eingangsgrößen, dem Vorgehen und der Ausgangsgrößen detailliert eingeführt.

In der **Phase 1** wird das Vorgehen zur Identifikation der relevanten Data Analytics Anwendungsfälle eingeführt. Dies erfolgt unter Berücksichtigung der Unternehmensstrategie und dem Stand der Technik sowie den Erfahrungen der Mitarbeiter und der zur Umsetzung erforderlichen Daten. Diese Anwendungsfälle werden in der **Phase 2** näher spezifiziert. Sie werden um eine Nutzenbetrachtung der Anwendungsfälle sowie um Anforderungen, die Auswirkungen auf die Kosten der Umsetzung besitzen, erweitert und schließlich in der DUCM zusammengefasst. Um eine Umsetzungsstrategie der Anwendungsfälle erreichen zu können, wird in der **Phase 3** eine Priorisierung der Data Analytics Anwendungsfälle vorgenommen. Diese Problemstellung wird als multikriterielles Optimierungsproblem betrachtet und die optimale Lösung für unterschiedliche Aufwands- beziehungsweise Kostengrenzen abgeschätzt. Basierend auf den priorisierten Anwendungsfällen und den in Phase 2 definierten Anforderungen wird in der **Phase 4** die zur Umsetzung der priorisierten Anwendungsfälle erforderliche IT-Architektur definiert. Diese werden in der **Phase 5** skalierbar, beginnend in der frühen Phase der Entwicklung des Fertigungssystems, bis zur Serienfertigung umgesetzt. Durch die **Phase 6** wird sichergestellt, dass die Lösung an sich ändernde Rahmenbedingungen anpassbar bleibt und somit für das Realsystem die bestmögliche Lösung gefunden und umgesetzt werden kann. In der **Phase 7** findet die kritische Reflexion im Anschluss an die Umsetzung in der Serienfertigung statt. Dadurch wird ein kontinuierlicher Verbesserungsprozess unterstützt. Auf diese Weise wird auch die nachhaltige Übertragbarkeit dieser Methodik auf weitere Fertigungssysteme sicherstellt.

6 Validierung der Methodik in der Praxis

Nachfolgend wird die in Kapitel 4 konzipierte und in Kapitel 5 detaillierte Methodik zur proaktiven Integration von Data Analytics in die Serienfertigung an einem Anwendungsfall validiert. Aus Gründen der Anonymisierung sind verwendete Daten in ihren Namen verändert, die Ergebnisse besitzen einen relativen Bezug oder sind normiert.

In Unterkapitel 6.1 findet die Vorstellung des bei einem Automobilunternehmen durchgeführten Anwendungsfalls statt. In den darauffolgenden Unterkapiteln 6.2 bis 6.4 werden die Anwendung sowie die Ergebnisse der entwickelten Methodik validiert. Die Darstellung ist gegliedert gemäß den drei Modulen der Methodik, dem Initiierungsmodul, dem Analysemodul sowie dem Gestaltungsmodul. Abschließend erfolgt in Unterkapitel 6.5 eine kritische Reflektion der gewonnenen Erkenntnisse.

6.1 Anwendungsfall in der Serienfertigung

Im Folgenden wird das Unternehmen, bei dem die Anwendung der im Rahmen dieser Arbeit entwickelten Methodik stattfand, vorgestellt, und es wird in die betriebliche Validierung der Methodik eingeführt.

Bei dem Unternehmen handelt es sich um einen Automobilhersteller, der über 130.000 Mitarbeiter beschäftigt und an 31 Produktions- und Montagestätten in 14 Ländern Fahrzeuge produziert. Wenn auch der Großteil der Fahrzeuge nach wie vor mit klassischen Antriebstechnologien ausgestattet wird, wurden in den vergangenen Jahren zunehmen elektrifizierte Fahrzeuge produziert. Das Unternehmen setzt einen Schwerpunkt auf produktionsseitige Innovationen. Insbesondere wird dabei auf die Entwicklung neuartiger Produktionstechnologien sowie auf die Nachhaltigkeit zur Sicherung der Wettbewerbsfähigkeit Wert gelegt.

Aktuell befindet sich die Automobilindustrie im disruptiven Wandel hin zur Elektromobilität[588]. Aufgrund der bestehenden Herstellungskostendifferenz zu traditionell motorisierten Fahrzeugen[589] stellen konkurrierende Unternehmen sowie die unternehmenseigenen Produkte mit traditioneller Antriebstechnologie den Wettbewerb zu den elektrifizierten Fahrzeugen dar. Die Herstellung von

[588] Vgl. Brenna, M./Foiadelli, F. et al. (e-Mobility Forecast), 2016, S. 680-681

[589] Vgl. Kampker, A. (Elektromobilproduktion), 2014, S. 15 ff.

Batteriesystemen für Elektrofahrzeuge ist ein kostenintensiver Prozess. Daher ist es unumgänglich, Optimierungspotentiale hinsichtlich Produktqualität sowie Produktionsqualität und -effizienz zu identifizieren und auszuschöpfen. Die Fertigungsschritte von Batteriesystemen können wie folgt gegliedert werden: Eingangskontrolle der gelieferten Batteriezellen, Modulherstellung und -prüfung, Hochvoltspeicherfertigung und End of Line-Prüfung (vgl. Unterkapitel 2.1).

Die in dieser Arbeit entwickelte Methodik wurde im angesprochenen Unternehmen in der frühen Phase der Entwicklung des Fertigungssystems der nächsten Generation des elektrifizierten Antriebsstrangs in der Praxis eingesetzt. Die erste Anwendung erfolgte in der Fertigungsentwicklung der nächsten Hochvoltspeicher-Generation. Dabei diente die Methodik in bereichsübergreifenden Projekten der Planung der IT-Systeme für die Produktion, zur Wissenssteigerung in der frühen Phase der Entwicklung des Fertigungssystems sowie zur proaktiven Integration von Data Analytics in die Serienfertigung. Diese Anwendung der Methodik sowie die dabei gewonnenen Erkenntnisse sind Bestandteil der Darstellung der nachfolgenden Unterkapitel.

Zwischenzeitlich wurde die Methodik im betrachteten Unternehmen zusätzlich auf die Fertigung der nächsten Generation von Elektromotoren sowie auf bereits bestehende Fertigungssysteme des betrachteten Unternehmens übertragen. Die Übertragung des Vorgehens zur Identifikation von Data Analytics Anwendungsfällen auf die Produktion von Elektromotoren wurde im Rahmen eines gemeinsamen Projekts mit HÜHNLEIN durchgeführt[590].

6.2 Anwendung des Initiierungsmoduls

In den nachfolgenden Abschnitten wird die Anwendung des Initiierungsmoduls der Methodik zur proaktiven Integration von Data Analytics in der Serienfertigung beschrieben. Ziel ist die Ermittlung der DUCM, die für die Anwendung des Analysemoduls erforderlich ist.

6.2.1 Erfassung der Anwendungsfälle

Um nützliche Data Analytics Anwendungsfälle zu identifizieren, wurden Interviews und Prozess-FMEAs zu den Fertigungsprozessen für die Hochvoltspeicherfertigung durchgeführt. Daran beteiligt waren Experten des Unternehmens aus Entwicklung,

[590] Vgl. Hühnlein, E. (Identifizierung und Bewertung von Data Analytics), 2018, S. 51-57

Betrieb, Qualität, Technologie und Data Science. In diesen Workshops wurden zahlreiche potentielle Anwendungsfälle identifiziert. Auf dieser Basis wurde die DUCM mit insgesamt 264 Anwendungsfällen aufgestellt.

Als Anforderungen an die Datenqualität der Anwendungsfälle wurden die notwendige Datenbandbreite, die erforderlichen Antwortzeiten und die Speicherdauer festgelegt. Neben dem bei FMEAs üblichen Vorgehen wurde zusätzlich ein Fragenkatalog eingesetzt, der für die vorliegende Methodik benötigte Informationen adressierte. Dieser Fragenkatalog ist in Abbildung 6-1 wiedergegeben.

Fragestellungen zur Identifikation von Anwendungsfällen	
zum vorgelagerten Prozess	• Welche Informationen werden aus dem vorgelagerten Prozess benötigt? • Welche Auswirkung hat der vorgelagerte Prozess auf den betrachteten?
zum Betrachtungsgegenstand	• Welche Teile dieses Prozesses sind kritisch? • Welche der allgemein identifizierten Anwendungsfallkategorien eignen sich für diesen Anwendungsfall? • Welche Daten werden bereits erfasst? o Umgebungsdaten (z. B. Position, Temperatur, Feuchtigkeit) o Produktionsdaten (z. B. Fertigmeldungen, Störungen, Stückzahlen) o Prozessdaten und Kapazitätsdaten (z. B. Maschinenauslastungen, OEE) o Qualitätsdaten (z. B. Produktqualität, Ausschuss, Messungen von Prüfungen) o Nutzungsdaten (z. B. Betriebsdaten, Nutzungsverhalten, Verschleißinformationen) o Lieferantendaten (z. B. Daten der Ausgangsprüfung beim Lieferanten von zugelieferten Komponenten) • Erfolgt die Erfassung automatisiert oder manuell? • Welche Werte werden zu 100% aufgezeichnet? Welche nur unregelmäßig? • Welche zusätzlichen Werte können für Auswertungen erforderlich sein? • Gibt es ähnliche oder parallele Prozesse? • Kann basierend auf diesem Prozess Nacharbeit eingeleitet werden? Wie ist hierbei das Vorgehen?
zur Rückverfolgbarkeit	• Wie lassen sich Messungen der Produktions- oder Prüfmaschinen eindeutig den Werkstücken zuordnen? Z. B. Identifikationsnummern, Sachnummern, Zeitstempel • Sind alle verbauten Komponenten in der Stückliste nachvollziehbar?
auf nachfolgende Prozesse	• Welche potentiellen Auswirkungen hat der betrachte Prozess auf nachfolgende Prozesse? • Welche Daten müssen für den nachfolgenden Prozess bereitgestellt werden?

Abbildung 6-1: Fragestellungen für die Workshop-Durchführung

Die Definition der Anforderungen und des Nutzens für die einzelnen Anwendungsfälle basierte auf Expertenwissen. Die Datenkosten ergaben sich aus der Kombination von Anwendungsfallanforderungen und Datentypen sowie typischen Kostenfaktoren für IT-Projekte, IT-Infrastrukturen und Datenhaltung. Diese setzten sich zusammen aus der Speicherdauer, Verarbeitungsgeschwindigkeit, Zugriffshäufigkeit, dem anfallenden Datenvolumen sowie der daraus ableitbaren, erforderlichen Bandbreite für die Datenübertragungen. Um die Kosten vergleichbar zu machen, wurden die erwarteten Gesamtkosten der Implementierung aller Anwendungsfälle abgeleitet. Dadurch ließen sich Sprungfunktionen bei den Kosten glätten. Spezifische Kosten für jeden Anwendungsfall konnten dadurch berechnet werden.

Zur Ermöglichung der strategischen Priorisierung wurden Business Cases für alle Anwendungsfälle erstellt. Dies geschah im Rahmen einer Precheck-Logik. Hierbei wurden der erwartete, kombinierte Nutzen für die finanzielle Prüfung, die Reduzierung der Nacharbeit sowie der Einfluss des Anwendungsfalls auf die Skalierbarkeit zu einem Gesamtnutzenwert zusammengefasst. Bei der Priorisierung wurden die Skalierungseffekte aufgrund der Wiederverwendbarkeit der Daten berücksichtigt.

Um einen Überblick über die identifizierten Anwendungsfälle zu erhalten und eine Kommunikation in Richtung des Managements zu ermöglichen, wurde für jeden Anwendungsfall ein Steckbrief gemäß Abbildung 5-6 erstellt.

6.2.2 Implementierung der DUCM

In einem ersten Schritt wurden die Ergebnisse der Erfassung der Anwendungsfälle tabellarisch festgehalten. Als Beispiel für die Aufbereitung der DUCM sind die Ausführungen bezüglich der HVS EoL Dichtigkeitsprüfung des Gehäuses anhand der Anwendungsfälle Predictive Maintenance und Trendanalyse Monitor in tabellarischer Form in Abbildung 6-2 dargestellt. Darin sind die Messwerte den Anwendungsfallkategorien zugeordnet. Durch die fortlaufende Nummer werden die Daten einem konkreten Anwendungsfall zugewiesen. In dem gegebenen Beispiel ist Anwendungsfall Nr. 30 ein Predictive Maintenance Anwendungsfall und Anwendungsfall Nr. 60 ein Trendanalyse Monitor. Jeder dieser Anwendungsfälle hat für jeden Messwert spezifische Anforderungen.

In der Darstellung sind dies zeitliche Anforderungen bezüglich

- des Aufzeichnungstakts (in Sekunden),
- der Abrufverzögerung, d. h. wie schnell ein Ergebnis verfügbar sein muss (in Sekunden), sowie
- der erforderlichen Sicherungsdauer (in Jahren).

DUCM Prozessschritt / Datenpunkt	Messwerte	Datentyp	Predictive Maintenance – Anforderungen: Nummer	Aufzeichnungstakt	Abrufverzögerung	Sicherungsdauer	Nutzen (0,1,3,9): Skalierbarkeit	Nacharbeit	Finanziell
EOL Prüfung									
Dichtigkeit_Gehaeuse									
	PrüfstationsID	String							
	SpeicherID	String							
	Timestamp	String							
	Prüfdruck	Real							
	Druckänderung	Real	30	60	60	3	3	1	9
	Leckrate	Real							
	Prüfdauer	Real							
	Außentemperatur	Real							
	Ergebnis optische Prüfung Verklebung	Bool							
	LeistungsaufnahmeDichtheitsprüfung	Real	30	3600	60	3	3	1	9

DUCM Prozessschritt / Datenpunkt	Messwerte	Trendanalyse Monitor – Anforderungen: Nummer	Aufzeichnungstakt	Abrufverzögerung	Sicherungsdauer	Nutzen (0,1,3,9): Skalierbarkeit	Nacharbeit	Finanziell	…
EOL Prüfung									
Dichtigkeit_Gehaeuse									
	PrüfstationsID								
	SpeicherID								
	Timestamp								
	Prüfdruck	60	30	30	1	1	3	9	
	Druckänderung	60	30	30	1	1	3	9	
	Leckrate	60	30	30	1	1	3	9	
	Prüfdauer								
	Außentemperatur	60	30	30	1	1	3	9	
	Ergebnis optische Prüfung Verklebung								
	LeistungsaufnahmeDichtheitsprüfung								

Abbildung 6-2: Exemplarischer Auszug aus der DUCM

Zusätzlich ist in der DUCM für jeden Anwendungsfall der Nutzen erfasst. In dieser Darstellung beschreibt ein relativer Wert, der 0, 1, 3 oder 9 betragen muss, den Nutzen bezüglich der Skalierbarkeit des Anwendungsfalls, den Einfluss auf Nacharbeit sowie den rein finanziellen Nutzen.

Mit dieser relativen Nutzenbewertung können die Anwendungsfälle zwar untereinander verglichen werden, jedoch ist keine absolute Aussage über das Kosten- und Nutzenverhältnis möglich. In späteren Iterationen dieses Vorgehens wurden daher konkrete Wirtschaftlichkeitsbewertungen zur Erfassung des Nutzens durchgeführt, um eine Aussage zum Nutzen der Anwendungsfälle treffen zu können.

Da die in Abbildung 6-2 gezeigte tabellarische Darstellung für die große Anzahl an Anwendungsfällen nur umständlich auszuwerten und außerdem der Aufwand zur Pflege sowie Übertragung auf andere Anwendungsbeispiele sehr hoch gewesen wäre, wurde die DUCM in einer relationalen Datenbank in der IoT-Plattform implementiert.

Die entwickelte Datenbankstruktur ist in Abbildung 6-3 anhand eines Screenshots des verwendeten Datenbanktools dargestellt. Auf die genauen Bezeichner der Datenbankstruktur wird nicht näher eingegangen, da die Logik der Datenbankstruktur der der eingeführten tabellarischen Darstellung in Excel entspricht, vgl. Abbildung 6-2.

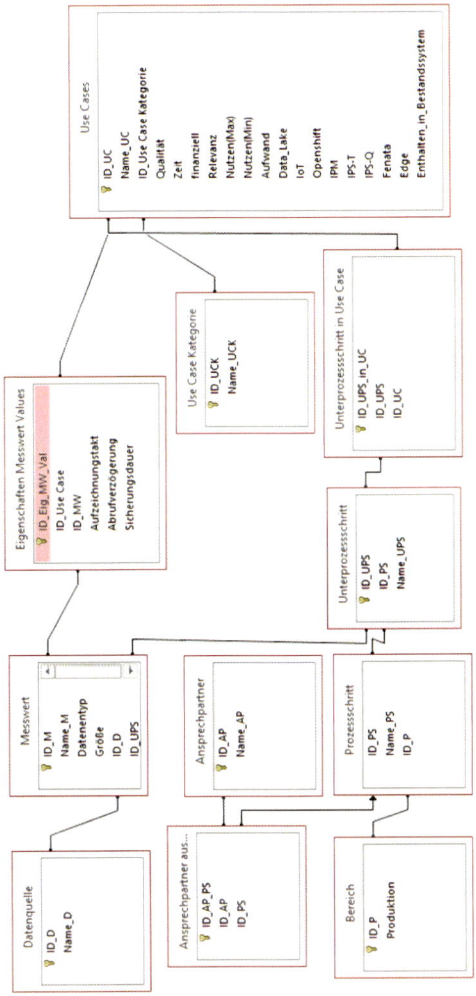

Abbildung 6-3: Entwickelte Datenbankstruktur (Screenshot)

6.3 Anwendung des Analysemoduls

Durch Schärfung und Zusammenfassung der Anwendungsfälle sowie anhand der Wirtschaftlichkeitsbewertungen konnten in einer Vorpriorisierung die 264 identifizierten Anwendungsfälle mit Hilfe von Expertenwissen auf 79 Anwendungsfälle reduziert werden. Diese 79 Anwendungsfälle wurden entsprechend der Methodik (vgl. Unterkapitel 5.2) priorisiert. Die Approximation dieses diskreten, multikriteriellen Optimierungsproblems für diesen Fall wird nachfolgend erläutert.

6.3.1 Strategischen Priorisierung

In diesem Abschnitt wird die strategische Priorisierung, vgl. Unterkapitel 5.2, angewandt, vgl. Abschnitt 6.3.1.1, und anschließend bewertet, vgl. Abschnitt 6.3.1.2.

6.3.1.1 Anwendung der strategischen Priorisierung

Basierend auf der in Unterkapitel 5.2 eingeführten Theorie wird in diesem Abschnitt die Approximation des multikriteriellen Optimierungsproblems zur optimalen Auswahl der Anwendungsfälle aus der DUCM dargestellt.

Zur numerischen Evaluierung und zur Implementierung des Priorisierungsalgorithmus wurde die Software MATLAB eingesetzt. Das im Rahmen dieser Arbeit gewählte Lösungsvorgehen wurde bereits vom Autor dieser Arbeit veröffentlicht[591]. Der Zugriff auf die in einer SQL-Datenbank innerhalb der IoT-Plattform gespeicherte DUCM erfolgte direkt aus MATLAB. In dem gegebenen Beispiel wurden $M = 79$ Anwendungsfälle und $N = 573$ Signale betrachtet. Daher ergab sich die zu minimierende vektorwertige Funktion der diskreten MOCO gemäß Gleichung (5-9) wie folgt

$$\min_x(c_{uc}^{79}(x), -g_{uc}^{79}(x))\,, s.t.\, x \in \{0,1\}^{79}. \tag{6-1}$$

Um die Pareto-Menge dieser MOCO zu approximieren, wurde der erweiterte EAG-MOEA/D Algorithmus (vgl. Unterkapitel 5.2) eingesetzt. Mit diesem Algorithmus wurde die Pareto-Front des Optimierungsproblems approximiert. Durch die Pareto-Front werden grundsätzlich Elemente des Lösungsraums gefunden, die nicht durch andere Elemente dominiert werden und somit Optima darstellen. Zur Berechnung wurden 100 unabhängige Programmabläufe durchgeführt. In jedem Durchlauf wurden Populationen von 200 Elementen in 150 Iterationen, basierend auf dem Prinzip der

[591] Vgl. Heimes, H./Kampker, A. et al. (Prioritizing Digitalization Use Cases), 2019, S. 41

nicht-Dominanz, kontinuierlich verbessert. Insgesamt wurden 20000 Populationen erstellt, die potentiell in der Pareto-Menge lagen oder zumindest nicht von anderen Elementen dominiert wurden.[592]

In Abbildung 6-4 sind die vom Algorithmus erstellen Populationen des ersten Programmdurchlaufs zur Approximation der Pareto-Front dargestellt.

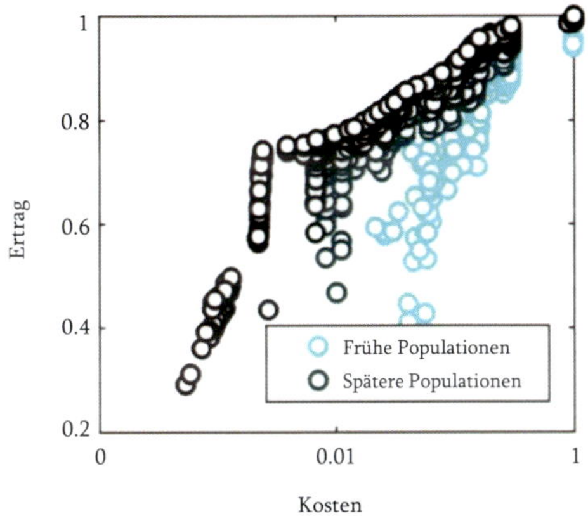

Abbildung 6-4: Evolution der Populationen

Datenpunkte in hellen Farben stellen frühere Populationen dar, die zunehmend dunkleren Farben stehen für spätere Populationen. Optimale, nicht-dominierte Elemente liegen in dieser Darstellung oben links, d. h. bei einem hohen Ertrag mit geringen Kosten. Anhand dieser Darstellung werden die Verbesserung des Ertrag- zu Nutzenverhältnisses von früheren zu späteren Generationen der Populationen sichtbar.

Ziel war es, aus den 100 unabhängigen Programmdurchläufen die Pareto-Front zu approximieren. Es ist offensichtlich, dass nicht alle ermittelten Elemente tatsächlich auf der Pareto-Front liegen. Dies ist dadurch begründet, dass sie von anderen Elementen dominiert werden. Deshalb wurden in einer ersten Stufe Duplikate der Elemente herausgefiltert. In einer zweiten Stufe wurden Elemente, die von anderen Elementen dominiert wurden, ebenfalls herausgefiltert.

Dieses Vorgehen lieferte eine Approximation des Lösungsraums des Kombinatorik-

[592] Vgl. Heimes, H./Kampker, A. et al. (Prioritizing Digitalization Use Cases), 2019, S. 41

problems. Die identifizierte Pareto-Front ist in Abbildung 6-5 dargestellt. In dieser Abbildung ist der Ertrag über den Kosten aufgetragen. Die approximierte Pareto-Front besteht aus insgesamt 270 Elementen. Jedes dieser Elemente beschreibt eine Menge an Anwendungsfällen, die für die entsprechenden Kosten und den Ertrag optimal sind. Dies ermöglicht eine einfache Anpassung der Priorisierung, z. B. anhand Verschiebung der maximalen Kostengrenze, falls sich Änderungen bezüglich der verfügbaren Finanzmittel durch eine Strategieänderung während der frühen Phase ergeben sollten.

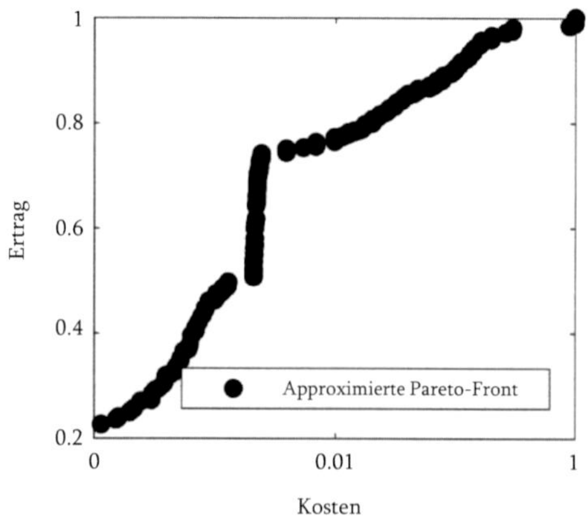

Abbildung 6-5: Finale Approximation der Pareto-Front

Zur Validierung der Methode wurden drei der priorisierten Anwendungsfälle in ihrer Umsetzung näher betrachtet. Die Produktion von Batteriesystemen ist durch einen hohen Testaufwand zur Sicherstellung der Produktqualität gekennzeichnet. Dies zeigte sich auch in dem Ergebnis der Priorisierung. Daraus hob sich die HVS-EoL Prüfung durch eine hohe Anzahl an Anwendungsfällen ab. Zusätzlich war der prognostizierte Nutzen für die dem HVS-EoL zugehörigen Anwendungsfälle im Vergleich zu anderen Anwendungsfällen sehr hoch. Somit wurden u. a. die nachfolgenden Anwendungsfälle priorisiert:

- UC1: Predictive Maintenance: HVS EoL
- UC2: Qualitätsdiagnose: HVS EoL
- UC3: Entscheidungsunterstützung: HVS EoL

Ihnen lagen die folgenden Hypothesen zu Grunde:

- UC1: Die Degradation des HV-Steckers am HVS EoL Prüfstand lässt sich anhand der während des Pulsleistungstests gemessenen Werte detektieren.[593]
- UC2: Es besteht eine Korrelation zwischen der Temperatur im Batteriesystem und den gemessenen Werten während des Pulsleistungstests.[594]
- UC3: Durch Analyse der HVS-EoL Daten lassen sich Zusammenhänge zum Prüfergebnis identifizieren. Mit diesem Wissen können Entscheidungen getroffen werden, um die Reihenfolge der Prüfprozesse zu optimieren.[595]

Auf diese Anwendungsfälle wird im Folgenden Bezug genommen.

6.3.1.2 Nutzenbewertung der strategischen Priorisierung

Um zu bewerten, ob die Berücksichtigung von Synergien bei der Priorisierung von Data Analytics Anwendungsfällen zielführend ist, wurde das damit einhergehende Potential anhand der Anwendungsfälle der DUCM untersucht. Dazu wurden die Gesamtkosten aller Anwendungsfälle mit den Gesamtkosten aller Anwendungsfälle unter Berücksichtigung von Synergien ausgewertet. Aus dieser Betrachtung ergab sich für die Priorisierung aller Anwendungsfälle unter Berücksichtigung der Synergien ein um 20% reduzierter Aufwand. Somit stellte die Betrachtung der Synergien einen erheblichen Faktor bei der Kostenbewertung dar und durfte bei der Priorisierung der Data Analytics Anwendungsfälle nicht vernachlässigt werden.

Um bewerten zu können, ob Vorteile bei der Anwendung des entwickelten Ansatzes zur strategischen Priorisierung bestehen, wurde dieser im Folgenden mit einem herkömmlichen Priorisierungsansatz verglichen.

Bei herkömmlichen Priorisierungsansätzen werden einzelne Projekte unabhängig voneinander anhand ihrer Wirtschaftlichkeit bewertet. Um eine Vergleichbarkeit der Priorisierungsansätze herzustellen, wurden acht Kostengrenzen definiert. Neben sechs über den gesamten Kostenbereich verteilten Kostengrenzen wurden auch der Nadir-Punkt und der Idealpunkt der Pareto-Front vorgegeben. Der Idealpunkt stellt den Punkt dar, der im Raum dem Optimum am nächsten ist. Das Optimum beschreibt den höchsten Nutzen bei niedrigsten Kosten. Der Nadir-Punkt stellt den Punkt im Raum dar, der am weitesten von dem Punkt mit dem niedrigsten Nutzen bei höchsten Kosten entfernt ist.

[593] Vgl. Heimes, H./Kampker, A. et al. (Scalable Data Analytics), 2019, S. 4
[594] Vgl. Heimes, H./Kampker, A. et al. (Scalable Data Analytics), 2019, S. 4
[595] Vgl. Kampker, A./Heimes, H. et al. (Enabling Data Analytics), 2018, S. 125-126

Anschließend wurde für jede Kostengrenze die Anwendungsfallzusammensetzung anhand beider Methoden ermittelt. Zur Bestimmung der Anwendungsfallzusammensetzung anhand der strategischen Priorisierung wurde mittels der approximierten Pareto-Front das passende Element ausgewählt, das innerhalb der Kostengrenze lag und den höchsten Nutzen aufwies.

Zur Bestimmung der Anwendungsfallzusammensetzung nach dem herkömmlichen Vorgehen wurde zunächst eine anhand des erwarteten Ertrags der Anwendungsfälle sortierte Liste erstellt. Dann wurden so viele Anwendungsfälle ausgesucht, bis die Kostengrenze erreicht wurde. Da während der Umsetzung Synergien automatisch auftreten würden, wurden diese nachträglich für jede der acht Anwendungsfallzusammensetzungen berücksichtigt, um die Ergebnisse vergleichbar zu gestalten. Somit ließen sich die beiden Methoden durch die Berechnung des prozentualen Nutzenzuwachses vergleichen. Dieser Vergleich ist in Abbildung 6-6 dargestellt.

Kosten-grenzen	Ertrag Priorisie-rung	Ertrag Wirtschaftlich-keitsbewertung	Ertrag Zuwachs (%)	Auswahlmethode
1	0,804	0,780	3,10 %	Ideal
2	0,807	1,198	14,63 %	Nadir
3	0,762	0,592	28,77 %	Kostengrenze (0,01)
4	0,815	0,797	2,36 %	Kostengrenze (0,05)
5	0,800	0,789	1,59 %	Kostengrenze (0,1)
6	0,677	0,667	1,56 %	Kostengrenze (0,3)
7	0,680	0,667	2,01 %	Kostengrenze (0,5)
8	0,680	0,667	2,01 %	Kostengrenze (0,8)

Abbildung 6-6: Vergleich der Priorisierungsverfahren

In dieser Darstellung ist für die Kostengrenzen jeweils der Ertrag durch den Priorisierungsansatz sowie der Wirtschaftlichkeitsbewertung aufgeführt. Darüber hinaus ist der Zuwachs des Ertrags des Priorisierungsverfahrens in Prozent angegeben. Zusätzlich ist die Methode aufgeführt, die zur automatisierten Auswahl der Anwendungsfallmenge zum Einsatz kam. Durch den Eintrag „Kostengrenze“ wird dargestellt, dass ausschließlich die Einschränkung der Kostengrenze zur Auswahl der nächstgelegenen Menge an Anwendungsfällen geführt hat. Dabei ist in den Klammern die jeweilige Kostengrenze, die von 0 bis 1 reicht, angegeben. Der Zuwachs des Ertrags ist in Abbildung 6-7 dargestellt.

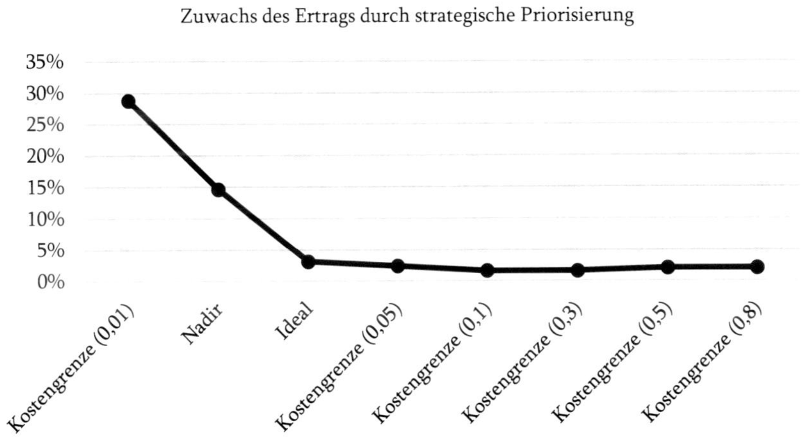

Abbildung 6-7: Ertragszuwachs durch die strategische Priorisierung

Insgesamt ist ersichtlich, dass mit dem vorgestellten Priorisierungsansatz eine Nutzensteigerung von bis zu 28,77%[596] erzielt werden konnte. Es zeigt sich für diese Anwendung, dass der entwickelte Ansatz zur Priorisierung, insbesondere in niedrigen Kostenbereichen, einen Vorteil bringt. Insgesamt ist festzuhalten, dass die gefundenen Ergebnisse in jedem Fall um mindestens 1,5% besser sind als die des Vergleichsansatzes.

6.3.2 Aufbereitung der priorisierten Anwendungsfälle zur Entscheidungsgrundlage für die Auslegung der IT-Infrastruktur

Basierend auf den Anforderungen der priorisierten Anwendungsfälle wurde eine IT-Zielarchitektur abgeleitet. Diese ist im Überblick in Abbildung 6-8 dargestellt. Basis für die Auswahl der Komponenten für die Zielarchitektur war die Bewertung nach Abschnitt 5.2.2. Im Rahmen dieser IT-Zielarchitektur werden Daten einerseits in Be-

[596] Siehe auch Heimes, H./Kampker, A. et al. (Prioritizing Digitalization Use Cases), 2019, S. 42

standssysteme übertragen und nachfolgend über betriebsinterne (On-Premise) Cloudlösungen in eine Langzeitspeicherung überführt. Zusätzlich ist es möglich, Daten über ein Edge Gerät, das als Field Gateway fungiert, in eine nicht betriebsinterne (Off-Premise) Cloudlösung zu überführen. Diese Daten werden mittels Stream Analytics verarbeitet. Abschließend erfolgt die Übertragung der Daten in den Langzeit-Datenspeicher, den Data Lake, über die On-Premise Cloudlösung.

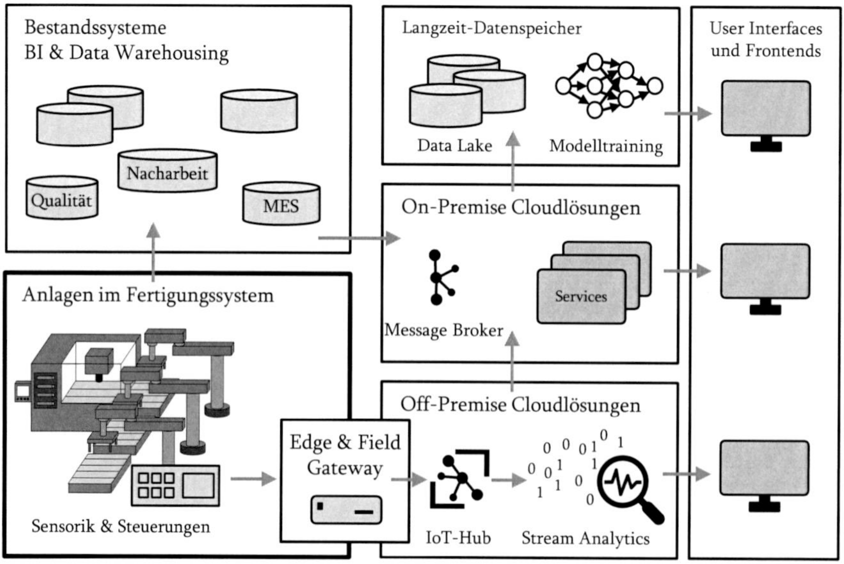

Abbildung 6-8: Gewählte IT-Architektur

Benutzerschnittstellen zum Langzeit-Datenspeicher sowie zur On-Premise als auch Off-Premise Cloudlösung ermöglichen eine Visualisierung der Ergebnisse. Modelle können sowohl auf Basis historischer Daten als auch mittels Stream Analytics ermittelt werden.

Die Ausführung der Modelle lässt sich, je nach Anforderung des Anwendungsfalls, auf der Langzeit-Datenspeicherebene ausführen, wie z. B. bei Reporting Aufträgen. Sofern eine nicht echtzeitfähige Modellausführung erforderlich ist, wird entweder auf die On-Premise oder Off-Premise Cloudlösung zurückgegriffen.

Anwendungsfälle, die harte Echtzeitanforderungen im Sekundenbereich beanspruchen, werden auf dem Edge Gerät realisiert. Echtzeitanforderungen im Millisekundenbereich mit Eingriff in den Fertigungsprozess waren durch die priorisierten Anwendungsfälle nicht gefordert und wurden daher nicht vorgesehen. Bei Bedarf an einer derartigen Lösung müsste die Umsetzung eines solchen Anwendungsfalls nachträglich auf der Steuerungsebene realisiert werden.

Der Umfang der gewählten IT-Architektur war somit eine Folge der Vielfältigkeit der Anforderungen der priorisierten Data Analytics Anwendungsfälle. Einschränkungen wurden getroffen, indem Data Analytics in dieser Umsetzung keine Fertigungskritikalität zugewiesen wurde. Auch sollte ein direkter Eingriff in den Prozess nicht architekturgetrieben umgesetzt werden. Dies reduzierte die Aufwände der IT-Komponenten in der Fertigungslinie.

Die für die Umsetzung der Anwendungsfälle UC1 bis UC3 in der Prototypenphase bestehende IT-Architektur ist in Abbildung 6-9 wiedergegeben. Diese Architektur ist im Vergleich zur Zielarchitektur deutlich vereinfacht, da die üblichen in der Fertigung vertretenen IT-Systeme nicht zur Verfügung standen. Daher wurde auf die Bereitstellung der Daten manuell erstellter Dokumente sowie proprietärer Anwendungen innerhalb einer Cloudlösung gesetzt.

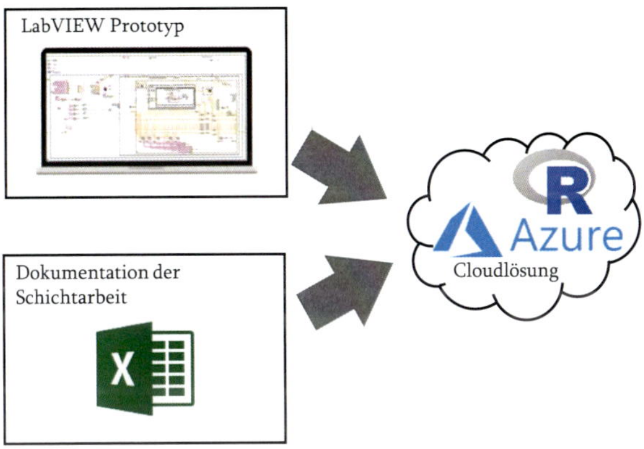

Abbildung 6-9: IT-Architektur in der Prototypenphase

Zum Beispiel wurden mit Hilfe der Software LabView der National Instruments Corporation die Messdaten des Prototypenprüfstands in die Azure Cloud der Microsoft Corporation gesendet. Außerdem wurde die Dokumentation der Schichtarbeit, das aus lokalen Excel-Tabellen bestehende Schichtprotokoll, mithilfe eines automatisierten

Skriptes ebenfalls nach Microsoft Azure übertragen. Dort wurden die Daten gemeinsam mit Hilfe der Programmiersprache R (vgl. Unterkapitel 2.2) ausgewertet. Aufgrund des Fokus auf die Cloudlösung konnte diese IT-Architektur der Prototypenphase wesentliche Bausteine der gewählten IT-Architektur für die Serienfertigung abbilden.

6.4 Anwendung des Gestaltungsmoduls

In diesem Unterkapitel wird die Anwendung des Gestaltungsmoduls der Methodik zur proaktiven Integration von Data Analytics in die Serienfertigung auf Basis der Erkenntnisse und Zwischenergebnisse des durchgeführten Analysemoduls beschrieben. Dazu wird die skalierbare Umsetzung der drei Anwendungsfälle (UC1-UC3) nachfolgend in separaten Abschnitten betrachtet.

6.4.1 Skalierbare Umsetzung von Anwendungsfall UC1

Beim Anwendungsfall UC1 handelte es sich um den Predictive Maintenance Anwendungsfall am HVS EoL, vgl. Abschnitt 6.3.1.1. Während der Prototypenproduktion wurden Informationen über die Wechsel des HV-Steckers im Schichtprotokoll, das im Excel-Format zur Verfügung stand, festgehalten. Diese Dateien wurden wie die Daten des Prüfstands aus Labview heraus an die Cloudlösung gesendet. Um die Anpassung an die Serienfertigung zu simulieren, wurden auch Daten aus den Prüfständen der aktuellen Fertigungslinien aus einem Hadoop Rechencluster in der IoT-Plattform zur Verfügung gestellt. Um die Wiederverwendung der Werkzeugkette für die Datenverarbeitung sowie die Skalierbarkeit des Ansatzes zu ermöglichen, wurden die gleichen Datenstrukturen sowohl für die Prototypenumgebung als auch für die Serienfertigung eingesetzt.

Für die Erstauswertung der Daten wurden automatisiert Zeitreihen, Dichteplots, Boxplots und Korrelationsmatrizen auf Basis der zuvor entwickelten automatischen Datenauswertung generiert. Während jeder Prüfung des HVS-EoL wurden Messwerte (MW) aufgezeichnet, wie z. B. Gesamtwiderstand, Leistung und Spannung. Diese wurden nachfolgend anonymisiert und anhand der Bezeichnung MW (Messwert) 1 bis MW4 adressiert. Exemplarische Ergebnisse der Erstbewertung für einen Messwert, die Korrelationsmatrix der MW1 bis MW4 sowie der gemessenen Temperatur sind in Abbildung 6-10 dargestellt. Abgebildet sind die statistischen Daten von MW4 (oben) sowie die Korrelationsmatrix der Messwerte (unten).

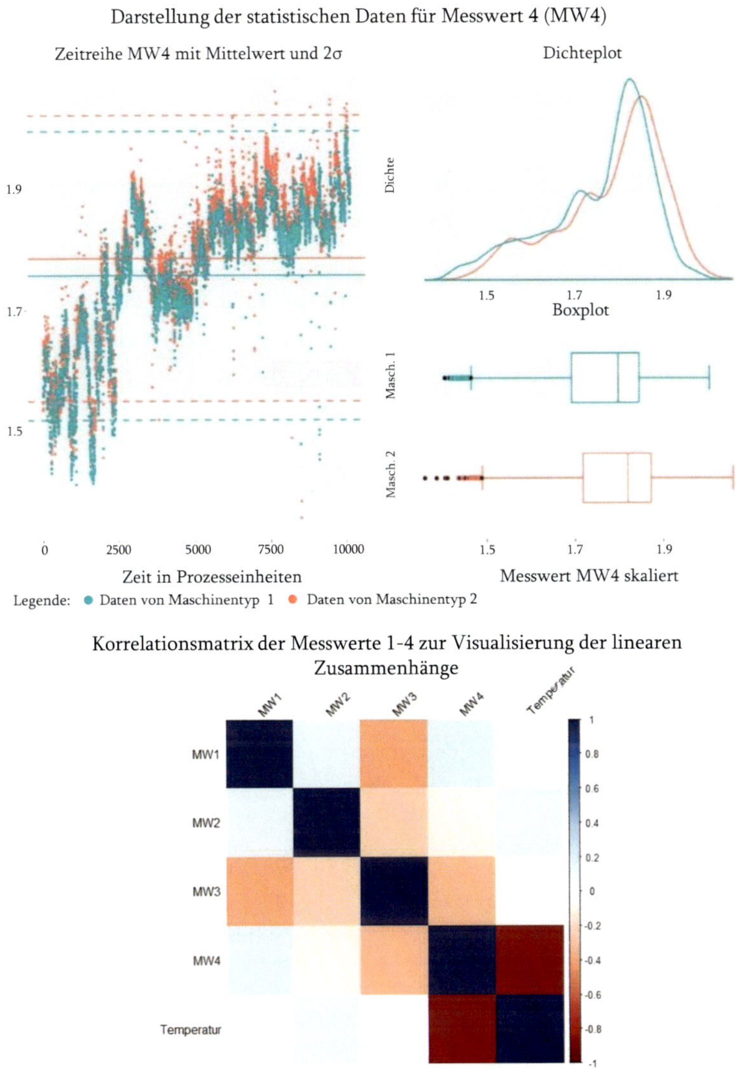

Abbildung 6-10: Auszug der Erstauswertung der Daten für UC1[597]

[597] Siehe auch Heimes, H./Kampker, A. et al. (Scalable Data Analytics), 2019, S. 5

Basierend auf der initialen Datenauswertung war es möglich, Ausreißer und mit der Zeit driftende Werte zu identifizieren. Des Weiteren waren unterschiedliche Maschinentypen klar unterscheidbar (in Rot bzw. Grün dargestellte Werte). Darüber hinaus konnte eine lineare Korrelation zwischen MW4 und der Temperatur festgestellt werden[598]. Diese Erkenntnis war ein früher Indikator dafür, dass sich dieser Zusammenhang modellieren lässt.

Zur Vorverarbeitung der Daten wurden Ausreißer entfernt, die auf Fehler bei der Datenverarbeitung innerhalb der Produktionsmaschine zurückzuführen waren. Die Daten wurden anhand ihres Batterietyps gruppiert und für jede Gruppe standardisiert. Da die Schichtdokumentation sämtliche während der Fertigung auftretende Vorkommnisse berücksichtigte, mussten diese Vorfälle gefiltert werden, um ausschließlich relevante Änderungen am Steckverbinder zu erhalten. Dazu wurde ein Skript entwickelt, das die automatisierte Auswertung der manuell erstellten Schichtdokumentationen zuließ. Darüber hinaus wurden temporäre Variablen, wie z. B. die verbleibende Lebensdauer für jeden Stecker, erstellt, um die folgende Modellierung zu unterstützen.

Um ein Vorhersagemodell für die Restlebensdauer des Hochspannungssteckverbinders für UC1 zu generieren, wurde ein Random-Forest-Modell für die Prototypendaten erstellt. Als Labels für die Modellierung wurden aus historischen Prototypendaten die Lebensdauern der Steckverbinder ermittelt. Die Ergebnisse der Modellvorhersage im Vergleich zur historischen Lebensdauer für den prototypischen Prüfstand sind in Abbildung 6-11 visualisiert. Die Modellvorhersage ist im Vordergrund in Rot und die historische, tatsächliche Lebensdauer im Hintergrund in Schwarz dargestellt.

Das identifizierte Modell für die Prototypendaten lieferte ein sehr gutes Ergebnis. Es konnte im Prototypenkontext zur Vorhersage der Lebensdauer des HV-Steckers mit hinreichender Genauigkeit angewandt werden. Daher wurden die Modellergebnisse in einem Dashboard für jeden Prüfstand visualisiert.

Allerdings ließ sich das identifizierte Modell nicht universell auf die Daten der aktuellen Fertigungslinien in der Serienfertigung übertragen. Dies war in der geringen verfügbaren Menge an Daten begründet, da die HV-Stecker während der frühen Phase nicht sehr oft ausgetauscht wurden. Zusätzlich war die Datenqualität der aktuellen Fertigungslinien nicht hinreichend, da aufgrund der bestehenden Dokumentationssysteme nicht jeder Wechsel des HV-Steckers eindeutig auf eine Degradation des Steckers zurückzuführen war.

[598] Siehe auch Heimes, H./Kampker, A. et al. (Scalable Data Analytics), 2019, S. 5

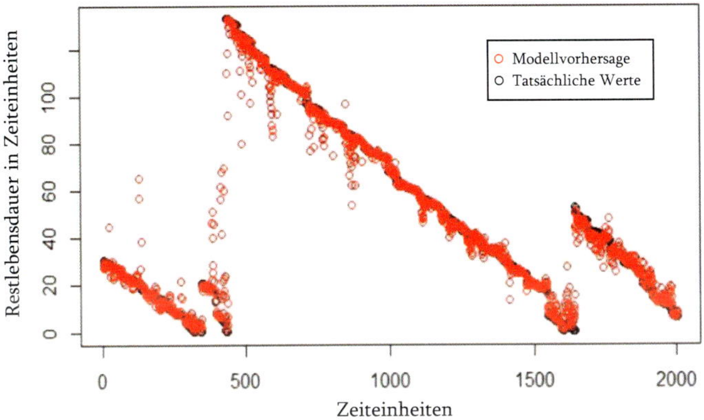

Abbildung 6-11: Modell zur Vorhersage der verbleibenden Lebensdauer

Durch die Anwendung der Methodik konnte das hohe Potential des betrachteten Anwendungsfalls in der Prototypenumgebung nachgewiesen werden. Die Schwierigkeiten bei der Übertragung des Modells auf die Serienfertigung unterstützten den Erkenntnisgewinn, dass bestehende Dokumentationen unzureichend und nicht als Grundlage zur Identifikation von optimalen Wartungs- und Instandhaltungserfordernissen geeignet sind. Basierend auf diesem Erkenntnisgewinn wurde als Maßnahme die Dokumentationsrichtlinie bezüglich der Schichtdokumentation für bestehende und zukünftige Fertigungslinien verbessert. Ergänzt wurde die Pflicht, den Zustand der HV-Stecker sowie spezifizierte Ursachen für deren Austausch zu dokumentieren. Dadurch wird für die Zukunft eine hohe Qualität der Labels für die Modellierung sichergestellt. Dies soll die Modellierung der Restlebensdauer der HV-Stecker in der Serienfertigung ermöglichen. Davon verspricht man sich die frühzeitige Erkennung von Wartungsaufwänden sowie die Reduktion nicht notwendiger Nacharbeit.

6.4.2 Skalierbare Umsetzung von Anwendungsfall UC2

Beim Anwendungsfall UC2 lautete die Hypothese, dass beim HVS EoL eine Korrelation zwischen der Temperatur des Batteriesystems und den angezeigten Werten während des Pulsleistungstests bestand, vgl. Abschnitt 6.3.1.1. Somit war das Ziel von UC2, mögliche Zusammenhänge zwischen der Temperatur und den Messwerten zu identifizieren, um Schwankungen der Messwerte erkennen und vorhersagen zu können. Daher wurde auf Basis der Erkenntnisse und entwickelten Werkzeugketten von UC1 ein

Random-Forest-Modell zur Vorhersage von Durchschnittswerten von Messwert (MW4) erstellt. Die Erstauswertung für MW4 sowie die Korrelationsmatrix aller an diesem Modell beteiligten Werte kann Abbildung 6-10 entnommen werden. Die Ergebnisse der Modellierung sind in Abbildung 6-12 dargestellt.

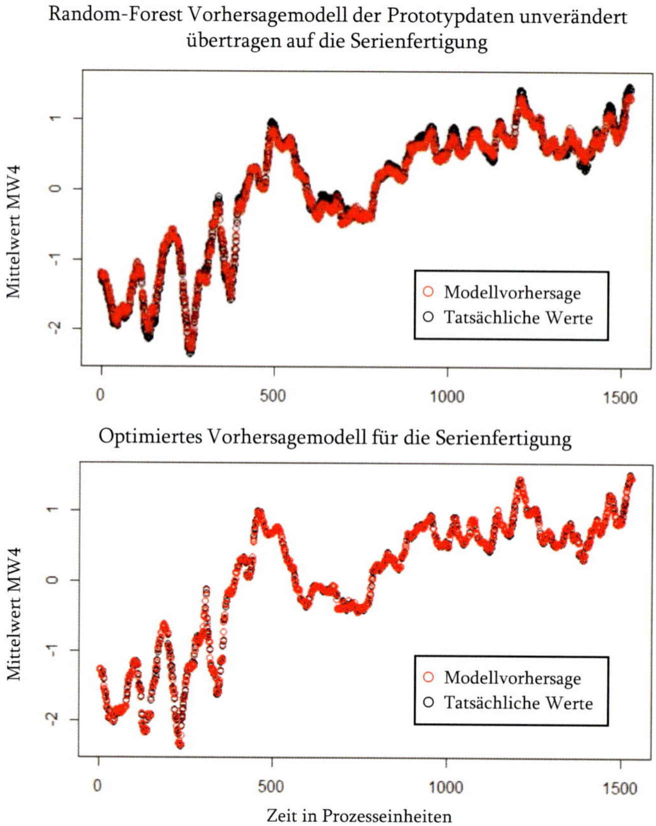

Abbildung 6-12: Modellierungsergebnisse zur Vorhersage von MW4

Das Modell für die Prototypenumgebung erlaubte, den MW4 basierend auf der Temperatur und den übrigen Messwerten mit einem mittleren quadratischen Fehler von $1{,}476 \cdot 10^{-4}$ zu bestimmen. Es hatte einen Bestimmtheitsmaßstab von 99,98%. Dieses Modell wies somit eine sehr hohe Güte für die Prototypenumgebung auf. Daher wurde der Grad der Übertragbarkeit (vgl. Abbildung 5-28) in der Modellierungsphase aufgrund der Universalität der gefundenen Korrelation als hoch eingestuft.

Die unveränderte Anwendung des Modells auf die Daten aus der Serienfertigung führte zu einem geringen Rückgang der Vorhersagequalität. Das Modellverhalten für die Daten der Serienfertigung ist in Abbildung 6-12 oben visualisiert. Die Modellierungsergebnisse sind in Rot dargestellt, die tatsächlich gemessenen Werte in Schwarz im Hintergrund. Der mittlere quadratische Fehler betrug $6{,}085 \cdot 10^{-3}$ und das Bestimmtheitsmaß 99,44%. Die Optimierung des Modells durch ein erneutes Modelltraining auf Grundlage der Daten aus der Serienfertigung für eine bestimmte Maschine führte zu verbesserten Ergebnissen und einem mittleren quadratischen Fehler von $1{,}37 \cdot 10^{-4}$ und einem Bestimmtheitsmaß von 99,98%. Eine Gegenüberstellung der Modellmetriken ist in Abbildung 6-13 gegeben.

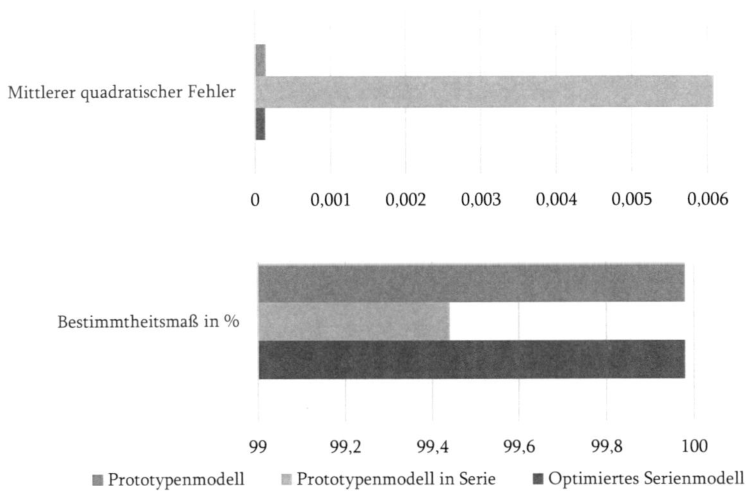

Abbildung 6-13: Modellmetriken für UC2

Diese Ergebnisse belegten, dass die Optimierung der Modelle nach der Übertragung zu Verbesserungen der Modelle beitrug. Das entwickelte Datenerfassungskonzept, die Werkzeugkette für die Datenverarbeitung sowie die Modellierung ließen sich für die notwendige Modelloptimierung aus der Prototypenumgebung vollständig übertragen. Daher war die ursprüngliche Bewertung des Grades der Übertragbarkeit korrekt. Die

Modelloptimierung führte in der praktischen Umsetzung zu folgenden Verbesserungen: Die identifizierte Korrelation konnte die Messgenauigkeit und Vergleichbarkeit der Messwerte der Prüfstände, die bereits über einen Temperatursensor verfügen, verbessern. Darüber hinaus unterstützten die Ergebnisse den Entscheidungsprozess, in Zukunft zusätzliche Temperatursensoren an allen Prüfständen anzubringen und das Modell auf diese Prüfstände zu übertragen.

6.4.3 Skalierbare Umsetzung von Anwendungsfall UC3

Beim Anwendungsfall UC3 war das Ziel, eine modellgetriebene Entscheidungsunterstützung beim HVS EoL bereitzustellen, vgl. Abschnitt 6.3.1.1. Die UC3 zugrundeliegende Hypothese besagte, dass sich mittels Analyse der HVS-EoL-Daten Zusammenhänge zum Prüfergebnis identifizieren ließen und dass es mit diesem Wissen möglich sei, Entscheidungsprozesse zur Optimierung der Reihenfolge der Prüfprozesse zu unterstützen.

Durch die mit Hilfe von Prototypendaten aufgebaute Data Analytics Werkzeugkette war die Erfassung der erforderlichen Daten für diesen Anwendungsfall sowohl im Prototypenbau als auch in der bestehenden Serienfertigung möglich.

Dies wurde anhand der in Abschnitt 6.3.2 vorgestellten IT-Architektur durchgeführt. Mittels Data Analytics wurde ein Ursache- und Wirkungsmodell erstellt. Dieses wurde als Entscheidungsbaum dargestellt. Um ein Overfitting zu vermeiden, wurde die Modellierung mit Hilfe der Cross Validation durchgeführt.

Mit dem auf diese Weise entwickelten Entscheidungsbaum konnten Zusammenhänge zwischen Prüfparametern und Testergebnissen identifiziert werden. Es ließen sich Muster in den Prüfdaten mit einem hohen Einfluss auf negative Prüfergebnisse ausmachen. Diese mit dem Data Analytics Modell erkannten Zusammenhänge sind durch den Entscheidungsbaum in Abbildung 6-14 dargestellt. Anhand dieses Entscheidungsbaums konnten neue Zusammenhänge für die Bewertung eines HVS-EoL Prüfvorgangs identifiziert werden. Nach diesen Regeln wurde und wird ein HVS als nicht in Ordnung (NIO) eingestuft, wenn eine der folgenden Bedingungen zutraf:

- die maximale Zellspannung vor der Symmetrierung ist 0
- die Innenwiderstandsprüfung wurde nicht bestanden
- der maximale Innenwiderstand >= 1,5 Ω
- der Maximale Innenwiderstand < 0,8 Ω
- State-of-Charge nach Belastung ist < 23%

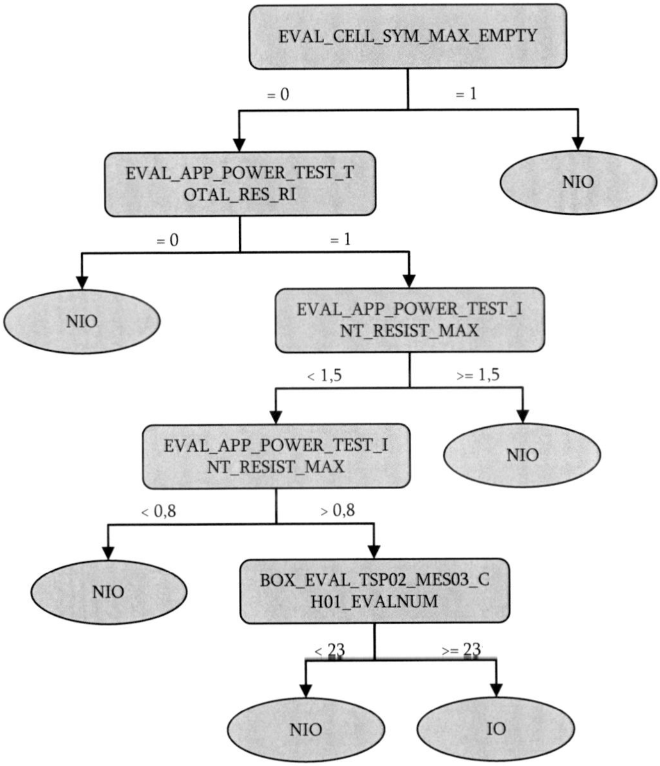

Abbildung 6-14: Data Analytics Modell des HVS EoL

In derselben Weise wurde das Resultat der EoL-Prüfung als in Ordnung (IO) eingestuft, wenn alle der nachfolgenden Bedingungen zutrafen:

- die maximale Zellspannung vor der Symmetrierung ist nicht leer
- die Innenwiderstandsprüfung wurde bestanden
- ca. 0,8 Ω < maximaler Innenwiderstand < 1,5 Ω
- State-of-Carge nach Belastung ist >= 23%

Anschließend wurde dieses Modell auf die Daten der bestehenden Serienfertigung übertragen. Die zur Verifikation des Entscheidungsbaums erforderliche Konfusionsmatrix ist der Abbildung 6-15 zu entnehmen. Demnach wurden alle NIO Prüfungen des HVS-EoL zu 100% korrekt erkannt. Die IO Prüfungsergebnisse wurden mit Hilfe des Entscheidungsbaum zu 97,3% korrekt klassifiziert.

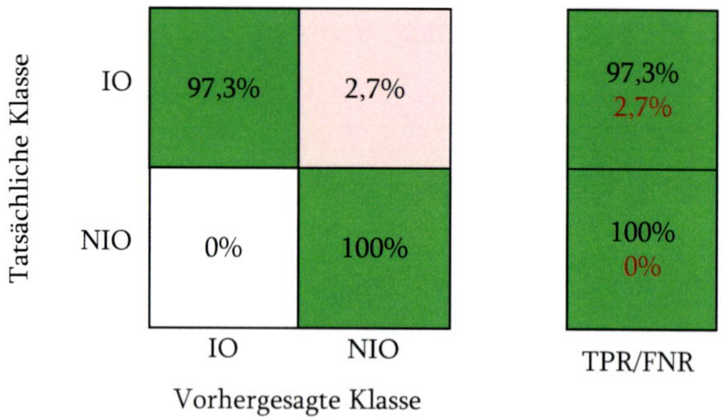

Abbildung 6-15: Zur Abbildung 6-14 zugehörige Konfusionsmatrix

Die Ergebnisse aus der Umsetzung von Anwendungsfall UC3 zeigten, dass Prüfmuster mit einem hohen Einfluss auf negative Testergebnisse bereits in frühen Phasen der Entwicklung von Fertigungssystemen identifizierbar waren. Somit war es möglich, mit Hilfe des entwickelten Data Analytics Modells ein NIO Ergebnis frühzeitig vorherzusagen, bevor alle vorgesehenen Prüfungen durchgeführt worden waren. Die Kenntnis der dafür zugrundeliegenden Wirkzusammenhänge unterstützte die Experten bei der Entscheidungsfindung zur Neuordnung und Optimierung des Prüfablaufs der EoL-Prüfung der Hochvoltspeicher. Als Maßnahme wurden die für das Data Analytics Modell relevanten Prüfschritte vorgezogen. Durch diese frühere Durchführung der für die Klassifizierung relevanten Prüfungen konnte nun ein frühzeitiger Abbruch eines NIO Prüfvorgangs vorgenommen werden. Dies führte zu Zeitersparnissen bei der Prüfung und damit bei der Fertigung. Mittlerweile wurde dieser Ansatz in der betrieblichen Praxis bestätigt. Die durch das Data Analytics Modell gefundenen Zusammenhänge wurden in den Prüfprozess übernommen und hatten den gewünschten Effekt. In einer weiteren Ausbaustufe des Data Analytics Modells konnte anhand der ermittelten Wirkzusammenhänge und Expertenwissen zusätzlich die Anzahl der erkannten Pseudofehler reduziert werden. Somit ermöglichte die proaktive Integration von Data Analytics eine Reduktion der Prüfzeiten und Prüfaufwände im Fehlerfall.

6.5 Kritische Reflexion

Die Umsetzung der aufgezeigten Anwendungsfälle UC1, UC2 und UC3 belegten, dass die Methodik zur proaktiven Integration von Data Analytics in die Serienfertigung in der Praxis angewendet werden kann. Innerhalb dieses Unterkapitels werden die bei der Anwendung der Methodik gewonnenen Erkenntnisse und Erfahrungen kritisch reflektiert. Diese Betrachtung erfolgt auf Basis der inhaltlichen sowie der formalen Anforderungen, die an die Methodik gestellt worden sind (vgl. Abbildung 3-1). Darüber hinaus wird beleuchtet, inwieweit bei der Validierung der Methodik Einschränkungen hinsichtlich des Gültigkeitsbereichs ersichtlich wurden.

Die im Rahmen dieser Arbeit entwickelte Methodik wurde beim betreffenden Automobilhersteller aufgrund der in Unterkapitel 6.4 dargestellten Ergebnisse zwischenzeitlich als Grundlage für die Implementierung von Data Analytics in der nächsten Generation der Fertigungssysteme für den elektrifizierten Antriebsstrang eingeführt.

Die Anwendung der Methodik zur proaktiven Integration von Data Analytics in die Serienfertigung hat gezeigt, dass die **inhaltlichen Anforderungen** an die Methodik erfüllt werden. Durch Anwendung des Initiierungsmoduls konnte insbesondere in der frühen Phase die proaktive Identifikation von prozess- und qualitätsrelevanten Daten für die Data Analytics Anwendungsfälle durchgeführt werden. Diese Anwendungsfälle wurden in einer DUCM dokumentiert. Durch Einbinden und Verknüpfen von Expertenwissen, Unternehmensstrategien und bekannten Lösungen war es möglich, diese DUCM hinsichtlich Anforderungen und Nutzen der einzelnen Anwendungsfälle näher zu spezifizieren.

Die Anwendung des Analysemoduls bewirkte, dass eine optimale Kombination an Data Analytics Anwendungsfällen identifiziert werden konnte. Die optimale Kombination der Anwendungsfälle wurde mit Hilfe der entwickelten Methode zur strategischen Priorisierung erreicht. Dadurch gelang eine gesamtheitliche Priorisierung der Data Analytics Anwendungsfälle unter Berücksichtigung ihrer Synergieeffekte. Auf Basis der priorisierten Anwendungsfälle konnte eine skalierbare IT-Architektur, die den Anforderungen der priorisierten Anwendungsfälle genügt, definiert werden.

Durch die skalierbare Umsetzung von Data Analytics im Rahmen des Gestaltungsmoduls konnte bereits in frühen Phasen der Wissensaufbau beschleunigt werden, auch wenn nicht in allen Fällen statistisch relevante Datengrundlagen für eine zuverlässige Modellvorhersage zur Verfügung standen. Dadurch konnten viele Hürden bei der Anwendung von Data Analytics in der Serienfertigung, z. B. unzureichende Datenqualität, bereits in frühen Prototypenphasen identifiziert und gelöst werden. Dies ermöglichte die erfolgreiche Nutzung von Methoden zu Data Analytics aus der IT. Durch das auf Übertragbarkeit ausgelegte Vorgehen und insbesondere aufgrund der definierten

IT-Architektur gelang eine skalierbare Umsetzung der Data Analytics Anwendungsfälle in die Serienfertigung. Dieser skalierbare Ansatz brachte eine Reihe von Vorteilen mit sich. Die wesentlichen Vorteile werden im Folgenden aufgeführt.

- Abhängig vom Anwendungsfall wurden die Ergebnisse für Diagnosezwecke in der Technologieentwicklung eingesetzt. Damit wurde die Suche nach Fehlerursachen unterstützt. Zusätzlich war es möglich, die Experten bei der Technologieentwicklung in frühen Phasen beim Treffen von Entscheidungen auf Basis der gesteigerten Datentransparenz zu unterstützen.
- Die Entwicklungszeit für die neuen Technologien sowie die Inbetriebnahme der Data Analytics Lösungen in der Serienfertigung konnte verkürzt werden.
- Die Vorbereitung der Anwendungsfälle in frühen Phasen ermöglichte eine vorgezogene Entwicklung und Implementierung der Data Analytics Werkzeugkette und der erforderlichen Infrastruktur. Daher konnte die Skalierung vom Prototyp zur Serie sowie die Inbetriebnahme beschleunigt werden, da die erforderlichen Schnittstellen und Algorithmen bereits implementiert und verfügbar waren. Dies beinhaltete neben der Datenspeicherung, den identifizierten Algorithmen und den statistischen Methoden auch Visualisierungen für den Anwender.

Mittels des kontinuierlichen Verbesserungsprozesses ließ sich die Methodik und die gewonnenen Erkenntnisse auf weitere Fertigungsprozesse übertragen.

Die **formalen Anforderungen** an die Methodik bestehen in der Handhabbarkeit, der Nachvollziehbarkeit, der Wiederverwendbarkeit, der Allgemeingültigkeit sowie der Übertragbarkeit und Anwendbarkeit im Themenfeld der Serienfertigung. Die Anwendung der Methodik in der betrieblichen Praxis belegte, dass die Handhabbarkeit durch die Vielzahl an ingenieur- und IT-wissenschaftlichen Hilfsmitteln gegeben ist. Die Methodik in ihrer Anwendung wurde nachhaltig unterstützt durch die entwickelten Softwareimplementierungen auf Basis der Datenbankstruktur der DUCM zur strategischen Priorisierung, die automatisiert erstellbaren Visualisierungen für die Erstbewertung der Daten in der frühen Phase sowie die wiederverwendbar gestalteten Werkzeugketten zur Modellierung von Data Analytics. Dies garantierte auch ihre Wiederverwendbarkeit. Die Nachvollziehbarkeit der Methodik war in der Anwendung aufgrund der Untergliederung in die einzelnen Lösungsmodule und der klaren Strukturierung sowie der visuellen Darstellung der Zwischenergebnisse jederzeit gegeben. Die vorgestellten drei Anwendungsfälle aus der Praxis belegten in ihrer Unterschiedlichkeit die Allgemeingültigkeit sowie die Übertragbarkeit und Anwendbarkeit im Themenfeld der Serienfertigung.

Während der Anwendung und Validierungsphase der Methodik ergaben sich Erkenntnisse zum **Gültigkeitsbereich**, die im Folgenden dargestellt und reflektiert werden.

Die Anwendung der **Methode zur proaktiven Datenverfügbarkeit** stellte eine neuartige Betrachtungs- und Vorgehensweise für die Beteiligten in einer frühen Phase der Fertigungsentwicklung dar. Dadurch ergab sich als Erfordernis vor der eigentlichen Anwendung, die beteiligten Experten bezüglich der Fähigkeiten und Einschränkungen von Data Analytics ins Bild zu setzen. Darüber hinaus konnten psychologische Resistenzen gegenüber Data Analytics reduziert und ein Commitment bei den Beteiligten für die gesamte Anwendung der Methodik sichergestellt werden. Die erforderliche Arbeitsweise, um eine fundierte DUCM zu erhalten, erzwang von allen Beteiligten ein intensives Auseinandersetzen mit dem eigenen Prozess und dessen Auswirkungen auf nachfolgende Prozesse – auch mit dem Blick auf andere Fachbereiche. Dies trug erheblich zum Erkenntnisprozess während der frühen Phase der Entwicklung des Fertigungssystems bei und legte die Basis für die erfolgreiche Umsetzung der nachfolgenden Lösungsmodule der Methodik. In der Reflektion zeigt sich, dass neben der Anwendung der durch die Methodik zur Verfügung gestellten ingenieurwissenschaftlichen Hilfsmittel genauso die Kommunikation mit und die Einbindung von allen Beteiligten erfolgskritisch war.

Der entwickelte Ansatz zur **strategischen Priorisierung** erforderte die Erweiterung mathematischer Lösungsansätze der multikriteriellen und diskreten Optimierung, um den Eigenschaften der Data Analytics Anwendungsfälle bei der Priorisierung im Hinblick auf Synergien gerecht zu werden. Das dazu erforderliche tiefe mathematische Verständnis wurde auf dem Wege einer Softwareapplikation bereitgestellt, die sich in ihrer Anwendung als benutzerfreundlich erwies. Dadurch wurde Akzeptanz bei den Nutzern hergestellt. Der Ansatz zur strategischen Priorisierung erwies sich als überaus alltagstauglich, da er eine schnelle und wirkungsvolle Reaktion auf sich ändernde Rahmenbedingungen erlaubte. So konnten bei Änderungen der finanziellen Rahmenbedingungen ohne erneute Durchführung der Berechnung die optimale Kombination an Anwendungsfällen aus der bestehenden Lösung abgelesen werden. Geänderte Rahmenbedingungen hinsichtlich der Hardware sowie geänderte Bewertungen des Nutzens während der Projektphase erforderten eine Erfassung der Änderungen in der DUCM sowie eine erneute, automatisierte Berechnung der optimalen Kombination an Data Analytics Anwendungsfällen. Durch diese Flexibilität in der Anwendung konnte die strategische Priorisierung den Anforderungen der Technologieentwicklung gerecht werden. Fallweise wirkte sich die mangelnde Planbarkeit bezüglich der Reihenfolge bei der Umsetzung der priorisierten Data Analytics Anwendungsfälle einschränkend aus. Ursache hierfür waren zeitgleich auftretende, übergeordnete betriebliche Zwänge während der Entwicklung des Fertigungssystems, die sich in mangelnder oder verzögerter Verfügbarkeit von technischen Ressourcen und Maschinenaufbauten äußerten. Es ist davon auszugehen, dass bei langfristigem Einsatz der Methodik eine bessere Planbarkeit in der Umsetzung der Methodik zu erwarten ist.

Der Anspruch, **skalierbare Data Analytics** zu ermöglichen, förderte bereits in der frühen Phase der Entwicklung des Fertigungssystems eine hohe Datentransparenz. Dies hatte den Nebeneffekt, dass Experten der Technologieentwicklung auf wertvolle Informationen zur Gestaltung ihrer Fertigungsprozesse zurückgreifen konnten. Außerdem verhinderte der Ansatz der Skalierbarkeit das Denken in Silos und förderte den offenen Umgang mit Ideen außerhalb eines einzelnen Anwendungsfalls. Somit erweiterte die Forderung der Skalierbarkeit grundsätzlich den Denkansatz der involvierten Experten. Es stand immer die Frage im Hintergrund, welcher weitere Nutzen abgeleitet werden könnte. In der Anwendung dieses Ansatzes zeigte sich, dass in Einzelfällen entwickelte Modelle nicht bis zur Serienreife gebracht werden mussten. In diesen Fällen wurden Wirkzusammenhänge, die bereits während der Prototypenphase identifiziert wurden, direkt in die Technologieentwicklung übernommen. Eine Weiterentwicklung des Modells versprach in diesen Fällen keinen zusätzlichen Nutzen.

Insgesamt betrachtet kann die Validierung der Methodik in der Praxis als erfolgreich bezeichnet werden. Die inhaltlichen und formalen Anforderungen an die Methodik wurden erfüllt. Die Methodik ermöglichte einen strukturierten Identifikations- und Umsetzungsprozess für Data Analytics Anwendungsfälle und stellte die Realisierung ihrer Nutzenerwartungen in der Serienfertigung sicher. Als weitere Erkenntnisse sind die gesteigerte Datentransparenz, das Aufheben von Silodenken sowie ein beschleunigter Wissensaufbau zu nennen.

Unter Berücksichtigung der Anforderungen aus der betrieblichen Praxis stellt die im Rahmen dieser Arbeit entwickelte Methodik somit ein ganzheitliches, valides Vorgehen zur Integration von Data Analytics in die Serienfertigung dar.

7 Zusammenfassung und Fazit

Unter produzierenden Unternehmen herrscht ein stetig zunehmender Wettbewerb aufgrund sich ändernder Marktanforderungen und Regulierungen. In der Automobilindustrie führt der disruptive Wandel von klassischen Antrieben hin zur Elektromobilität dazu, dass neuartige Fertigungstechnologien und Prozesse beherrscht werden müssen. Um sich von anderen Wettbewerbern differenzieren zu können, ist eine hohe Qualität der Produkte zu konkurrenzfähigen Preisen zwingend erforderlich. Somit ist die wesentliche Herausforderung die Erreichung hoher Fertigungseffizienz und Produktqualität bei hoher Komplexität der Fertigungsprozesse. Um diese Herausforderungen zu bewältigen, ist es erforderlich, den Wissensaufbau bezüglich der Wirkzusammenhänge innerhalb der Fertigungsprozesse zu beschleunigen. In der IT haben sich Data Analytics Ansätze als fähig erwiesen, die Identifikation von Wirkzusammenhängen zu unterstützen. Bisher existieren allerdings noch keine ganzheitlichen Anwendungen für Data Analytics innerhalb von Fertigungssystemen. Bestehende Anwendungen sind ausschließlich problemgetrieben und besitzen einen beschränkten Betrachtungsfokus, z. B. Analyse festgelegter KPIs oder Betrachtung einzelner Prozessschritte. Mangelhafte Datengrundlagen und ungeeignete IT-Infrastrukturen erschweren oder verhindern den ganzheitlichen Einsatz von Data Analytics.

Bei genauerer Untersuchung des Praxisdefizits hat sich herausgestellt, dass bestehende Fertigungssysteme nicht fähig sind, die für Data Analytics erforderlichen Datenmengen zu erzeugen und zu verarbeiten. Erschwerend kommt hinzu, dass sowohl bestehende Ansätze bei der Entwicklung von Fertigungssystemen als auch Ansätze aus dem Qualitätsmanagement keinen Fokus auf die Integration von Data Analytics in die Technologieentwicklungsprozesse legen. Dies hat zur Folge, dass auch neue Fertigungssysteme nicht auf den Einsatz von Data Analytics vorbereitet werden. Data Analytics wird ausschließlich reaktiv eingesetzt, um bestehende Prozesse zu optimieren und erkannte Probleme zu lösen. Dieser reaktive Ansatz führt zu unzureichender Datenverfügbarkeit und hat somit Abbrüche von Data Analytics Projekten oder deren Verzögerungen zur Folge, bis im Einzelfall eine hinreichende Datenbasis hergestellt werden kann. Diese Aussagen konnten ebenfalls durch die im Rahmen dieser Arbeit durchgeführte Studie zu den Hürden und Potentialen von Data Analytics in der Serienfertigung untermauert werden.

Im Rahmen der Betrachtung des Theoriedefizits zeigte sich, dass bestehende Vorgehensmodelle für Data Analytics aus dem Bereich der IT, wie z. B. KDD und CRISP-DM, die Beschäftigung mit der Datenerfassung vernachlässigen. Sie reduzieren diese auf die Herstellung von Schnittstellen zu bestehenden Datenbasen in IT-Systemen. Darüber hinaus unterstützen die bestehenden Vorgehensmodelle ausschließlich die Durchführung einzelner Anwendungsfälle innerhalb existierender Systeme. Daher findet keine Betrachtung statt, wie Data Analytics ganzheitlich und skalierbar umgesetzt werden kann, z. B. von frühen Entwicklungsphasen in eine Serienfertigung. Es existieren auch keine Ansätze, wie Data Analytics Anwendungsfälle bereits in frühen Phasen der Technologieentwicklung für das Fertigungssystem identifiziert und priorisiert werden können. Aufgrund des Praxis- und Theoriedefizits wurde die folgende leitende Forschungsfrage für die vorliegende Arbeit formuliert:

Wie muss eine Methodik zur proaktiven Integration von Data Analytics in die Serienfertigung gestaltet sein?

Zur Beantwortung dieser Forschungsfrage wurde in der vorliegenden Arbeit eine Methodik entwickelt, die den Anwender in die Lage versetzt, die proaktive Integration von Data Analytics in die Serienfertigung zu verfolgen. Diese Methodik wurde für die Serienfertigung, beginnend in der frühen Phase der Entwicklung des Fertigungssystems, konzipiert. Anschließend wurde sie im Rahmen der Fertigung von Batteriemodulen und Hochvoltspeichern für elektrifizierte Fahrzeuge bezüglich ihrer Praxistauglichkeit validiert. Bei der Konzeption wurden eine Aufbau- und Ablaufstruktur sowie der Ordnungsrahmen definiert. Innerhalb der Detaillierung wurde die Ablaufstruktur entsprechend dem Ordnungsrahmen in Module und Phasen unterteilt. Zusätzlich wurden bei der Detaillierung inhaltliche und formale Anforderungen berücksichtigt, die zuvor formuliert worden waren. Die Lösung des Realproblems erfolgte in der entwickelten Methodik mit Hilfe der drei Module Initiierungsmodul, Analysemodul und Gestaltungsmodul.

Innerhalb des **Initiierungsmoduls** werden die für das Fertigungssystem relevanten Data Analytics Anwendungsfälle sowie die zugehörigen Daten identifiziert und im Rahmen der Daten- und Anwendungsfallmatrix (DUCM) dokumentiert. Dies geschieht während der Entwicklungsphase des Fertigungssystems. Dadurch wird eine transparente Darstellung relevanter Data Analytics Anwendungsfälle bereits in einer frühen Phase erreicht. Um eine Priorisierung dieser Anwendungsfälle im Analysemodul zu ermöglichen, werden die Anwendungsfälle bezüglich ihrer Aufwände und ihrer Nutzenpotentiale näher spezifiziert und in der DUCM dokumentiert.

Mittels des **Analysemoduls** werden die umzusetzenden Data Analytics Anwendungsfälle sowie die dazu erforderliche IT-Architektur identifiziert und festgelegt. Dies erfolgt zunächst anhand einer Priorisierung der in der DUCM dokumentierten Anwendungsfälle. Data Analytics Anwendungsfälle besitzen synergetische Eigenschaften, da dieselben Daten teilweise innerhalb einer Vielzahl von Anwendungsfällen verwendet werden können. Zur Priorisierung der umzusetzenden Anwendungsfälle, wird somit ein multikriterielles und diskretes Optimierungsproblem formuliert und gelöst. Auf Basis dieser priorisierten Anwendungsfälle werden die Anforderungen an die IT-Architektur abgeleitet. Durch Auswahl und Kombination der am besten geeigneten IT-Komponenten wird dann die IT-Architektur festgelegt, die den anwendungsfallspezifischen Anforderungen am besten gerecht wird.

Innerhalb des **Gestaltungsmoduls** erfolgt die skalierbare Umsetzung der Data Analytics Anwendungsfälle von der frühen Entwicklungsphase des Fertigungssystems in die Serienfertigung. Durch den in dieser Arbeit beschriebenen methodischen Ansatz wird bereits in der frühen Phase ein Nutzen durch erhöhte Datentransparenz erzielt und zugleich die Umsetzbarkeit der priorisierten Anwendungsfälle in der Serienfertigung sichergestellt. Insbesondere wird darauf geachtet, dass eine Anpassbarkeit der Methodik an sich ändernde Rahmenbedingungen, wie z. B. angepassten Kostengrenzen, gegeben ist. Abschließend wird anhand der Umsetzung innerhalb der Serienfertigung validiert, ob die Aufwand- und Nutzenbetrachtung während des Initiierungsmoduls zutreffend gewesen ist. Dadurch wird ein kontinuierlicher Verbesserungsprozess bei der Übertragung der entwickelten Methodik auf weitere Fertigungslinien und Produktiterationen initiiert und sichergestellt.

Die Entwicklung der mit dieser Arbeit vorgestellten Methodik zur proaktiven Integration von Data Analytics in die Serienfertigung folgte dem Forschungsvorgehen nach ULRICH und hat ihren Ursprung sowie ihr Ergebnis in der Praxis. Zur Validierung dieser Methodik wurde sie bei einem Automobilhersteller im Rahmen der Fertigung von Batteriemodulen und Hochvoltspeichern angewandt. Dabei wurde das Vorgehen zur proaktiven Integration von Data Analytics in die Serienfertigung überprüft. In der industriellen Praxis konnte die Methodik erfolgreich eingesetzt werden. Es konnte gezeigt werden, dass sich die Methodik eignet, um Data Analytics bereits in der frühen Phase der Entwicklung des Fertigungssystems zu befähigen und ihre skalierbare Umsetzung in die Serienfertigung zu gewährleisten. Neben dieser Methodik existiert kein Ansatz, der eine vergleichbare Priorisierung und skalierbare Umsetzung von Data Analytics für die Serienfertigung ermöglicht. Die entwickelte Methodik bildet die Grundlage für sämtliche Bestrebungen, Data Analytics in der Serienfertigung des betrachteten Unternehmens einzusetzen. Durch eine Vielzahl an unternehmensbereichsübergreifenden Teilnehmern an diesem Vorhaben konnte bestätigt werden, dass sich die konzeptionierte Methodik sowie deren Aufbau- und Ablaufsystematik erfolgreich einsetzen lässt.

Diese entwickelte Methodik zur proaktiven Integration von Data Analytics in die Serienfertigung gewährleistet somit ein Vorgehen, das die Identifikation und Priorisierung einer nutzenbringenden Auswahl an Data Analytics Anwendungsfällen während der frühen Phase der Entwicklung des Fertigungssystems ermöglicht und deren skalierbare Umsetzung bis zur Serienreife mit Hilfe einer geeigneten IT-Architektur unterstützt. Ein weiterer Mehrwert dieser Methodik besteht darin, dass bereits in der frühen Phase der Entwicklung des Fertigungssystems der Wissensaufbau beschleunigt wird. Dadurch werden die Technologieentwicklungsprozesse unterstützt. Außerdem wird die Grundlage für die proaktive Integration von Data Analytics für die Serienfertigung gelegt, indem die Umsetzung der frühzeitig identifizierten Data Analytics Anwendungsfälle mit dem größten Nutzenpotential in einer skalierbaren IT-Architektur für die Serienfertigung sichergestellt wird. Außerdem ist Reaktionsfähigkeit in Bezug auf sich ändernde Rahmenbedingungen während der Entwicklungsprozesse durch diesen Ansatz gewährleistet. Insgesamt zeigte sich eine hohe Nachvollziehbarkeit und Verständlichkeit der Methodik über die Fachbereichsgrenzen hinweg.

Der wissenschaftliche Beitrag der vorliegenden Arbeit liegt in der Erweiterung und Anpassung bestehender Data Analytics Vorgehensweisen aus der IT und deren Integration in Entwicklungsprozesse von Fertigungssystemen bis hin zur Serienfertigung. Dazu wurde eine Systematik zur Identifikation und Dokumentation von Data Analytics Anwendungsfällen in der frühen Phase sowie eine Priorisierungslogik für die Auswahl der umzusetzenden Anwendungsfälle entwickelt. Erst das Zusammenspiel dieser Lösungsbausteine erlaubt eine proaktive und skalierbare Integration von Data Analytics in die Serienfertigung. Die erfolgreiche Anwendung der entwickelten Methodik konnte mittels der Validierung in der Praxis demonstriert werden.

Die Anwendung der Methodik erfolgte in der Fertigung von Hochvoltspeichern für elektrifizierte Fahrzeuge bei einem Automobilhersteller. Durch die erfolgte Umsetzung der betrachteten Data Analytics Anwendungsfälle wurde belegt, dass die proaktive Integration von Data Analytics in die Serienfertigung im industriellen Alltag erfolgreich und nutzenbringend einzusetzten ist. Als Auswirkungen der betrachteten Anwendungsfälle konnten u. a. Zeiten für Prüfprozesse verkürzt, Expertenwissen nutzenbringend eingesetzt, Dokumentationsrichtlinien verbessert und auf geänderte Rahmenbedingungen flexibel reagiert werden. Aufgrund der proaktiv erstellten Datenbasis und der für Big Data ausgelegten IT-Architektur ist davon auszugehen, dass zukünftig neben den geplanten auch zusätzliche ungeplante Data Analytics Anwendungsfälle erfolgreich abgeschlossen werden können.

Dabei ist zu beachten, dass die Auswahl relevanter Daten durch Experten eine Nichtberücksichtigung von relevanten Messgrößen beim Schritt der Priorisierung zur Folge haben kann. In nachfolgenden Arbeiten wäre es somit wünschenswert, die Methodik um zusätzliche Ansätze zu erweitern, die es erlauben, fehlerhafte Experteneinschätzungen erkennen zu können. Mit zunehmender Datenverfügbarkeit ist denkbar, dass während der Fertigung automatisiert Wirkzusammenhänge identifiziert werden können, die nicht durch Experten vorab eingeplant worden sind. Dies schließt die frühzeitige Erkennung von Fehlern ein, bevor deren Auswirkungen spürbar werden. Außerdem ist denkbar, dass einzelne Kategorien von Anwendungsfällen (z. B. Predictive Maintenance) gemeinsam mit der Fertigungsmaschine eingekauft und selbstoptimiert ablaufen können. Zusätzlich ist es möglich, neue Technologien einzusetzen, um Teile der vorgestellten Methodik zu optimieren. Als ein Beispiel hierfür ist in ferner Zukunft der Einsatz von Quantencomputern zur exakten Lösung des Priorisierungsproblems zu nennen. Des Weiteren gilt es, die Wirksamkeit der vorliegenden Methodik für weitere Produktionssysteme und Produktionsarten, wie z. B. die Prozesstechnik, sowie den Bereich der Logistik wissenschaftlich zu untersuchen. Aufgrund der bestätigten Allgemeingültigkeit und dem Fokus auf Übertragbarkeit bietet die im Rahmen dieser Arbeit entwickelte Methodik zur proaktiven Integration von Data Analytics in die Serienfertigung hierzu eine optimale Basis.

Literaturverzeichnis

Adolphs, P./Bedenbender, H. et al. (2015) Status RAMI 4.0
Status Report - Reference Architecture Model Industrie 4.0 (RAMI 4.0). In: Fachausschuss 7.2, VDI/VDE-Gesellschaft Mess- und Automatisierungstechnik, 2015.

Ahituv, N. (1989) Value of Information
Assessing the value of information. Problems and approaches. In: International Conference on Information Systems, 1989.

Ahmad, S./Abdollahian, M. et al. (2007) Process capability estimation
Process capability estimation for non-normal quality charactersitics using Clement, Burr and Box-Cox methods. In: ANZIAM Journal, Jg. 49, 2007, S. 642.

Alcácer, V./Cruz-Machado, V. (2019) Industry 4.0: A Literature Review
Scanning the Industry 4.0: A Literature Review on Technologies for Manufacturing Systems. In: Engineering Science and Technology, an International Journal, 2019.

Al-Hoqani, W. M. (2017) Marking Decision Tree Diagrams
Difficulties of marking decision tree diagrams - 18-20 July 2017, London, United Kingdom, IEEE, Piscataway, NJ, 2017.

Allaire, G. (2009) Numerical Optimization
Numerical analysis and optimization - An introduction to mathematical modelling and numerical simulation, Repr; Oxford Univ. Press, Oxford, 2009.

Amin, R./Indwiarti, I. et al. (2015) Implementation of Decision Tree
Implementation of decision tree using C4.5 algorithm in decision making of loan application by debtor - (Case study: Bank pasar of Yogyakarta Special Region), 2015, S. 75-80.

Amiri, M. (2010) Project Selection for Oil-Fields
Project selection for oil-fields development by using the AHP and fuzzy TOPSIS methods. In: Expert Systems with Applications, Ausgabe 9, Jg. 37, 2010, S. 6218-6224.

Asosheh, A./Nalchigar, S. et al. (2010) IT Project Evaluation
Information technology project evaluation: An integrated data envelopment analysis and balanced scorecard approach. In: Expert Systems with Applications, Ausgabe 8, Jg. 37, 2010, S. 5931-5938.

Bachiega, J./Reis, M. et al. (2018) Cost Optimization in Cloud
An Architecture for Cost Optimization in the Processing of Big Geospatial Data in Public Cloud Providers. In: 2018 IEEE International Congress on Big Data (Big Data Congress), 2018, S. 190-197.

Backhaus, K./Erichson, B. et al. (2016) Multivariate Analysemethoden
Multivariate Analysemethoden, Springer, Berlin, Heidelberg, 2016.

Bai, S./Li, S. et al. (2010) Organizational Project Selection
Organizational Project Selection Based on Fuzzy Multi-Index Evaluation and BP Neural Network. In: 2010 International Conference on Management and Service Science (MASS), 2010.

Bai V, R./C A, A. et al. (2016) Predictive Analysis
Predictive analysis for industrial maintenance automation and optimization using a smart sensor network. In: 2016 International Conference on Next Generation Intelligent Systems (ICNGIS), 2016.

Barocas, S./Nissenbaum, H. (2014) Big Data Privacy Protection
Big data's end run around procedural privacy protections - Recognizing the inherent limitations of consent and anonymity. In: Communications of the ACM, Ausgabe 11, Jg. 57, 2014, S. 31-33.

Bauernhansl, T. (2016) Studie Industrie 4.0
Industrie 4.0: Entwicklungsfelder Für den Mittelstand - Aktuelle Hemmnisse und Konkrete Bedarfe. In: Fraunhofer-Institut für Produktionstechnik und Automatisierung IPA, 2016.

Biermann, D./Gausemeier, J. et al. (2013) Planning of Manufacturing Processes
Planning and optimisation of manufacturing process chains for functionally graded components—part 1 - Methodological foundations. In: Production Engineering, Ausgabe 6, Jg. 7, 2013, S. 657-664.

BITKOM, VDMA, ZVEI (2015) Umsetzungsstrategie I4.0
Umsetzungsstrategie Industrie 4.0-Ergebnisbericht der Plattform Industrie 4.0. Kehrberg Druck Production Service, Berlin, 2015.

Blumauer, A./Pellegrini, T. (2006) Semantic Web
Semantic Web und semantische Technologien: Zentrale Begriffe und Unterscheidungen. In: Semantic Web - Wege zur vernetzten Wissensgesellschaft, Jg. 5, 2006, S. 9-25.

Bolat, B./Çebi, F. et al. (2014) Fuzzy Project Selection
A fuzzy integrated approach for project selection. In: Journal of Enterprise Information Management, Ausgabe 3, Jg. 27, 2014, S. 247-260.

Brachman, R. J./Anand, T. (1994) KDD: A First Sketch
The Process of Knowledge Discovery in Databases: A First Sketch. In: AAAI Technical Report WS-94-03, 1994.

Brambring, F. (2017) Steigerung der Datenintegrität
Steigerung der Datenintegrität in der Produktionssteuerung - Increasing data integrity in production control, 1. Auflage; Apprimus Verlag, Aachen, 2017.

Brenna, M./Foiadelli, F. et al. (2016) e-Mobility Forecast
e-Mobility Forecast for the Transnational e-Corridor Planning. In: IEEE Transactions on Intelligent Transportation Systems, Ausgabe 3, Jg. 17, 2016, S. 680-689.

Brunauer, R./Rehrl, K. (2016) Big Data
Big Data in der Mobilität - Big Data, Springer Fachmedien Wiesbaden, Wiesbaden, 2016.

Brüning, A./Gluchowski, P. et al. (2017) Data Governance
Data Governance - Einordnung, Konzepte und aktuelle Herausforderungen. In: Chemnitz Economic Papers, Ausgabe 15, 2017.

Büchner, A./Anand, S. et al. (1997) DM in Manufacturing Environments
Data Mining in Manufacturing Environments: Goals, Techniques and Applications. In: Studies in Informatics and Control, 1997.

Budak, A./Ustundag, A. et al. (2018) Digital Traceability
Digital Traceability Through Production Value Chain. In: Ustundag, A./Cevikcan, E. (Hrsg.): Industry 4.0 - Managing the digital transformation, Springer, Cham, 2018, S. 251-265.

Burggräf, P. (2012) Fabrikplanung
Wertorientierte Fabrikplanung - Dissertation der RWTH Aachen, Apprimus Verlag, Aachen, 2012.

Busogi, M./Song, D. et al. (2019) Manufacturing Complexity
Sequence Based Optimization of Manufacturing Complexity in a Mixed Model Assembly Line. In: IEEE Access, Jg. 7, 2019, S. 22096-22106.

Cabena, P. (1997) Discovering Data Mining
Discovering data mining - From concept to implementation, Prentice Hall, London, 1997.

Cai, X./Li, Y. et al. (2015) Decomposition for Combinatorial Optimization
An External Archive Guided Multiobjective Evolutionary Algorithm Based on Decomposition for Combinatorial Optimization. In: IEEE Transactions on Evolutionary Computation, Ausgabe 4, Jg. 19, 2015, S. 508-523.

Carazo, A./Gómez, T. et al. (2010) Project Portfolio Selection
Solving a comprehensive model for multiobjective project portfolio selection. In: Computers & Operations Research, Ausgabe 4, Jg. 37, 2010, S. 630-639.

Carleo, G./Cirac, I. et al. (2019) Machine Learning Sciences
Machine learning and the physical sciences. In: Reviews of Modern Physics, Ausgabe 4, Jg. 91, 2019, S. 2773.

Castagliola, P. (1996) Non-Normal Process Capability Indices
Evaluation of Non-Normal Process Capability Indices Using Burr's Distributions. In: Quality Engineering, Ausgabe 4, Jg. 8, 1996, S. 587-593.

Cheema, M. A./Zhang, W. et al. (2016) Databases Theory and Applications
Databases Theory and Applications, Springer International Publishing, Cham, 2016.

Chen, Y.-C./Lee, G. (2010) Mining Sequential Association Rules
An efficient projected database method for mining sequential association rules. In: 2010 Fifth International Conference on Digital Information Management (ICDIM), 2010, S. 274-278.

Cleff, T. (2012) Deskriptive Statistik
Deskriptive Statistik und moderne Datenanalyse - Eine computergestützte Einführung mit Excel, PASW (SPSS) und STATA, 2. Aufl.; Gabler Verlag, Wiesbaden, 2012.

Cooper, W. W./Seiford, L. M. et al. (2011) Data Envelopment Analysis
Handbook on data envelopment analysis, Springer Science+Business Media LLC, Boston, MA, 2011.

Czinki, A./Hentschel, C. (2016) Solving Complex Problems
Solving Complex Problems and TRIZ. In: Procedia CIRP, Jg. 39, 2016, S. 27-32.

da Mota Batista, S./Oliveira, M. de et al. (2019) FMEA in Manufacturing
Application of FMEA for improvement in the manufacturing process of mobile phones in a factory of the industrial pole of manaus. In: International Journal for Quality Research, Ausgabe 4, Jg. 13, 2019, S. 1021-1036.

Daenzer, W. F./Haberfellner, R. et al. (1999) Systems Engineering
Systems Engineering - Methodik und Praxis, 10. durchges. Aufl.; Verlag Industrielle Organisation, Zürich, 1999.

Dai, H.-N./Wang, H. et al. (2019) Manufacturing Internet of Things
Big Data Analytics for Manufacturing Internet of Things: Opportunities, Challenges and Enabling Technologies. In: Enterprise Information Systems, Ausgabe 6, Jg. 18, 2019, S. 1-25.

Dai, H.-N./Wong, R. et al. (2019) Big Data Analytics
Big Data Analytics for Large-scale Wireless Networks. In: ACM Computing Surveys, Ausgabe 5, Jg. 52, 2019, S. 1-36.

Dallinger, F./Schmid, P. et al. (2013) Funktions- und Sicherheitstests
Funktions- und Sicherheitstests an Lithium-Ionen-Batterien. In: Korthauer, R. (Hrsg.): Handbuch Lithium-Ionen-Batterien, Springer Berlin Heidelberg, Berlin, Heidelberg, 2013, S. 321-334.

Dan, A./Johnson, R. et al. (2007) Information as a Service
Information as a Service: Modeling and Realization. In: International Conference on Software Engineering (ICSE), 2007, S. 2.

Dannenberg, M./Georgiadis, A. et al. (2014) Optimization of Process Chains
Model Based Optimization of Forging Process Chains under the Consideration of Penalty Functions. In: Advanced Materials Research, Jg. 1018, 2014, S. 533-538.

Deb, K. (2005) Multi-Objective Optimization
Multi-Objective Optimization. In: Search Methodologies, Jg. 3, 2005, S. 273-316.

de-Felipe, D./Benedito, E. (2017) Monitoring complex production processes
Monitoring high complex production processes using process capability indices. In: The International Journal of Advanced Manufacturing Technology, Ausgabe 1-4, Jg. 93, 2017, S. 1257-1267.

Delen, D./Demirkan, H. (2013) Data, information and analytics as services
Data, information and analytics as services. In: Decision Support Systems, Ausgabe 1, Jg. 55, 2013, S. 359-363.

Demchenko, Y./Turkmen, F. et al. (2016) Big Data Infrastructure
Cloud based big data infrastructure: Architectural components and automated provisioning. In: 2016 International Conference on High Performance Computing & Simulation (HPCS), 2016, S. 628-636.

Denkena, B./Behrens, B.-A. et al. (2012) Process Chain Optimization Using GA
Integrative process chain optimization using a Genetic Algorithm. In: Production Engineering, Ausgabe 1, Jg. 6, 2012, S. 29-37.

Deutskens, F. C. (2014) Disruptive Innovationen
Konfiguration der Wertschöpfung bei disruptiven Innovationen am Beispiel der Elektromobilität - Dissertation der RWTH Aachen, Apprimus Aachen, , 2014.

Dewenter, R./Lüth, H. (2016) Big Data im Wettbewerb
Big Data aus wettbewerblicher Sicht. In: Wirtschaftsdienst, Ausgabe 9, Jg. 96, 2016, S. 648-654.

Diedrich, A./Bunte, A. et al. (2015) Konzeptlernen
Kognitive Architektur zum Konzeptlernen in technischen Systemen, 2015.

DIN Deutsches Institut für Normung e. V. (1995) DIN EN ISO 8402
DIN EN ISO 8402 Qualitätsmanagement - Begriffe. Beuth, Berlin, 1995.

DIN Deutsches Institut für Normung e. V. (2015) DIN EN ISO 9000
DIN EN ISO 9000 Qualitätsmanagementsysteme - Grundlagen und Begriffe (ISO 9000:2015). Beuth, Berlin, 2015.

Döring, S. T. (2010) Auftragsabwicklung im Werkzeugbau
Konfliktmanagement in der technischen Auftragsabwicklung im Werkzeugbau, 1. Aufl.; Apprimus Verlag, RWTH Aachen, 2010.

Dorsemaine, B./Gaulier, J.-P. et al. (2015) Internet of Things
Internet of Things: A Definition & Taxonomy, 2015, S. 72-77.

Drath, R./Horch, A. (2014) Industrie 4.0
Industrie 4.0 - Hit or Hype. In: IEEE Industrial Electronics Magazine, Industry Forum, Ausgabe 2, Jg. 8, 2014, S. 56-58.

Dutra, C./Ribeiro, J. et al. (2014) Project Selection and Prioritization
An economic–probabilistic model for project selection and prioritization. In: International Journal of Project Management, Ausgabe 6, Jg. 32, 2014, S. 1042-1055.

Dworatschek, S./Donike, H. (2018) Wirtschaftlichkeitsanalyse Informationssysteme
Wirtschaftlichkeitsanalyse von Informationssystemen, Walter de Gruyter GmbH & Co KG, Berlin, 2018.

Ehrgott, M. (2005) Multicriteria optimization
Multicriteria optimization, 2nd ed.; Springer, Berlin, New York, 2005.

Erichsen, J./Pedersen, A. et al. (2016) Prototyping for Learning
Prototyping to Leverage Learning in Product Manufacturing Environments. In: Procedia CIRP, Jg. 54, 2016, S. 233-238.

Erichsen, J./Pedersen, A. et al. (2016) Leveraging Knowledge
Using prototypes to leverage knowledge in product development - Examples from the automotive industry. In: 2016 Annual IEEE Systems Conference (SysCon), 2016.

Ervural, B. C./Ervural, B. (2018) Industry 4.0 Cyber Security
Overview of Cyber Security in the Industry 4.0 Era. In: Ustundag, A./Cevikcan, E. (Hrsg.): Industry 4.0 - Managing the digital transformation, Springer, Cham, 2018, S. 267-284.

Fasel, D./Meier, A. (2016) Big Data
Big Data. In: Springer Vieweg, Ausgabe 1, Jg. 10, 2016.

Fayyad, U./Piatetsky-Shapiro, G. et al. (1996) Data Mining to KDD
From Data Mining to Knowledge Discovery in Databases. In: AI Magazine, Ausgabe 3, Jg. 17, 1996.

Gadatsch, A. (2017) Big Data
Big Data – Datenanalyse als Eintrittskarte in die Zukunft. In: Big Data für Entscheider, 2017, S. 1-10.

Gandomi, A./Haider, M. (2015) Big data concepts
Beyond the hype: Big data concepts, methods, and analytics. In: International Journal of Information Management, Ausgabe 2, Jg. 35, 2015, S. 137-144.

Gaus, F. (2010) Geschäftsmodell im Werkzeugbau
Geschäftsmodell im Werkzeugbau - Methodik zur Überprüfung der Logik eines Geschäftsmodells im Werkzeugbau, Apprimus Verlag, Aachen, 2010.

Geist, M. N./Köhler, R. (1981)
Die Führung des Betriebes - Zurück zur Produktinformation, Schaeffler-Poeschel, Stuttgart, 1981.

Gembrys, S.-N./Herrmann, J. (2009) Qualitätsmanagement
Qualitätsmanagement, 2., aktualisierte Aufl.; Haufe, Planegg/München, 2009.

Giehler, F. (2010) Planungsproduktivität
Erhöhung der Planungsproduktivität am Beispiel der Auftragsabwicklung im Werkzeugbau - Dissertation, 1. Aufl.; Apprimus Verlag, RWTH Aachen, 2010.

Glover, F./Laguna, M. (1997) Tabu Search
Tabu Search, Springer US, Boston, MA, s.l., 1997.

Goasduff, L. (2015) Data Analytics Mindset and Culture
Gartner Says Business Intelligence and Analytics Leaders Must Focus on Mindsets and Culture to Kick Start Advanced Analytics. In: Gartner Newsroom, 2015.

Gomez, P./Probst, G. J. B. (1990) Vernetztes Denken
Vernetztes Denken - Die Methodik des vernetzten Denkens zur Lösung komplexer Probleme. In: Strategische Unternehmungsplanung / Strategische Unternehmungsführung: Stand und Entwicklungstendenzen, Ausgabe 5, 1990.

Grady, N. (2016) KDD meets Big Data
KDD meets Big Data. In: 2016 IEEE International Conference on Big Data (Big Data), 2016, S. 1603-1608.

Gröger, C. (2015) Advanced Manufacturing Analytics
Advanced Manufacturing Analytics - Dissertation, Universität Stuttgart, 1. Aufl.; JOSEF EUL VERLAG GmbH, Lohmar, Köln, 2015.

Gröger, C. (2018) I4.0 Analytics Platform
Building an Industry 4.0 Analytics Platform. In: Datenbank-Spektrum, Ausgabe 1, Jg. 18, 2018, S. 5-14.

Gröger, C./Niedermann, F. et al. (2012) Manufacturing Design by Analytics
Supporting manufacturing design by analytics, continuous collaborative process improvement enabled by the advanced manufacturing analytics platform. In: Proceedings of the 16th IEEE International Conference on Computer Supported Cooperative Work in Design (CSCWD), 2012, S. 793-799.

Gröger, C./Stach, C. (2014) Mobile Manufacturing Dashboard
The Mobile Manufacturing Dashboard. In: Proceedings of the 2014 IEEE International Conference on Pervasive Computing and Communications Workshops (PerCom Workshops), 2014, S. 138-140.

Grote, K.-H./Feldhusen, J. (2014)
Dubbel - Taschenbuch für den Maschinenbau, 24., aktualisierte Aufl. 2014; Springer Berlin Heidelberg, Berlin, Heidelberg, 2014.

Haberfellner, R./Daenzer, W. F. et al. (1997) Systems Engineering
Systems engineering - Methodik und Praxis, 9. Aufl., erg. mit dem SE-Wissensbaum von Mario Becker; Verl. Industrielle Organisation, Zürich, 1997.

Hammer, M./Somers, K. et al. (2017) Profit Per Hour as a Target
Profit Per Hour as a Target Process Control Parameter for Manufacturing Systems Enabled by Big Data Analytics and Industry 4.0 Infrastructure. In: Procedia CIRP, Jg. 63, 2017, S. 715-720.

Han, J./Kamber, M. et al. (2012) Data Mining
Data Mining. Concepts and Techniques - 3rd Edition (The Morgan Kaufmann Series in Data Management Systems), 3. Aufl.; Morgan Kaufmann, Waltham, MA, USA, 2012.

Heckerman, D. (1997) Bayesian Networks
Bayesian Networks for Data Mining. In: Data Mining and Knowledge Discovery, Ausgabe 1, Jg. 1, 1997, S. 79-119.

Heimes, H./Kampker, A. et al. (2019) Potenziale & Hürden Data Analytics
Potenziale und Hürden von Data Analytics in der Serienfertigung. In: Industrie 4.0 Management, Ausgabe 1, Jg. 2019, 2019, S. 57-60.

Heimes, H./Kampker, A. et al. (2019) Prioritizing Digitalization Use Cases
Prioritizing Digitalization Use Cases during Early Development Phases of Large Scale Manufacturing Systems. In: Procedia Manufacturing, Jg. 28, 2019, S. 37-42.

Heimes, H./Kampker, A. et al. (2019) Scalable Data Analytics
Scalable Data Analytics from Predevelopment to Large Scale Manufacturing. In:

2nd Asia Pacific Conference on Research in Industrial and Systems Engineering (APCORISE) 2019, 2019.

Heimes, H. H. (2014) Auswahl von Fertigungsressourcen
Methodik zur Auswahl von Fertigungsressourcen in der Batterieproduktion, Apprimus Verlag, Aachen, 2014.

Hell, K./Hillmann, R. et al. (2016) Physical Industrie 4.0 Components
Demands on Virtual Representation of Physical Industrie 4.0 Components. In: 2nd INCOSE Italian Conference on System Engineering (CIISE 2016), 2016.

Henke, J. (2015) Steigerung der Wertschöpfung
Eine Methodik zur Steigerung der Wertschöpfung in der manuellen Montage komplexer Systeme - Universität Stuttgart, Dissertation, Fraunhofer Verlag, Stuttgart, 2015.

Henrion, M. (2019) Why Data Analytics Projects Fail
Why most big data analytics projects fail - How to succeed by engaging with your clients. In: Analytics Projects, 2019.

Hering, E./Triemel, J. et al. (2003) Qualitätsmanagement für Ingenieure
Qualitätsmanagement für Ingenieure, Fünfte, überarbeitete Auflage; Springer, Berlin, Heidelberg, 2003.

Hirsch, V./Reimann, P. et al. (2018) Analytical Quality Control
Analytical Approach to Support Fault Diagnosis and Quality Control in End-Of-Line Testing. In: Procedia CIRP, Jg. 72, 2018, S. 1333-1338.

Hoffmann, C.-A. (2018) Methodik zur Steuerung modularer Produktbaukästen
Methodik zur Steuerung modularer Produktbaukästen, Springer Fachmedien Wiesbaden, Wiesbaden, 2018.

Hühnlein, E. (2018) Identifizierung und Bewertung von Data Analytics
Konzept zur Identifizierung und systematischen Bewertung von Data Analytics Use Cases in der Anlaufphase der Produktion von Elektromotoren - Masterarbeit, Aachen, 2018.

IEC (2011) IEC 61508
Functional safety of electrical/electronic/programmable electronic safety-related systems. Berlin, 2011-02.

International Business Machines, C. (2016) Analytics Solutions Unified Method
Analytics Solutions Unified Method - Implementations with Agile principles - (ASUM-DM). In: IBM Analytics Services Datasheet, 2016.

ISO (2018) ISO 26262
Road vehicles – functional safety. SO TC22/SC3/WG16, 2018.

Jackson, J. (2002) Data Mining
Data Mining; A Conceptual Overview. In: Communications of the Association for Information Systems, Jg. 8, 2002.

Jain, R./Tata, S. (2017) Cloud to Edge
Cloud to Edge: Distributed Deployment of Process-Aware IoT Applications. In: 2017 IEEE 1st International Conference on Edge Computing, Honolulu, HI, USA, 2017, S. 182-189.

Jetter, A. (2004) Produktionsplanung
Produktplanung im fuzzy front end Handlungsunterstützungssystem auf der Basis von fuzzy cognitive maps - Dissertation der RWTH Aachen, DUV, Aachen, 2004.

Jiao, Y./Wang, P. et al. (2017) Profit Maximization in Big Data
Profit Maximization Auction and Data Management in Big Data Markets. In: 2017 IEEE Wireless Communications and Networking Conference (WCNC), 2017, S. 1-6.

Jiao, Y./Wang, P. et al. (2018) Profit Maximization for Data Analytics
Profit Maximization Mechanism and Data Management for Data Analytics Services. In: IEEE Internet of Things Journal, Ausgabe 3, Jg. 5, 2018, S. 2001-2014.

Jin, W./Li, Z. J. et al. (2000) Improvements of BP
The improvements of BP neural network learning algorithm. In: 2000 5th International Conference on Signal Processing Proceedings. 16th World Computer Congress 2000, 2000.

Jirkovsky, V./Obitko, M. et al. (2017) Understanding Data Heterogeneity
Understanding Data Heterogeneity in the Context of Cyber-Physical Systems Integration. In: IEEE Transactions on Industrial Informatics, Ausgabe 2, Jg. 13, 2017, S. 660-667.

Kagermann, H./Wahlster, W. et al. (2013) Umsetzungsempfehlung I4.0
Umsetzungsempfehlung für das Zukunftsprojekt Industrie 4.0 - Abschlussbericht des Arbeitskreises Industrie 4.0. In: acatech - Deutsche Akademie der Technikwissenschaften e.V., 2013.

Kalgotra, P./Sharda, R. (2016) CRISP-DM Stream Analytics
Progression analysis of signals - Extending CRISP-DM to stream analytics. In: IEEE International Conference on Big Data (Big Data), 2016.

Kampker, A. (2014) Elektromobilproduktion
Elektromobilproduktion, Springer Berlin Heidelberg, Berlin, Heidelberg, 2014.

Kampker, A./Deutskens, C. et al. (2016)
Using E-mobility as an Enabler for a Fast and Lean Product Development to Optimize the Return of Engineering with the Example of Lithium-ion Battery. In: Procedia CIRP, Ausgabe 50, 2016, S. 166-172.

Kampker, A./Heimes, H. et al. (2018) Enabling Data Analytics
Enabling Data Analytics in Large Scale Manufacturing. In: Procedia Manufacturing, Jg. 24, 2018, S. 120-127.

Kampker, A./Vallée, D. et al. (2018) Elektromobilität
Elektromobilität - Grundlagen einer Zukunftstechnologie, 2. Auflage; Springer Vieweg, Berlin, Germany, 2018.

Kampker, A./Vallée, D. et al. (2018) Elektromobilität
Elektromobilität – Zukunftstechnologie oder Nischenprodukt. In: Kampker, A./Vallée, D./ et al. (Hrsg.): Elektromobilität - Grundlagen einer Zukunftstechnologie, 2. Auflage; Springer Vieweg, Berlin, Germany, 2018, S. 3-29.

Kampker, A./Vallée, D. et al. (2018) Produktion von Elektrofahrzeugen
Produktion von Elektrofahrzeugen. In: Kampker, A./Vallée, D./ et al. (Hrsg.): Elektromobilität - Grundlagen einer Zukunftstechnologie, 2. Auflage; Springer Vieweg, Berlin, Germany, 2018, S. 53-78.

Karacay, G./Aydin, B. (2018) IoT New Value Proposition
Internet of Things and New Value Proposition. In: Ustundag, A./Cevikcan, E. (Hrsg.): Industry 4.0 - Managing the digital transformation, Springer, Cham, 2018, S. 173-185

Kasperk, G./Fluchs, S. et al. (2018) Geschäftsmodelle der Elektromobilität
Geschäftsmodelle der Elektromobilität. In: Kampker, A./Vallée, D./ et al. (Hrsg.): Elektromobilität - Grundlagen einer Zukunftstechnologie, 2. Auflage; Springer Vieweg, Berlin, Germany, 2018, S. 154-178.

Kerber, S. (2016) Prozessgestaltung
Prozessgestaltung zum Einsatz digitaler Fabrikgesamtmodelle, Springer Fachmedien Wiesbaden, Wiesbaden, 2016.

Khan, A./Turowski, K. (2016) Challenges and Opporturnities in Production
A Perspective on Industry 4.0: From Challenges to Opportunities in Production Systems. In: International Conference on Internet of Things and Big Data (IoTBD 2016), 2016, S. 441-448.

Kienzle, O. (1966) Fertigungsverfahren
Begriffe und Benennungen der Fertigungsverfahren. In: Werkstattstechnik, Ausgabe 56, 169-173, 1966.

Kirchhof, R. (2003) Ganzheitliches Komplexitätsmanagement
Ganzheitliches Komplexitätsmanagement - Grundlagen und Methodik des Umgangs mit Komplexität im Unternehmen - Dissertation, 1. Aufl.; Springer Fachmedien Wiesbaden, Technische Universität Cottbus, 2003.

Klug, F. (2010) Logistikmanagement
Logistikmanagement in der Automobilindustrie, Springer Berlin Heidelberg, Berlin, Heidelberg, 2010.

Koch, S. (2011) Wandlungsfähigkeit von Fabriken
Methodik zur Steigerung der Wandlungsfähigkeit von Fabriken im Maschinen- und Anlagenbau - Dissertation, Apprimus Verlag, RWTH Aachen, 2011.

Kornas, T./Daub, R. et al. (2019) Cause-Effect Relationships in Battery Production
Data-and Expert-Driven Analysis of Cause-Effect Relationships in the Production of Lithium-Ion Batteries. In: 2019 IEEE 15th International Conference on Automation Science and Engineering (CASE), 2019, S. 380-385.

Kornas, T./Knack, E. et al. (2019) Multivariate KPI Quality Assurance
A Multivariate KPI Based Method for the Quality Assurance in Lithium-Ion-Battery Production. In: CIRP Manufacturing Systems Conference 2019, 2019, S. 1-6.

Korthauer, R. (2013) Lithium-Ionen-Batterien
Handbuch Lithium-Ionen-Batterien, Springer Berlin Heidelberg, Berlin, Heidelberg, 2013.

Koschnick, G. (2015) RAMI 4.0
Industrie 4.0: The Reference Architectural Model Industrie 4.0 (RAMI 4.0). In: ZVEI - German Electrical and Electronic Manufacturers' Association, 2015.

Kosfeld, R./Eckey, H. F. et al. (2016) Deskriptive Statistik
Deskriptive Statistik, Springer Fachmedien Wiesbaden, Wiesbaden, 2016.

Kronthaler, F. (2016) Statistik
Statistik angewandt - Datenanalyse ist (k)eine Kunst, Springer Berlin Heidelberg, Berlin, Heidelberg, 2016.

Krotil, S. (2015) Online-Simulation
Online-Simulation von fluidischen Prozessen in der frühen Phase der Maschinen- und Anlagenentwicklung - Dissertation, 1. Aufl.; Technische Universität München, 2015.

Kubicek, H. (1977) Forschungskonzeption
Heuristischer Bezugsrahmen und heuristisch angelegte Forschungsdesigns als Elemente der Konstruktionsstrategie empirischer Forschung - Empirische und handlungstheoretische Forschungskonzeption in der Betriebswirtschaftslehre. In: Inst. für Unternehmungsführung im Fachbereich Wirtschaftswiss., 1977.

Kuragan, L./Musilek, P. (2006) Survey: Knowledge Discovery & Data Mining
A survey of Knowledge Discovery and Data Mining process models. In: The Knowledge Engineering Review, Ausgabe 01, Jg. 21, 2006, S. 1.

Lade, P./Ghosh, R. et al. (2017) Manufacturing Analytics
Manufacturing Analytics and Industrial Internet of Things. In: IEEE Intelligent Systems, Ausgabe 3, Jg. 32, 2017, S. 74-79.

Lange-Stalinski, T. (2003) Produktionssysteme
Methodik zur Gestaltung und Bewertung mobiler Produktionssysteme, Shaker, Aachen, 2003.

Lawi, A./Velayaty, A. et al. (2017) Adaptive Boosted SVM
On identifying potential direct marketing consumers using adaptive boosted support vector machine. In: 2017 4th International Conference on Computer Applications and Information Processing Technology (CAIPT), 2017, S. 1-4.

Lei, Y./Jia, F. et al. (2016) Intelligent Fault Diagnosis
An Intelligent Fault Diagnosis Method Using Unsupervised Feature Learning Towards Mechanical Big Data. In: IEEE Transactions on Industrial Electronics, Ausgabe 5, Jg. 63, 2016, S. 3137-3147.

Lenk, H./Ropohl, G. (1978) Systemtheorie
Systemtheorie als Wissenschaftsprogramm - Hans Lenk, Günter Ropohl (Hrsg.), Athenäum Verl., Königstein/Ts., 1978.

Liebrecht, O. W. (2019) Complexity in Production lines
Framework to manage change complexity when introducing high voltrage technology to automotive production lines - Dissertation, Stellenbosch University, Stellenbosch, 2019.

Lindemann, B./Fesenmayr, F. et al. (2019) Anomaly Detection in Discrete Manufacturing
Anomaly detection in discrete manufacturing using self-learning approaches. In: Procedia CIRP, Jg. 79, 2019, S. 313-318.

Linß, G. (2011) Qualitätsmanagement für Ingenieure
Qualitätsmanagement für Ingenieure, Carl Hanser Verlag GmbH & Co. KG, München, 2011.

Lipol, L./Jahirul, H. (2011) FMEA/FMECA
Risk analysis method: FMEA/FMECA in the organizations. In: International Journal of Basic & Applied Sciences, Ausgabe 05, Jg. 11, 2011.

Liu, P.-H./Chen, F.-L. (2006) Process capability analysis
Process capability analysis of non-normal process data using the Burr XII distribution. In: The International Journal of Advanced Manufacturing Technology, Ausgabe 9-10, Jg. 27, 2006, S. 975-984.

Luckow, A./Kennedy, K. et al. (2015) Automotive big data
Automotive big data - Applications, workloads and infrastructures. In: 2015 IEEE International Conference on Big Data (Big Data), 2015.

Lv, C./Li, Q. et al. (2010) PaaS Revolution
PaaS: A revolution for information technology platforms. In: 2010 International Conference on Educational and Network Technology, 2010, S. 346-349.

Markkgraf, D. (2018) Kreativitätstechniken
Kreativitätstechniken. In: Gabler Wirtschaftslexikon, 2018.

Martí, R./Laguna, M. et al. (2006) Scatter Search
Principles of scatter search. In: European Journal of Operational Research, Ausgabe 2, Jg. 169, 2006, S. 359-372.

Martinez-Plumed, F./Contreras-Ochando, L. et al. (2020) CRISP-DM to DST
CRISP-DM Twenty Years Later: From Data Mining Processes to Data Science Trajectories. In: IEEE Transactions on Knowledge and Data Engineering, 2020, S. 1.

Mell, P./Grance, T. (2011) Cloud Computing
The NIST Definition of Cloud Computing - Recommendations of the National Institute of Standards and Technology, Computer Security Division, US Department of Commerce, Gaithersburg, 2011.

Merdan, M./Hoebert, T. et al. (2019) Knowledge-based CPS
Knowledge-based cyber-physical systems for assembly automation. In: Production & Manufacturing Research, Ausgabe 1, Jg. 7, 2019, S. 223-254.

Mertens, P./Rässler, S. (2012)
Prognoserechnung, 7. Aufl.; Physica-Verlag, Berlin, Heidelberg, 2012.

Meudt, T./Pohl, M. et al. (2017) Die Automatisierungspyramide
Die Automatisierungspyramide - Ein Literaturüberblick, Technische Universität Darmstadt. In: TU Prints, 2017.

Mittal, S./Khan, M. et al. (2018) A critical review of Industry 4.0
A critical review of smart manufacturing & Industry 4.0 maturity models: Implications for small and medium-sized enterprises (SMEs). In: Journal of Manufacturing Systems, Jg. 49, 2018, S. 194-214.

Monostori, L. (2014) Challenges for Cyber-physical Production Systems
Cyber-physical Production Systems: Roots, Expectations and R&D Challenges. In: Procedia CIRP, Jg. 17, 2014, S. 9-13.

Monostori, L./Kádár, B. et al. (2016) Cyber-physical systems in manufacturing
Cyber-physical systems in manufacturing. In: CIRP Annals - Manufacturing Technology, Ausgabe 2, Jg. 65, 2016, S. 621-641.

Mooney, C. Z. (2003) Monte Carlo Simulation
Monte Carlo simulation, [Nachdr.]; Sage, Thousand Oaks, Calif., 2003.

Mosler, K./Schmid, F. (2006) Beschreibende Statistik
Beschreibende Statistik und Wirtschaftsstatistik, Springer Berlin Heidelberg, Berlin, Heidelberg, 2006.

Nagel, K. (1990) Nutzen der Informationsverarbeitung
Nutzen der Informationsverarbeitung - Methoden zur Bewertung strategischer Wettbewerbsvorteile, München, 1990.

Nallusamy, S. (2020) Productivity Enhancement in Manufacturing
Execution of lean and industrial techniques for productivity enhancement in a manufacturing industry. In: Materials Today: Proceedings, 2020.

Neumann, N. (2004) Wissensmanagement
Modellierung eines prozessorientierten Wissensmanagementkonzeptes im Innovationsprozess, Zugl.: Berlin, Techn. Univ., Diss., 2004, , 2004.

Niggemann, O./Biswas, G. et al. (2017) Intelligente Fabrik
Datenanalyse in der intelligenten Fabrik. In: Vogel-Heuser, B./Bauernhansl, T./ et al. (Hrsg.): Handbuch Industrie 4.0 Bd.2, Springer Berlin Heidelberg, Berlin, Heidelberg, 2017, S. 471-490.

Niven, P. R. (2012) Balanced Scorecard
Balanced Scorecard Step-By-Step, John Wiley & Sons, Inc, Hoboken, NJ, USA, 2012.

O'Donovan, P./Bruton, K. et al. (2016) Data-driven Industrial Analytics
Case study: The implementation of a data-driven industrial analytics methodology and platform for smart manufacturing. In: International Journal of Prognostics and Health Management, Ausgabe 7, 2016, S. 1-22.

Okesola, O./Okokpujie, K. et al. (2017) A Naïve Bayesian Approach
An Improved Bank Credit Scoring Model: A Naïve Bayesian Approach. In: 2017 International Conference on Computational Science and Computational Intelligence (CSCI), 2017, S. 228-233.

Onodera, K. (1997) Effective techniques of FMEA at each life-cycle stage
Effective techniques of FMEA at each life-cycle stage - 1997 proceedings, Philadelphia, Pennsylvania, USA, 1997 January 13-16, 1997, S. 50-56.

Österle, H./Otto, B. (2014) Datenzentriertes Unternehmen
Das datenzentrierte Unternehmen: Eine Business-Engineering-Perspektive. In: Schuh, G./Stich, V. (Hrsg.): Enterprise Integration - Auf dem Weg zum kollaborativen Unternehmen, Springer Berlin Heidelberg, Berlin, Heidelberg, 2014, S. 91-105.

Oussous, A./Benjelloun, F.-Z. et al. (2018) Big Data technologies
Big Data technologies: A survey. In: Journal of King Saud University - Computer and Information Sciences, Ausgabe 4, Jg. 30, 2018, S. 431-448.

Panetto, H./Iung, B. et al. (2019) Challenges for Manufacturing Enterprises
Challenges for the cyber-physical manufacturing enterprises of the future. In: Annual Reviews in Control, Jg. 47, 2019, S. 200-213.

Papadimitriou, C. H./Steiglitz, K. (2014) Combinatorial optimization
Combinatorial optimization - Algorithms and complexity, Dover Publications, Inc, Mineola, 2014.

Park, D. (2016) Quality of Things
The Quest for the Quality of Things - Can the Internet of Things deliver a promise of the quality of things. In: IEEE Consumer Electronics Magazine, Ausgabe 2, Jg. 5, 2016, S. 35-37.

Patgiri, R. (2018) Taxonomy of Big Data
Taxonomy of Big Data: A Survey, arXiv, 2018.

Patzak, G. (1982) Systemtechnik
Systemtechnik — Planung komplexer innovativer Systeme - Grundlagen, Methoden, Techniken, Springer Berlin Heidelberg, Berlin, Heidelberg, 1982.

Pauls, W. (2012) Wirtschaftlichkeitsanalyse
Wirtschaftlichkeitsanalyse von analytischen Informationssystemen - Aktueller Stand der Theorie und der Gegensatz zur Praxis, AkademikerVerlag, Saarbrücken, 2012.

Pieczona, S. J./Muratore, F. et al. (2017) Neuronale Netzwerke an Scannern
Einsatz von künstlichen neuronalen Netzwerken an Scannersystemen. In: wt-online, Ausgabe 8, Jg. 7, 2017, S. 536-540.

Popova Zhuhadar, L./Thrasher, E. (2019) Data Analytics Adressing Complexity
Data Analytics and Its Advantages for Addressing the Complexity of Healthcare: A Simulated Zika Case Study Example. In: Applied Sciences, Ausgabe 11, Jg. 9, 2019, S. 2208.

Popper, K. (1967) Logik der Sozialwissenschaften
Die Logik der Sozialwissenschaften. In: Adorno, T. W. (Hrsg.): Der Positivismusstreit in der deutschen Soziologie, 1967.

Probst, G. J./Gomez, P. (1984) Systemdenken
Systemdenken im Management. In: Schweizerische Zeitschrift für kaufmännisches Bildungswesen, Ausgabe 6, 1984.

Profanter, S./Dorofeev, K. et al. (2017) twenty-second ETFA
OPC UA for plug & produce - Automatic device discovery using LDS-ME, 2017, S. 1-8.

Raghuwanshi, M./Kakde, O. G. et al. (2004) Evolutionary Algorithms
Survey on multiobjective evolutionary and real coded genetic algorithms. In: Complexity International, Ausgabe 11, 2004.

Ranjan Senapati, N. (2004) Six Sigma
Six Sigma - Myths and realities. In: International Journal of Quality & Reliability Management, Ausgabe 6, Jg. 21, 2004, S. 683-690.

Rettig, L./Khayati, M. et al. (2019) Online Anomaly Detection
Online Anomaly Detection over Big Data Streams. In: Applied Data Science, 2019, S. 289-312.

Reyes, R./Bauschert, T. (2018) Infrastructure Cost Comparison
Infrastructure Cost Comparison of Intra-Data Centre Network Architectures. In: 2018 IEEE 29th Annual International Symposium on Personal, Indoor and Mobile Radio Communications (PIMRC), 2018, S. 1-7.

Roth, A. (2016) Einführung und Umsetzung von Industrie 4.0
Einführung und Umsetzung von Industrie 4.0, Springer Berlin Heidelberg, Berlin, Heidelberg, 2016.

Röth, T./Kampker, A. et al. (2018) Elektrofahrzeugspezifische Systeme
Entwicklung von elektrofahrzeugspezifischen Systemen. In: Kampker, A./Vallée, D./ et al. (Hrsg.): Elektromobilität - Grundlagen einer Zukunftstechnologie, 2. Auflage; Springer Vieweg, Berlin, Germany, 2018, S. 279-383.

Runkler, T. A. (2010) Data Mining
Data Mining - Methoden und Algorithmen intelligenter Datenanalyse, Vieweg + Teubner, Wiesbaden, 2010.

Saaty, T. L. (2008) Analytic Hierarchy Process
Decision making with the analytic hierarchy process. In: International journal of services sciences, Ausgabe 1, Jg. 1, 2008, S. 83-98.

Salkin, C./Oner, M. et al. (2018) Industry 4.0 Framework
A Conceptual Framework for Industry 4.0. In: Ustundag, A./Cevikcan, E. (Hrsg.):

Industry 4.0 - Managing the digital transformation, Springer, Cham, 2018, S. 3-23.

Sangeeta, P./Sharma, K. (2016) Quality Issues with Big data Analytics
Quality Issues with Big data Analytics. In: 2016 International Conference on Computing for Sustainable Global Development, 2016.

Schawel, C./Billing, F. (2018) Management Tools
Top 100 Management Tools, Springer Fachmedien Wiesbaden, Wiesbaden, 2018.

Schmitt, R./Pfeiffer, T. (2015) Qualitätsmanagement
Qualitätsmanagement - Strategien - Methoden -Techniken, 5. Aufl.; Carl Hanser Verlag, München, Wien, 2015.

Schömann, S. O. (2012) Produktentwicklung in der Automobilindustrie
Produktentwicklung in der Automobilindustrie - Managementkonzepte vor dem Hintergrund gewandelter Herausforderungen - Dissertation, 1. Aufl.; Gabler Verlag / Springer Fachmedien Wiesbaden GmbH, Wiesbaden, 2012.

Schroth, P./Bührer, U. T. et al. (2018) Priorisierung in der Digitalisierung
Optimale Priorisierung von Anwendungsfällen im Digitalisierungskontext in frühen Phasen der Fertigungsentwicklung - Masterarbeit, Stuttgart, 2018.

Schuh, G./Blum, M. (2016) Data Structure for Order Processing
Design of a data structure for the order processing as a basis for data analytics methods. In: 2016 Proceedings of PICMET: Technology Management for Social Innovation, 2016, S. 2164-2169.

Schuh, G./Maasem, C. et al. (2015) Sensor Data Fit in Production
Systematization models for taylor-made sensor system applications and sensor data fit in production. In: Smart SysTech 2015 European Conference on Smart Objects, Systems, and Technologies, June 16-17, 2015 in Aachen, Germany, Jg. 259, 2015.

Schuh, G./Stich, V. (2014) Enterprise Integration
Enterprise Integration - Auf dem Weg zum kollaborativen Unternehmen, Springer Berlin Heidelberg, Berlin, Heidelberg, 2014.

Schuh, G./Stölzle, W. et al. (2008) Anlaufmanagement
Anlaufmanagement in der Automobilindustrie erfolgreich umsetzen, Springer Berlin Heidelberg, Berlin, Heidelberg, 2008.

Schuh, G./Stölzle, W. et al. (2008) Grundlagen Anlaufmanagement
Grundlagen des Anlaufmanagements: Entwicklungen und Trends, Definitionen und Begriffe, Integriertes Anlaufmanagementmodell. In: Schuh, G./Stölzle, W./ et al. (Hrsg.): Anlaufmanagement in der Automobilindustrie erfolgreich umsetzen, Springer Berlin Heidelberg, Berlin, Heidelberg, 2008, S. 1-6.

Schwabacher, M./Goebel, K. (2005) A Survey of AI for Prognostics
A Survey of Artificial Intelligence for Prognostics. In: American Institute of Aeronautics and Astronautics Report, 2005.

Seidel, R./Amada, H. et al. (2020) Data Mining System Architecture
Data Mining System Architecture for Industrial Internet of Things in Electronics Production. In: 2020 IEEE 26th International Symposium for Design and Technology in Electronic Packaging (SIITME), 2020.

Sharp, M./Ak, R. et al. (2018) Machine Learning in Manufacturing
A survey of the advancing use and development of machine learning in smart manufacturing. In: Journal of Manufacturing Systems, Jg. 48, 2018, S. 170-179.

Shearer, C. (2000) CRISP-DM Model
The CRISP-DM Model: The New Blueprint for Data Mining. In: Journal of Data Warehousing, Ausgabe 4, Jg. 5, 2000, S. 13-22.

Siepmann, D./Graef, N. (2016) Industrie 4.0 – Grundlagen
Industrie 4.0 – Grundlagen und Gesamtzusammenhang. In: Roth, A. (Hrsg.): Einführung und Umsetzung von Industrie 4.0, Springer Berlin Heidelberg, Berlin, Heidelberg, 2016, S. 17-82.

Sivri, M. S./Oztaysi, B. (2018) Data Analytics in Manufacturing
Data Analytics in Manufacturing. In: Ustundag, A./Cevikcan, E. (Hrsg.): Industry 4.0 - Managing the digital transformation, Springer, Cham, 2018, S. 155-172.

Smart Grid Coordination Group (2014) Smart Grids Methodology
Overview of SG-CG Methodologies. Smart Grids Methodology and New Applications, 2014.

Soltanpoor, R./Sellis, T. (2016) Prescriptive Analytics
Prescriptive Analytics for Big Data. In: Cheema, M. A./Zhang, W./ et al. (Hrsg.): Databases Theory and Applications, Springer International Publishing, Cham, 2016.

Srinivasan, A. (1999) Randomized Rounding Survey
Approximation Algorithms Via Randomized Rounding: A Survey. In: Series in Advanced Topics in Mathematics, 1999.

Stachowiak, H. (1973) Allgemeine Modelltheorie
Allgemeine Modelltheorie, Springer Vienna, Vienna, 1973.

Susto, G./Schirru, A. et al. (2015) ML for Predictive Maintenance
Machine Learning for Predictive Maintenance - A Multiple Classifier Approach. In: IEEE Transactions on Industrial Informatics, Ausgabe 3, Jg. 11, 2015, S. 812-820.

Taguchi, G./Chowdhury, S. et al. (2004) Quality Engineering Handbook
Taguchi's Quality Engineering Handbook, John Wiley & Sons, Inc, Hoboken, NJ, USA, 2004.

Tan, J./Ang, A. et al. (2016) Quality Analytics
Quality Analytics in a Big Data Supply Chain Commodity Data Analytics for Quality Engineering. In: 2016 IEEE Region 10 Conference (TENCON), 2016.

Tang, L.-A./Han, J. et al. (2014) Mining sensor data
Mining sensor data in cyber-physical systems. In: Tsinghua Science and Technology, Ausgabe 3, Jg. 19, 2014, S. 225-234.

Tassey, G. (2014) Competing in Manufacturing
Competing in Advanced Manufacturing: The Need for Improved Growth Models and Policies. In: Journal of Economic Perspectives, Ausgabe 1, Jg. 28, 2014, S. 27-48.

Thyagarajan, K. S. (2019) Digital Signal Processing
Introduction to Digital Signal Processing Using MATLAB with Application to Digital Communications, Springer International Publishing, Cham, 2019.

Tomczak, T. (1992) Forschungsmethoden
Forschungsmethoden in der Marketingwissenschaft - Ein Plädoyer für den qualitativen Forschungsansatz. In: Marketing ZFP, Ausgabe 2, 1992, S. 77-87.

Tönshoff, H./Denkena, B. (2014) Fertigungsverfahren
Übersicht über die Fertigungsverfahren. In: Grote, K.-H./Feldhusen, J. (Hrsg.): Dubbel - Taschenbuch für den Maschinenbau, 24., aktualisierte Aufl. 2014; Springer Berlin Heidelberg, Berlin, Heidelberg, 2014, S. 1346.

Truong, H.-L./Dustdar, S. (2010) Concerns for Data as a Service
On analyzing and specifying concerns for data as a service. In: 2009 IEEE Asia-Pacific Services Computing Conference (APSCC), 2010, S. 87-94.

Uhlemann, T./Lehmann, C. et al. (2017) The Digital Twin
The Digital Twin - Realizing the Cyber-Physical Production System for Industry 4.0. In: Procedia CIRP, Jg. 61, 2017, S. 335-340.

Ulrich, H. (1981) Betriebswirtschaftslehre
Die Betriebswirtschaftslehre als anwendungsorientierte Sozialwissenschaft - Herrn Professor Dr. Dr. h. c. Curt Sandig zu seinem 80. Geburtstag gewidmet,. In: Geist, M. N./Köhler, R. (Hrsg.): Die Führung des Betriebes - Zurück zur Produktinformation, Schaeffler-Poeschel, Stuttgart, 1981, S. 1-26.

Ulrich, H. (1982) Anwendungsorientierte Wissenschaft
Anwendungsorientierte Wissenschaft. In: Die Unternehmung, Ausgabe 1, Jg. 36, 1982.

Ulrich, H. (1984) Angewandte Sozialwissenschaft
Die Betriebswirtschaftslehre als angewandte Sozialwissenschaft. In: Dyllick T./Probst G.: Management, 1984, S. 168-199.

Ulrich, H./Dyllick, T. et al. (1984) Management
Management, Paul Haupt, Bern, 1984.

Ulrich, P./Hill, W. (1976) Grundlagen der Betriebswirtschaftslehre
Wissenschaftstheoretische Grundlagen der Betriebswirtschaftslehre (Teil I). In: WiSt Wirtschaftswissenschaftliches Studium, Ausgabe 7, Jg. 5, 1976, S. 304-309.

Ulrich, P./Hill, W. (1979) Betriebswissenschaftliche Konzeptionen
Wissenschaftliche Aspekte ausgewählter betriebswissenschaftlicher Konzeptionen. In: Raffée, H./Abel B. (Hrsg.): Wissenschaftstheoretische Grundfragen der Wirtschaftswissenschaften, 1979, Vahlen, München, S. 161–190.

Ulungu, E./Teghem, J. (1994) MOCO Survey
Multi-objective combinatorial optimization problems: A survey. In: Journal of Multi-Criteria Decision Analysis, Ausgabe 2, Jg. 3, 1994, S. 83-104.

United Nations (2011) Battery electric vehicle safety
UNECE R100: Battery electric vehicle safety. UNECE, ECE/TRANS/WP.29, 2011.

Uraikul, V./Chan, C. et al. (2007) Artificial intelligence for monitoring
Artificial intelligence for monitoring and supervisory control of process systems. In: Engineering Applications of Artificial Intelligence, Ausgabe 2, Jg. 20, 2007, S. 115-131.

Ustundag, A./Cevikcan, E. (2018) Industry 4.0 Digital Transformation
Industry 4.0 - Managing the digital transformation, Springer, Cham, 2018.

Verband der Automobilindustrie, e. (2015) Quality-related costs
Quality-related costs - Failure costs and failure prevention costs, scope and implementation, VDA. In: Quality Management in the Automotive Industry, Ausgabe 1, 2015.

Verband der Automobilindustrie, e. (2017) Quality Management Methods
Assessment of Quality Management Methods - VDA Guideline. In: Quality Management in the Automotive Industry, Ausgabe 1, 2017.

Verbano, C./Nosella, A. (2010) Project Selection Methods
Addressing R&D investment decisions: a cross analysis of R&D project selection methods. In: European Journal of Innovation Management, Ausgabe 3, Jg. 13, 2010, S. 355-379.

Verein Deutscher Ingenieure (1990) VDI-Norm 2860
Montage- und Handhabungstechnik. VDI-Gesellschaft Produktion und Logistik, Berlin, 1990.

Vogel-Heuser, B. (2017) Handbuch Industrie 4.0
Handbuch Industrie 4.0 Bd.2, Springer Berlin Heidelberg, Berlin, Heidelberg, 2017.

Vogel-Heuser, B./Bauernhansl, T. et al. (2017)
Handbuch Industrie 4.0 Bd.2, Springer Berlin Heidelberg, Berlin, Heidelberg, 2017.

Vogel-Heuser, B./Schütz, D. et al. (2014) Model-driven engineering
Model-driven engineering of Manufacturing Automation Software Projects – A SysML-based approach. In: Mechatronics, Ausgabe 7, Jg. 24, 2014, S. 883-897.

Wagner, R. M. (2018) Industrie 4.0
Industrie 4.0 für die Praxis - Mit realen Fallbeispielen aus mittelständischen Unternehmen und vielen umsetzbaren Tipps, Springer Fachmedien Wiesbaden, Wiesbaden, 2018.

Wagner, T./Biermann, D. (2016) Multi-level Modeling and Optimization
A Framework for Multi-level Modeling and Optimization of Modular Hierarchical Systems. In: Procedia CIRP, Jg. 41, 2016, S. 159-164.

Wahlstrom, K./Roddick, J. et al. (2009) Privacy Preservation in DM
Legal and Technical Issues of Privacy Preservation in Data Mining. In: Encyclopedia of Data Warehousing and Mining, Jg. 6, 2009, S. 1158-1163.

Waltl, H./Wildemann, H. (2014) Modularisierung der Produktion
Modularisierung der Produktion in der Automobilindustrie, 1. Aufl.; TCW, Transfer-Centrum-Verl., München, 2014.

Wan, J./Tang, S. et al. (2016) Industrial Internet of Things & Industrie 4.0
Software-Defined Industrial Internet of Things in the Context of Industry 4.0. In: IEEE Sensors Journal, Ausgabe 20, Jg. 16, 2016, S. 1.

Wang, K.-S. (2013) Zero-defect manufacturing
Towards zero-defect manufacturing (ZDM)—a data mining approach. In: Advances in Manufacturing, Ausgabe 1, Jg. 1, 2013, S. 62-74.

Wang, Y.-M./Elhag, T. (2006) TOPSIS Method
Fuzzy TOPSIS method based on alpha level sets with an application to bridge risk assessment. In: Expert Systems with Applications, Ausgabe 2, Jg. 31, 2006, S. 309-319.

Weinman, J. (2016) Manufacturing and the Cloud
The Economics and Strategy of Manufacturing and the Cloud. In: IEEE Cloud Computing, Ausgabe 4, Jg. 3, 2016, S. 6-11.

Wemhöner, N. (2006) Flexibilitätsoptimierung im Automobilrohbau Zugl.: Aachen, Techn. Hochsch., Diss., 2005
Flexibilitätsoptimierung zur Auslastungssteigerung im Automobilrohbau, Shaker, Aachen, 2006.

Wildemann, H. (2018) Advanced Purchasing
Advanced Purchasing - Leitfaden zur Einbindung der Beschaffungsmärkte in den Produktentstehungsprozess, 18. Aufl.; TCW, Transfer-Centrum-Verl., München, 2018.

Winston, W. L./Goldberg, J. B. (2004) Operations research
Operations research - Applications and algorithms, 4th ed.; Thomson/Brooks/Cole, Belmont CA, 2004.

Wittmann, R. G./Leimbeck, A. et al. (2006) Innovationsmanagement
Innovation erfolgreich steuern. In: New Business Line, Frankfurt a.M., 2006.

Wöhe, G./Döring, U. (2008) Betriebswirtschaftslehre
Einführung in die allgemeine Betriebswirtschaftslehre, 23., vollst. neubearb. Aufl.; Vahlen, München, 2008.

Xu, L./Duan, L. (2019) Big Data for CPS
Big data for cyber physical systems in industry 4.0: a survey. In: Enterprise Information Systems, Ausgabe 2, Jg. 13, 2019, S. 148-169.

Zhang, Y./Harman, M. et al. (2007) Multi-Objective Next Release Problem
The Multi-Objective Next Release Problem. In: 9th annual conference on Genetic and evolutionary computation, Ausgabe 9, 2007.

Zitzler, E./Thiele, L. (1999) Multiobjective Evolutionary Algorithms Case Study
Multiobjective evolutionary algorithms: a comparative case study and the strength Pareto approach. In: IEEE Transactions on Evolutionary Computation, Ausgabe 4, Jg. 3, 1999, S. 257-271.

Zwick, D. (1995) Computing Process Capability Indices
A Hybrid Method For Fitting Distributions to Data and Its Use in Computing Process Capability Indices. In: Quality Engineering, Ausgabe 3, Jg. 7, 1995, S. 601-613.

In der Reihe **Ergebnisse aus der Elektromobilproduktion** zuletzt erschienen:

Bühhrer, Ulrich Tobias:

Methodik zur proaktiven Integration von Data Analytics in die Serienfertigung

ISBN 978-3-98555-104-0

Erscheinungsdatum: 25.08.2022

Kawollek, Sebastian:

Systematische Gestaltung additiv gefertigter Vorrichtungen für die Automobilmontage

ISBN 978-3-98555-101-9

Erscheinungsdatum: 22.08.2022

Hehl, Fabian:

Resiliente Baukastengestaltung durch Risikomanagement in der Automobilindustrie

ISBN 978-3-98555-085-2

Erscheinungsdatum: 23.06.2022

Schön, Christoph:

Gestaltung und Bewertung von skalierbaren Technologieketten für die Großserienproduktion von Brennstoffzellen

ISBN 978-3-98555-056-2

Erscheinungsdatum: 23.03.2022

Edition Wissenschaft
Apprimus

Lutz, Nicolas Johannes:

Integration virtueller Methoden in das Anlaufmanagement skalierbarer Fertigungssysteme

ISBN 978-3-98555-035-7

Erscheinungsdatum: 31.01.2022

Diekmann, Tobias:

Montagegerechte Standardisierung von Bauteilschnittstellen für die variantenreiche Automobilproduktion

ISBN 978-3-98555-016-6

Erscheinungsdatum: 25.11.2021

Ayvaz, Peter:

Methode zur merkmalbasierten Gesamtkostenermittlung für polymer-additiv gefertigte Spritzgießwerkzeuge

ISBN 978-3-86359-999-7

Erscheinungsdatum: 20.09.2021

Hehl, Martin:

Lösungsraum-Management für die Produktionsplanung im Disruptiven Umfeld

ISBN 978-3-86359-974-4

Erscheinungsdatum: 10.06.2021

Edition Wissenschaft
Apprimus

FSC
www.fsc.org
MIX
Papier | Fördert gute Waldnutzung
FSC® C083411

Zeitfracht Medien GmbH
Ferdinand-Jühlke-Straße 7
99095 Erfurt, Deutschland
produktsicherheit@kolibri360.de